普通高等教育“十三五”规划教材

单片机原理及接口技术

关丽荣　主编

西安交通大学出版社
XI'AN JIAOTONG UNIVERSITY PRESS

图书在版编目(CIP)数据

单片机原理及接口技术 / 关丽荣主编. —西安:
西安交通大学出版社, 2018.6(2021.7 重印)
ISBN 978-7-5693-0742-9

Ⅰ. ①单… Ⅱ. ①关… Ⅲ. ①单片微型计算机—基础—理论②单片微型计算机—接口技术 Ⅳ. ①TP368.1

中国版本图书馆 CIP 数据核字(2018)第 146835 号

书　　名 单片机原理及接口技术
主　　编 关丽荣
责任编辑 李清妍　贺彦峰

出版发行 西安交通大学出版社
(西安市兴庆南路 1 号　邮政编码 710048)
网　　址 http://www.xjtupress.com
电　　话 (029)82668357　82667874(发行中心)
(029)82668315(总编办)
传　　真 (029)82668280
印　　刷 西安日报社印务中心

开　　本 787mm×1092mm　1/16　**印张** 17.875　**字数** 426 千字
版次印次 2018 年 8 月第 1 版　2021 年 7 月第 2 次印刷
书　　号 ISBN 978-7-5693-0742-9
定　　价 38.00 元

读者购书、书店添货,如发现印装质量问题,请与本社发行中心联系、调换。
订购热线:(029)82665248　(029)82665249
投稿热线:(029)82668284

内容简介

本书以 Intel 公司 8051 单片机为例，系统地介绍了单片机的基础知识及接口应用。全书共分 10 章，第 1、2 章介绍 8051 单片机的基础知识、Keil μVision IDE 开发环境、单片机的内部结构及最小系统；第 3 章讲述单片机指令格式、寻址方式、数据传送指令和输出口应用；第 4 章介绍 8051 单片机时序、控制转移指令及输入口应用；第 5 章介绍算术运算指令和常用外部设备键盘、数码管、液晶显示器接口应用；第 6 章介绍逻辑运算及移位指令和 8051 单片机中断应用；第 7 章介绍位操作指令及单片机内部定时器的典型应用；第 8 章介绍 8051 单片机与 A/D、D/A 接口应用；第 9 章介绍 8051 单片机串行口应用；第 10 章介绍 Proteus ISIS 仿真软件的使用方法；附录给出了针对本课程的单片机应用系统实训题目和 MCS－51 系列单片机指令表。本书注重基础，强调接口应用，以简单易懂的典型实例来对单片机软硬件设计进行详细说明和论述，同时为了加深理解教材内容，每章都配有一定数量的习题与思考题。

本书可作为高等学校机械类专业及相关非电子类专业本科教材，也可作为相关专业专科教材，还可作为从事单片机系统应用开发的工程技术人员的参考书。

前　言

单片机具有体积小、集成度高、控制功能强、性能价格比高等独特的优点，在工业控制、智能化仪表、数控设备、数据采集、通信以及家用电器等领域中得到了广泛的应用。为了满足市场对应用型本科人才的需求，使应用型本科院校的学生在短时间内能更好地掌握单片机研发技术，同时也为适应单片机原理及应用课程教学改革，作者结合多年一线教学和实践经验，在考察了大量同类教材的基础上，经过深刻总结编写了本书。

本书编写注重基础，强调接口应用，与其他同类教材相比，主要特色有：

(1)从应用研发角度完整介绍单片机应用系统开发流程。

(2)按实际应用模块安排章节内容，并将原理及指令穿插在各个模块中。

(3)补充应用系统实例中涉及的常用元器件知识。

(4)从接口技术应用介绍汇编语言程序设计方法。

(5)引进 Keil μVision IDE 开发环境及虚拟仿真工具 Proteus，可为学习者提供一个功能强大的单片机系统设计虚拟实验室。

(6)习题安排结合教学例题，突出实践性、应用性、创新性。

本书编写的目的是希望高等学校机械类专业及相关非电子类专业学生在学习单片机原理及接口技术时能从实际工程的角度出发，在掌握单片机基本原理及应用技术的基础上，领会单片机原理，掌握这门课程的工程应用技能，适应市场需要，做到学以致用。

本书由沈阳理工大学关丽荣担任主编，由岳国盛、韩辉担任副主编；李芳、崔广臣、王健参与了本书部分章节的编写工作。另外，杨旗、谢群参与了本书的后期校对工作，在此表示感谢。全书由关丽荣、岳国盛统编、定稿。本书在编写的过程中，借鉴了一些参考文献中提到的成果，在此表示诚挚的感谢。

尽管我们竭尽全力，但毕竟自身水平有限，书中难免有疏漏之处，恳请读者和同行批评指正。

编者

2018 年 6 月

目　录

第1章　8051单片机的基础知识及开发工具

众所周知，计算机是以二进制形式进行算术运算和逻辑操作的，微型计算机也不例外。因此，对于用户在键盘上输入的十进制数字和符号命令，微型计算机必须先把它们转换成二进制形式再进行识别、运算和处理，最后把运算结果还原成十进制数字和符号，并在显示器上显示出来。本章讨论的就是这方面的知识。

1.1　计算机中的主要数制及转换

1.1.1　计算机中的数制

数制是人们利用符号计数的一种科学方法。数制有很多种，微型计算机中常用的数制有十进制、二进制、八进制和十六进制等。任何一种数制都有两个要素：基数和权。基数为数制中所使用的数码的个数。当基数为 R 时，该数制可使用的数码为 $0 \sim R-1$。例如二进制中基数为2，那么可使用0和1这两个数码。现对十进制、二进制和十六进制三种数制讨论如下。

1. 十进制(Decimal)

十进制是以10为基数，共有0、1、2、3、4、5、6、7、8、9十个数字符号。计数规则是逢十进一，借一当十。任意一个十进制数 N 可表示为

$$N = d_{n-1} \times 10^{n-1} + d_{n-2} \times 10^{n-2} + \cdots + d_1 \times 10^1 + d_0 \times 10^0 + d_{-1} \times 10^{-1} + \cdots + d_{-m} \times 10^{-m}$$
$$= \sum_{i=-m}^{n-1} d_i \times 10^i$$

式中，d_i 为第 i 位的数码，可取 $0 \sim 9$；10^i 为第 i 位的权。显然，各位的权是10的幂。此外，n 为该数整数部分的位数；m 为小数部分的位数。例：

$$1234.5 = 1 \times 10^3 + 2 \times 10^2 + 3 \times 10^1 + 4 \times 10^0 + 5 \times 10^{-1}$$

2. 二进制(Binary)

二进制是以2为基数，共有0、1两个数字符号。计数规则是逢二进一，借一当二。任意一个二进制数 N 可表示为

$$N = d_{n-1} \times 2^{n-1} + d_{n-2} \times 2^{n-2} + \cdots + d_1 \times 2^1 + d_0 \times 2^0 + d_{-1} \times 2^{-1} + \cdots + d_{-m} \times 2^{-m}$$

$$= \sum_{i=-m}^{n-1} d_i \times 2^i$$

式中，d_i为第 i 位的数码，可取 0、1；2^i为第 i 位的权。二进制中，各位的权是 2 的幂。n、m 表示与十进制相同。例：

$$1101.1 = 1 \times 2^3 + 1 \times 2^2 + 0 \times 2^1 + 1 \times 2^0 + 1 \times 2^{-1} = 13.5$$

3．十六进制（Hexadecimal）

十六进制是以 16 为基数，共有 0、1、2、3、4、5、6、7、8、9、A、B、C、D、E、F 十六个数字符号。计数规则是逢十六进一，借一当十六。任意一个十六进制数 N 可表示为

$$N = d_{n-1} \times 16^{n-1} + d_{n-2} \times 16^{n-2} + \cdots + d_1 \times 16^1 + d_0 \times 16^0 + d_{-1} \times 16^{-1} + \cdots + d_{-m} \times 16^{-m}$$

$$= \sum_{i=-m}^{n-1} d_i \times 16^i$$

式中，d_i为第 i 位的数码，可取 0 ~ 9、A ~ F；16^i为第 i 位的权。显然，各位的权是 16 的幂。n、m 表示与十进制相同。例：

$$12AB.EF = 1 \times 16^3 + 2 \times 16^2 + A \times 16^1 + B \times 16^0 + E \times 16^{-1} + F \times 16^{-2} = 4779.93359$$

在计算机内部，数的表示形式是二进制。这是因为二进制数只有 0 和 1 两个数码，采用晶体管的导通和截止、脉冲的高电平和低电平等都很容易表示它。此外，二进制数运算简单，便于用电子线路实现。但在实际应用中，为了减轻阅读和书写二进制数（特别是位数较长的二进制数）时的负担，常采用十六进制数描述一个二进制数。

在阅读和书写不同数制的数时，如果不在每个数上外加一些辨认标记，就会容易混淆，从而无法分清。通常，标记方法有两种：一种是把数加上方括号，并在方括号右下角标注数制代号，如$[2A]_{16}$、$[101]_2$和$[45]_{10}$分别表示十六进制、二进制和十进制数；另一种是用英文字母标记加在被标记数的后面，即用大写字母 B、D 和 H 表示二进制、十进制和十六进制数，如 101B 为二进制数、45D 为十进制数、2AH 为十六进制数，由于人们生活中采用的数为十进制数，所以标记 D 可以省略。

1.1.2　数制之间的转换

1．二进制数和十进制数之间的转换

1）二进制数转换成十进制数

转换时只要把欲转换的数按权展开后相加即可。例如：

$$1101.11 = 1 \times 2^3 + 1 \times 2^2 + 0 \times 2^1 + 1 \times 2^0 + 1 \times 2^{-1} + 1 \times 2^{-2} = 13.75$$

2）十进制数转换成二进制数

（1）十进制整数转换为二进制整数常采用除 2 取余法：用 2 连续去除要转换的十进制数，直到商小于 2 为止，各次余数中最后得到的为最高位、最早得到的为最低位，依次排列起来得到的数便是所求的二进制数。

（2）十进制小数转换为二进制小数通常采用乘 2 取整法：用 2 连续去乘要转换的十进制小数，直到所得积的小数部分为 0 或满足所需精度为止，各次整数中最先得到的为

最高位、最后得到的为最低位，依次排列起来得到的数便是所求的二进制小数。

［例1.1］　求出十进制数25的二进制数。

解　把25连续除以2，直到商数小于2，把所得余数按箭头方向从高位到低位排列起来便可得到：25 = 11001B。相应竖式如图1.1所示。

［例1.2］　求十进制小数0.706转换为二进制小数（精确到小数点后5位）。

解　把0.706不断地乘2，取每次所得乘积的整数部分，直到乘积的小数部分满足所需精度，把所得整数按箭头方向从高位到低位排列起来便可得到：0.706 = 0.10110B。相应竖式如图1.2所示。

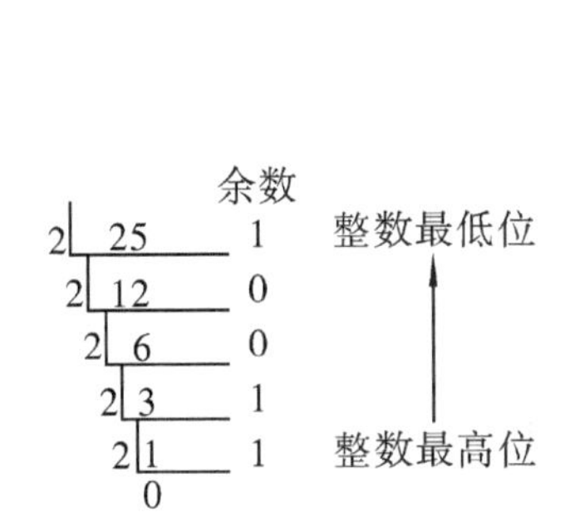

图1.1　25转换为二进制数过程

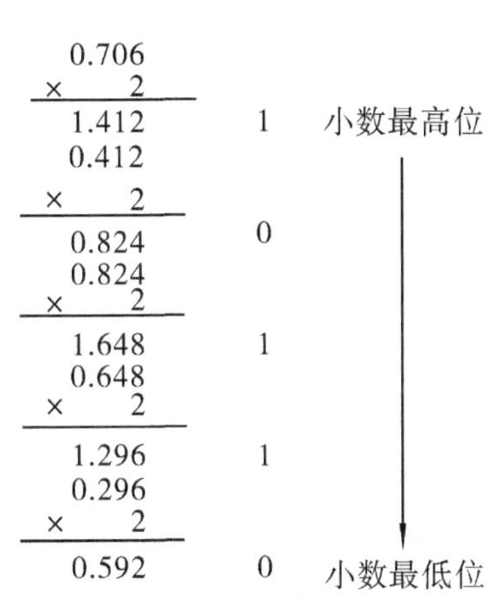

图1.2　0.706转换为二进制数过程

2. 十进制数和十六进制数之间转换

1）十进制数转换成十六进制数

十进制数转换成十六进制数与十进制数转换成二进制数的方法类似，即十进制整数转换为十六进制整数采用除16取余法，而十进制小数转换为十六进制小数采用乘16取整法。例如：100.76171875 = 64.C3H。相应竖式如图1.3所示。

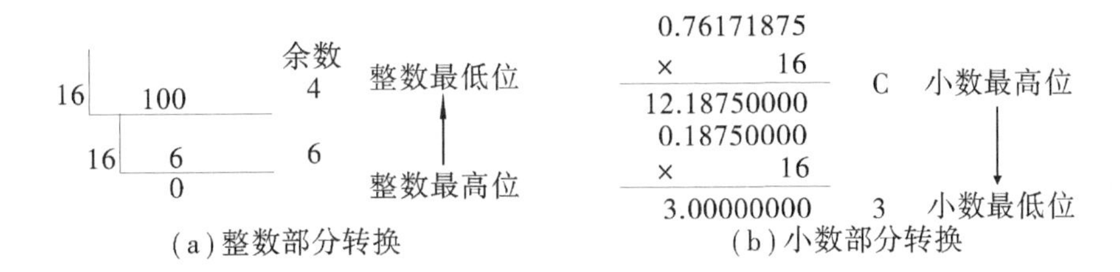

图1.3　100.76171875转换为十六进制数过程

2）十六进制数转换成十进制数

十六进制数转换成十进制数与二进制数转换成十进制数的方法类似，即可以把十六进制数按权展开后相加。例如：

$$3FH = 3 \times 16^1 + F \times 16^0 = 63$$

3. 二进制数和十六进制数之间转换

1）二进制数转换成十六进制数

二者之间转换十分方便，以四位为一组，从二进制数的小数点开始，整数部分从低位开始，不足4位的前面补0，小数部分从最高位开始，不足4位的后面补0，然后分别把每组用十六进制数码表示，并按序相连。例如：

$$1011\ 0101.1001\ 1110 = \mathrm{B5.9EH}$$

2）十六进制数转换成二进制数

把十六进制数的每位分别用4位二进制数码表示，然后把它们连成一体。例如：

$$\mathrm{CF56H} = 1100\ 1111\ 0101\ 0110\mathrm{B}$$

1.1.3 计算机中数的表示形式

在现代微型机中，运算器电路的设计非常简单，主要由一个补码加法器、n位寄存器/计数器组和移位控制电路组成，能进行各种算术运算和逻辑操作。补码加法器既能做加法又能将减法运算变为加法来做。下面就介绍计算机中的码制。

计算机中的数通常有两种：无符号数和符号数。

1. 无符号数在计算机中的表示

无符号数不带符号，表示时比较简单。在计算机中一般直接用二进制数的形式表示无符号数，位数不足时前面加0补充。对一个n位二进制数，它能表示的无符号数范围是$0 \sim 2^n - 1$。例如，假设机器字长为8位，无符号数254在计算机中表示为11111110B，123在计算机中表示为01111011B。

2. 有符号数在计算机中的表示

有符号数带有正负号。计算机中表示有符号数采用二进制数的最高位来表示符号，用0表示正数的符号+；用1表示负数的符号-；其余位表示有符号数的数值大小，称为数值位。通常，把一个数及其符号位在计算机中的表示形式称为机器数。在计算机中，常用的机器数有原码、反码、补码3种形式。

1）原码

符号位为0表示该数为正数，符号位为1表示该数是负数。通常，一个数的原码可以先把该数用方括号括起来，并在方括号右下角加个“原”字来标记。

[例1.3]设$X = +1010\mathrm{B}$，$Y = -1010\mathrm{B}$，请写出X和Y在8位微型机中的原码。

解 $[X]_{原} = 00001010\mathrm{B}$ $\qquad$ $[Y]_{原} = 10001010\mathrm{B}$

2）反码

在微型计算机中，二进制数的反码求法很简单，有正数的反码和负数的反码之分。正数的反码和原码相同；负数反码的符号位和负数原码的符号位相同，数值位是它的数值位的按位取反。反码的标记方法与原码类似。

[例1.4]设$X = +1101101\mathrm{B}$，$Y = -0110110\mathrm{B}$，请写出X和Y的反码。

解　$[X]_{反}$ =01101101B　　　　　$[Y]_{反}$ =11001001B

3)补码

在日常生活中,经常会遇到补码的概念。例如,如果现在是北京时间下午 3 点钟,而手表还停在早上 8 点钟。为了校准手表,既可以顺拨 7 个小时,也可以倒拨 5 个小时,这两种方法的效果都是相同的。显然,顺拨时针是加法操作,倒拨时针是减法操作,据此便可得到如下两个数学表达式:

顺拨时针:8 +7 =12(自动丢失) +3 =3

倒拨时针:8 -5 =3

顺拨时针时,自动丢失的数 12 点被称为 0 点。在数学上,这个自动丢失的数 12 称为模(mod),这种带模的加法称为按模 12 的加法,通常写为

$$8+7=3(\text{mod } 12)$$

比较上述两个数学表达式,可发现 8 -5 的减法和 8 +7 的按模加法等价。这里, +7 和 -5 是互补的, +7 称为 -5 的补码(mod 12)。这就是说: 8 -5 的减法可以用 $8+[-5]_{补}=8+7(\text{mod } 12)$的加法替代。

在微型计算机中,正数的补码和原码相同;负数补码等于它的反码加 1。标记方法同上。

[例 1.5]设 $X=+1101101B$,$Y=-0110110B$,请写出 X 和 Y 的补码。

解　$[X]_{补}$ =01101101B　　　　　$[Y]_{补}$ =11001010B

1.2　计算机中数和字符的编码

在计算机中,由于机器只能识别二进制数,因此键盘上所有数字、字母和符号也必须事先进行二进制编码,以便机器对它们进行识别、存储、处理和传送。下面介绍两种微型机中常用的编码:BCD 码和 ASCII 码。

1. BCD 码

BCD 码是一种具有十进制权的二进制编码。BCD 码的种类较多,这里只介绍 8421 BCD 码。

8421 BCD 码可采用 4 位二进制数的前 10 种组合来表示 0 ~9 这 10 个十进制数。这种代码每一位的权都是固定不变的,从高位到低位各位的权分别为 8、4、2、1,故称为 8421 BCD 码,如表 1.1 所示。

表 1.1　8421 BCD 码

十进制数	BCD 码	十进制数	BCD 码
0	0000	5	0101
1	0001	6	0110

续表

十进制数	BCD 码	十进制数	BCD 码
2	0010	7	0111
3	0011	8	1000
4	0100	9	1001

BCD 数是由 BCD 码构成的，虽然以二进制形式出现，但却不是真正的二进制数。BCD 的运算结果也是 BCD 数。

2. ASCII 码(字符编码)

ASCII 码是美国标准信息交换码。由于现代微型计算机不仅要处理数字信息，还要处理大量字母和符号。因此需要人们对这些数字、字母和符号进行二进制编码，以供微型计算机识别、存储和处理。这些数字、字母和符号统称为字符，故字母和符号的二进制编码又称为字符编码。

通常，ASCII 码由 7 位二进制数表示，共 128 个字符编码，如表 1.2 所示。这 128 个字符可分为两类：一类是图形字符，共 96 个；另一类是控制字符，共 32 个。其中，96 个图形字符包括十进制数符号 10 个、大小写英文字母 52 个以及其他字符 34 个，这类字符有特定形状，可以显示在 CRT 上以及打印在打印纸上，其编码可以存储、传送和处理。32 个控制字符包括回车符、换行符、退格符、设备控制符、信息分隔符等，这类字符没有特定形状，其编码虽然可以存储、传送和起某种控制作用，但字符本身不能在 CRT 上显示，也不能在打印机上打印。

表 1.2　ASCII 码表

$d_3d_2d_1d_0$ \ $d_6d_5d_4$	000	001	010	011	100	101	110	111
0000	NUL	DLE	SP	0	@	P	、	p
0001	SOH	DC1	!	1	A	Q	a	q
0010	STX	DC2	″	2	B	R	b	r
0011	ETX	DC3	#	3	C	S	c	s
0100	EOT	DC4	$	4	D	T	d	t
0101	ENQ	NAK	%	5	E	U	e	u
0110	ACK	SYN	&	6	F	V	f	v
0111	BEL	ETB	′	7	G	W	g	w
1000	BS	CAN	(	8	H	X	h	x
1001	HT	EM	)	9	I	Y	i	y

续表

$d_3d_2d_1d_0$ / $d_6d_5d_4$	000	001	010	011	100	101	110	111
1010	LF	SUB	*	:	J	Z	j	z
1011	VT	ESC	+	;	K	[	k	{
1100	FF	FS	,	<	L	\	l	|
1101	CR	GS	-	=	M	]	m	}
1110	SO	RS	·	>	N	↑	n	~
1111	SI	US	/	?	O	←	o	DEL

1.3　单片机概述

1.3.1　单片机的概念及特点

1. 单片机的概念

单片机在外观上与常见的集成电路块一样，体积很小，多为黑色长条状，条状左右两侧各有一排金属引脚，可与外电路连接，如图1.4所示。

图1.4　ATMEL 89C51单片机外观

单片机是将计算机的中央处理器（CPU）、存储器（ROM/RAM）和输入输出（I/O）、定时器/计数器（Timer/Counter）、中断（Interruption）系统等集成在一片芯片上，因此，被称为单片微型计算机（Single Chip Microcomputer），简称单片机。

单片机也称为微控制器或嵌入式微控制器。计算机是依靠事先输入的程序来工作的，同样，单片机也需要事先输入程序才能正常工作。

2. 单片机的特点

1）高性能、低价格

一片单片机从功能上讲相当于一台微型计算机，可是价格却很低，一片单片机的价格一般在几元到几十元之间。而且，随着科学技术的发展和市场竞争的加剧，世界上生产单片机的各大公司都在不断地采用新技术来提高单片机的性能，同时又进一步降低其价格。

2)体积小、可靠性高

单片机中,除了一般必须具有的 CPU、ROM、RAM、输入/输出、定时器/计数器、中断系统外,生产厂商还尽可能地把众多的各种外围功能器件集成在片内,减少了外部各芯片之间的连接,大大提高了单片机的可靠性和抗干扰能力。

3)低电压、低功耗

一般单片机的工作电压为 5 V,有的单片机可以在 1.8 ~3.6 V 的电压下工作,而且,功耗降至 μA 级。例如,MSP430 超低功耗类型的单片机,两个纽扣电池就可以保障其运行长达 10 年。单片机的这种低电压、低功耗的特性,对于设计和开发携带式智能产品和家用消费类产品显得非常重要。

1.3.2 单片机的应用

在电路中添加少许元器件,并按要求编写程序就可以实现多种功能的单片机自动控制。单片机接上键盘可以进行数据输入;单片机接上显示器可以实现数据显示;单片机接上喇叭可以实现声音输出;单片机可以用来通信,也可以用来计数和定时,还可以控制彩灯的闪烁、电机的运转以及机器人的活动,如图 1.5 所示。

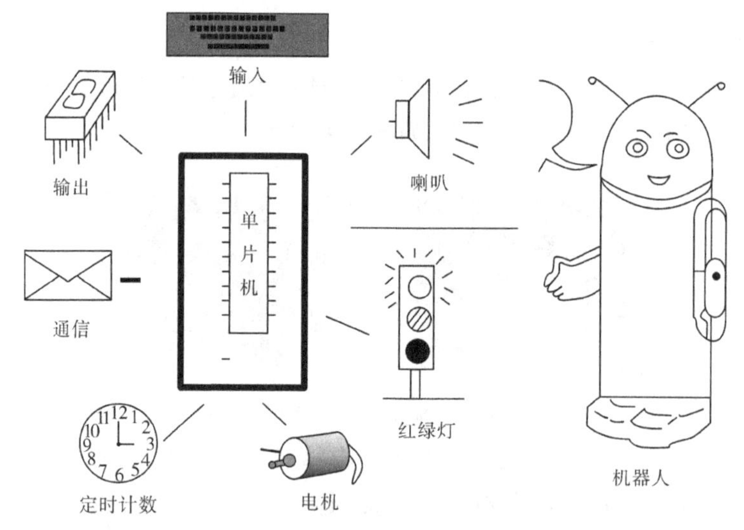

图 1.5 单片机应用示意图

由于单片机具有体积小巧、功能强大、应用灵活、价格便宜等特点,所以在工业控制、国防装备、智能仪器等领域得到了广泛应用。现在,人们日常生活中所使用的各种家用电器,例如洗衣机、电冰箱、空调、微波炉、电饭煲、音响、电风扇、高档电子玩具等,也普遍采用了单片机来代替传统的控制电路,这样既降低了生产成本,又提高了家用电器的自动化程度。

1.3.3 单片机的开发环境

单片机的开发环境主要包括以下几个部分。

1. 计算机

计算机是单片机开发环境中必不可少的设备。

2. 单片机集成开发系统软件

单片机集成开发系统软件,是指用来在计算机上编写、汇编和仿真、调试单片机程序的软件。

目前用来开发单片机的应用软件比较多,如 Keil 公司的 Keil C51(评估展示版)以及 Medwin 都是比较好的 51 单片机集成开发系统软件。

3. 单片机编程器

单片机编程器是将编好的程序烧写到单片机内的一个设备。

用集成开发系统软件(如 Keil C51 或 MedWin)编写并生成单片机目标代码后,需要用编程器将目标代码,即扩展名为. HEX 的可执行文件烧写到单片机中。编程器是一个设备,上面有单片机插座及与计算机的连线等。

编程器按照功能可分单一型和万能型。单一型编程器只能对单一系列的某些型号的单片机芯片进行写入操作;万能型编程器能对多种系列的多种型号的单片机芯片进行写入操作。前者结构简单、价格便宜;后者功能强大,但价格较贵。

编程器按与计算机的连接方式可分为串口编程器和并口编程器两种。串口编程器通过连线接在计算机的串行端口,即通信端口上;并口编程器通过连线接在计算机的并行端口,即打印机端口上。购买时一般选择串口编程器,串口编程器还可以很方便地进行通信程序实验。

4. 实验板

实验板实际上是一个小的单片机实验系统。写入程序的单片机需要安装到实验板上运行以后才能验证其程序是否正确。实验板上带有单片机插座、发光二极管、数码管、蜂鸣器等器件。实验板可以自制,也可以购买。

1.3.4　单片机系统的开发流程

单片机系统的开发流程可分为软件与硬件两部分,而这两部分是并行开发的。在硬件开发方面,主要是设计目标板。在软件开发方面,则是编写源程序(可使用汇编语言或 C 语言编写)、再经过编译、连接成为可执行程序代码,然后进行软件仿真。当完成软件设计后,即可应用在线仿真器,下载该可执行程序代码,然后在目标板上进行在线仿真。若软、硬件设计无误,则可利用 IC 烧录器将其可执行程序代码烧录到 8051 单片机,最后将该 8051 单片机插入目标板,即完成设计。单片机的程序开发流程如图 1.6 所示。

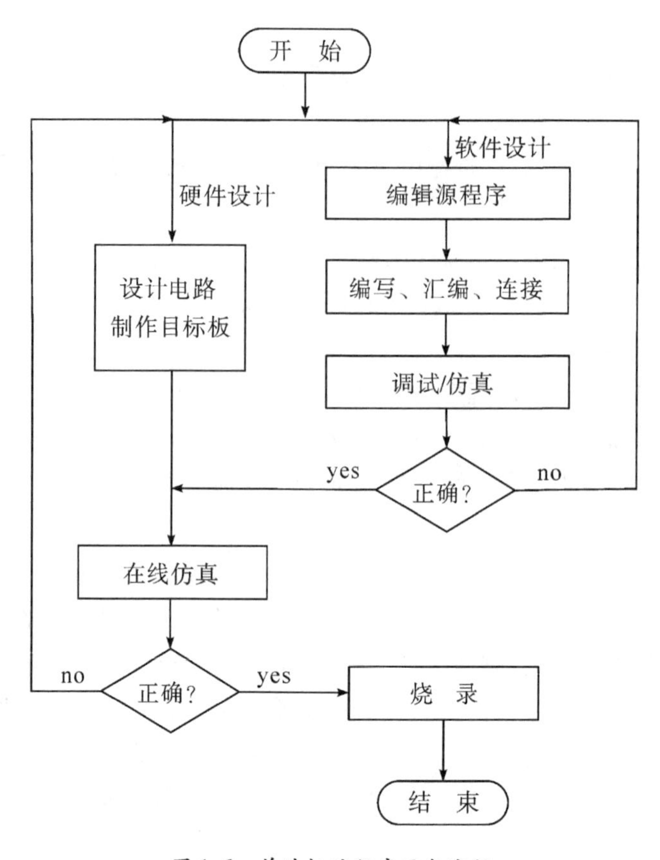

图 1.6 单片机的程序开发流程

注意:在开发环境下编写源程序时,使用汇编语言编写的源程序文件名后缀(即扩展名)为.ASM,而用 C 语言编写的后缀为.C。

1.4 Keil μVision IDE 集成开发环境

Keil 公司的 μVision 集成开发环境(Integrated Development Environment,IDE)是为 8051 单片机编程人员提供程序编辑、编译、运行和调试平台的软件。本章将简要介绍 μVision IDE 的使用方法。

1.4.1 软件简介

Keil 软件是目前较流行的开发 51 系列单片机的软件,支持 C 语言、汇编语言。Keil 提供了包括 C 编译器、宏汇编、连接器、库管理和一个功能强大的仿真调试器在内的完整开发方案,通过一个 μVision 将这些部分组合在一起,在 Windows 操作平台运行,界面友好,易学易用。无论用户使用汇编语言还是使用 C 语言编程,其方便易用的集成环境、强大的软件仿真调试工具都会令程序开发事半功倍。

1. Keil μVision IDE 的安装

Keil μVision IDE 的安装与其他软件的安装方法相同，其安装过程比较简单，只要运行 Keil μVision IDE 的安装程序 SETUP. EXE，然后按默认的安装目录或设置新的安装目录即可将 Keil μVision IDE 软件安装到计算机上，并同时在桌面建立一个快捷图标。

2. Keil μVision IDE 的界面

本章以 Keil μVision2 为例介绍该软件，双击桌面 Keil μVision2 图标，它的主界面如图 1.7 所示。Keil μVision2 的主窗口包括工作空间窗口、编辑窗口和输出窗口三部分。其中工作空间窗口包含三个选项，即 Files、Regs 和 Books。Files 选项允许用户管理当前项目的各种源文件。

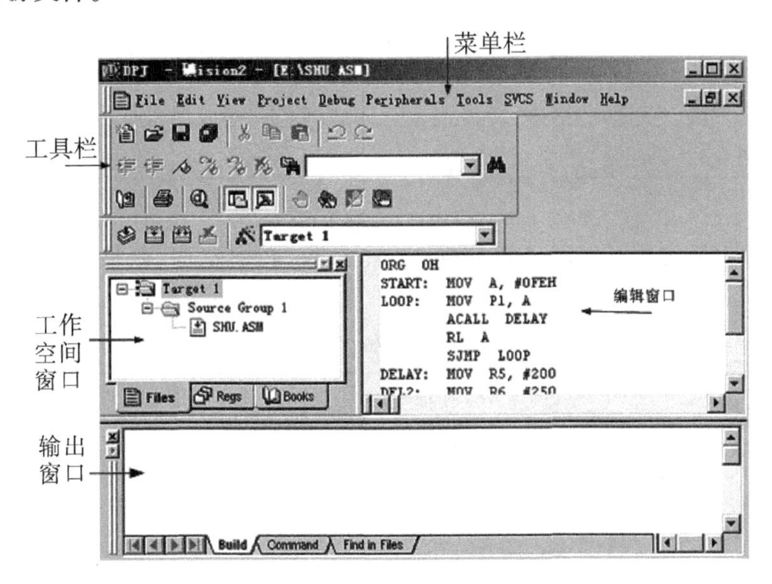

图 1.7　Keil μVision2 主界面

在 Keil μVision2 主界面，可以建立工程项目文件、编写源程序、编译、连接产生可执行 HEX 文件以及进行程序调试。

主界面标题栏下是菜单栏，菜单栏下面是工具栏。菜单栏提供多个菜单项，如 File 菜单、Edit 菜单、View 菜单、Project 菜单、Debug 菜单、Peripherals 菜单，等等。工具栏按钮提供键盘快捷键（用户可自行设置），允许快速执行 Keil μVision IDE 命令。

下面列出了 Keil μVision IDE 软件菜单中常用的命令、默认的快捷键以及它们的功能描述。

1）File 菜单

File 菜单包括常用的文件功能，如新建文件、打开文件、保存文件、关闭文件、文件另存为、保存所有文件，也可打印、打印预览，以及退出 Keil μVision（见表 1.3）。

表 1.3　File 菜单

命　令	快捷键	功能描述
New	Ctrl + N	创建新文件
Open	Ctrl + O	打开已有文件
Close		关闭当前文件
Save	Ctrl + S	保存当前文件
Save as		文件另存为
Save all		保存所有文件
Print	Ctrl + P	打印当前文件
Print Preview		打印预览
Exit		退出 μVision2

2) Edit 菜单

Edit 菜单包括常用的编辑文本功能，如撤销/恢复操作、剪切、复制、粘贴文本（见表 1.4）。

表 1.4　Edit 菜单

命　令	快捷键	功能描述
Undo	Ctrl + Z	撤销上次操作
Redo	Ctrl + Shift + Z	恢复上次操作
Cut	Ctrl + X	剪切选取文本
Copy	Ctrl + C	复制选取文本
Paste	Ctrl + V	粘贴文本

3) View 菜单

View 菜单包括常用的显示/隐藏窗口功能，如项目窗口、输出窗口、反汇编窗口、堆栈窗口、存储器窗口、串口窗口等（见表 1.5）。

表 1.5　View 菜单

命　令	功能描述
Project Window	显示/隐藏项目窗口
Output Window	显示/隐藏输出窗口
Disassembly Window	显示/隐藏反汇编窗口
Watch&Call Stack Win	显示/隐藏观察和堆栈窗口

续表

命　令	功能描述
Memory Window	显示/隐藏存储器窗口
Code Coverage Window	显示/隐藏代码报告窗口
Serial Window #1	显示/隐藏串口 1 窗口
Serial Window #2	显示/隐藏串口 2 窗口
Periodic Window Update	程序运行时刷新调试窗口

4)Project 菜单

Project 菜单包括常用的项目功能,如新建项目、打开项目、关闭项目、选择对象 CPU、编译文件、停止编译过程(见表 1.6)。

表 1.6　Project 菜单

命　令	快捷键	功能描述
New Project		创建新项目
Open Project		打开已存在项目
Close Project		关闭当前项目
Select Device for Target		选择对象 CPU
Options for Targets		修改目标选项
Build Target	F7	编译文件
Rebuild Target		重新编译文件
Stop Build		停止编译过程

5)Debug 菜单

Debug 菜单包括常用的调试功能,如开始/停止调试、全速运行、单步执行、停止运行、设置/取消断点等(见表 1.7)。

表 1.7　Debug 菜单

命　令	快捷键	功能描述
Start/Stop Debugging	Ctrl + F5	开始/停止调试
Go	F5	全速运行程序
Step	F11	单步执行,遇到子程序则进入
Step Over	F10	单步执行,跳过子程序
Step Out of Current Function	Ctrl + F11	执行到当前函数的结束

续表

命　令	快捷键	功能描述
Run to Cursor Line		运行到光标行
Stop Running	ESC	停止程序运行
Breakpoints		打开断点对话框
Insert/Remove Breakpoint		设置/取消当前行的断点
Enable/Disable Breakpoint		使能/禁止当前行的的断点
Disable All Breakpoints		禁止所有的断点
Kill All Breakpoints		取消所有的断点
Show Next Statement		显示下一条指令

6) Peripherals 菜单

Peripherals 菜单可方便观察中断、I/O 口、串行口、定时器 SFR 的状态(见表 1.8)。

表 1.8　Peripherals 菜单

命　令	功能描述
Reset CPU	复位 CPU
Interrupt	中断系统 SFR 状态
I/O - ports	I/O 口 SFR 状态
Serial	串口 SFR 状态
Timer	定时器 SFR 状态

1.4.2　Keil 的使用方法

本节通过一个例子来说明 Keil 软件的使用方法(示例见第 3 章例 3.10)。

1. 建立项目

在编辑窗口,选择 Project→New Project 命令建立项目文件。如图 1.8 所示,在 Create New Project 窗口中选择新建项目文件的位置,并输入新建项目文件的名称,再单击“保存”即弹出如图 1.9 所示的 Select Device for Target 窗口,用户可以根据所选择的单片机型号选择 CPU。Keil μVision IDE 几乎支持所有的 51 系列的单片机,并以列表的形式给出。选中芯片后,右边的描述框将同时显示选中的芯片的相关信息以供用户参考。本节以 ATMEL 公司的 AT89C51 为例,点击“确定”后完成项目的建立。

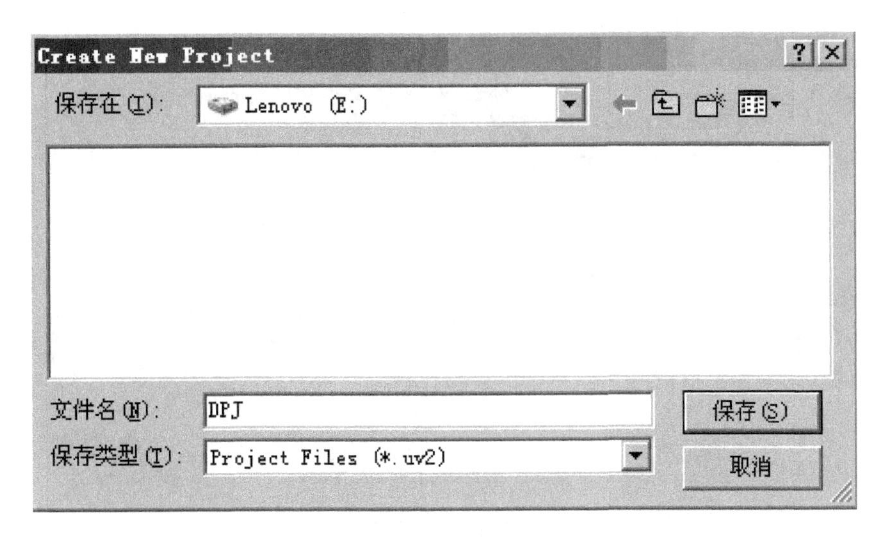

图 1.8　新建项目

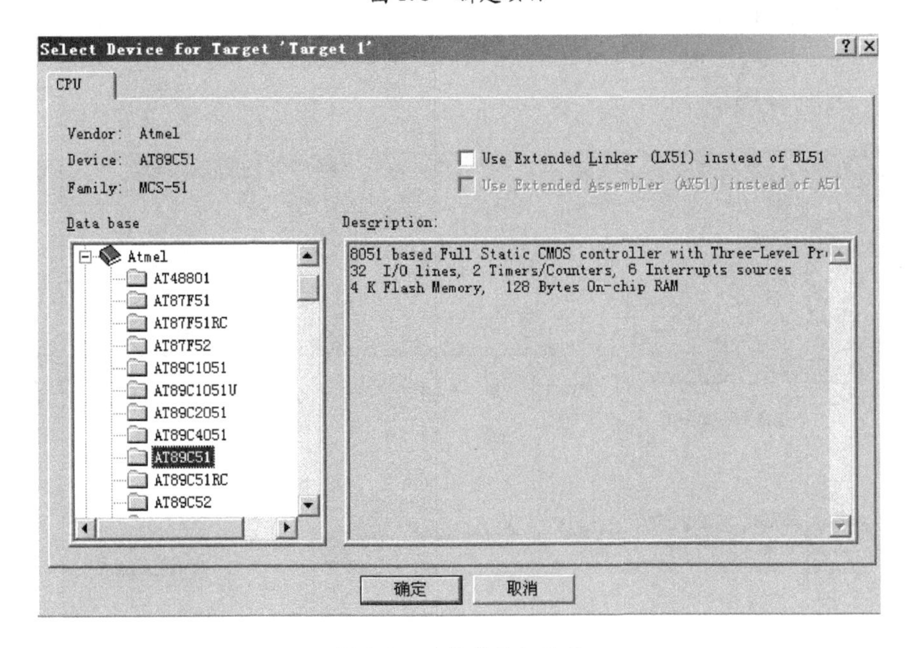

图 1.9　选择单片机类型

2. 创建文件

创建文件的具体步骤如下。

1) 选择 New

在项目界面,选择 File→New 命令,如图 1.10 所示。

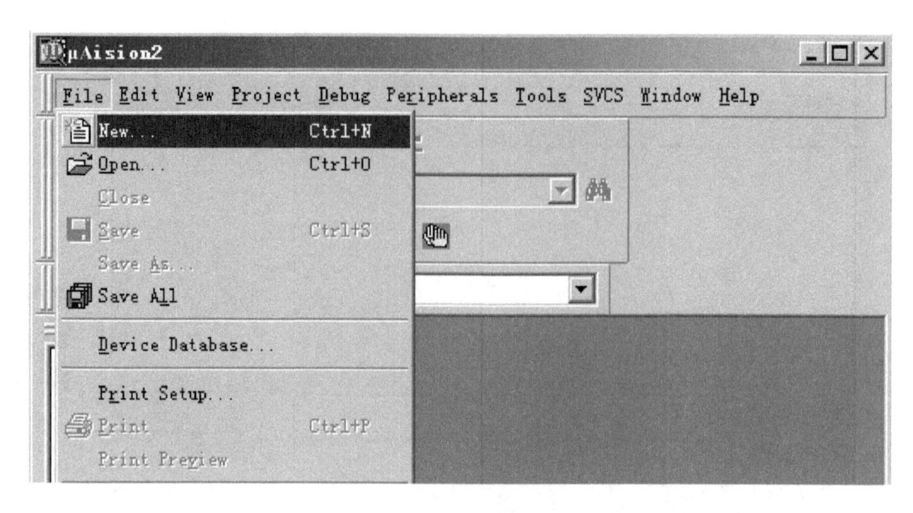

图 1.10　选择 New

2)打开文本编辑窗口

单击 New 命令,出现如图 1.11 所示的 Text3 文本编辑窗口,此时可在 Text3 中编写汇编语言或 C 语言程序。

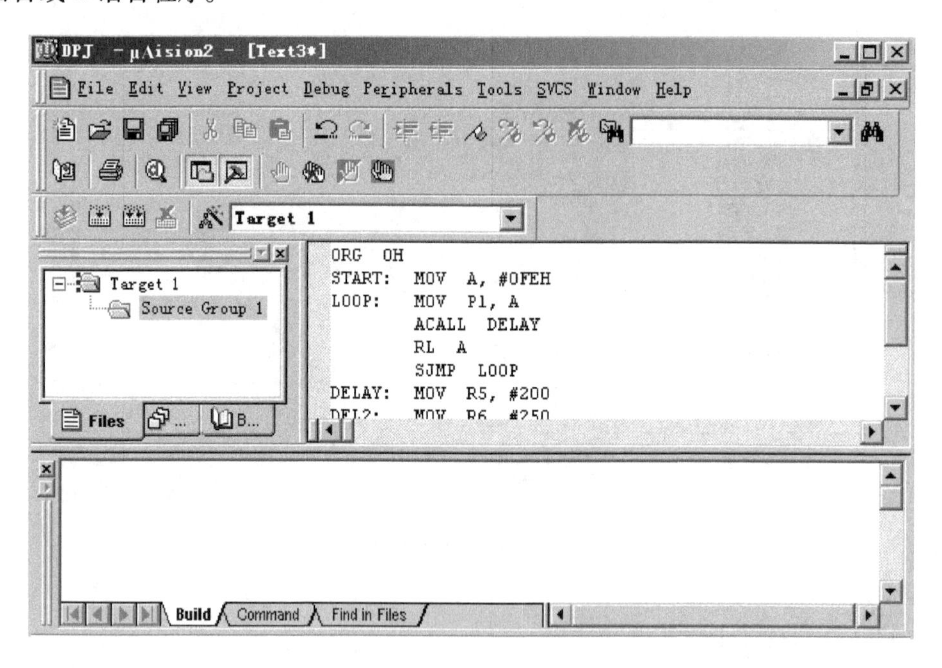

图 1.11　在 Text3 编写源程序

3)保存文件

选择 File→Save As 命令,弹出如图 1.12 所示的窗口,在对应栏中填写文件名并单击"保存",将文件保存在设定的目录中。假设目录设置为 E:\,填写的文件名为 SHU. ASM。

注意:文件名不区分大小写,但后缀必须是. ASM。

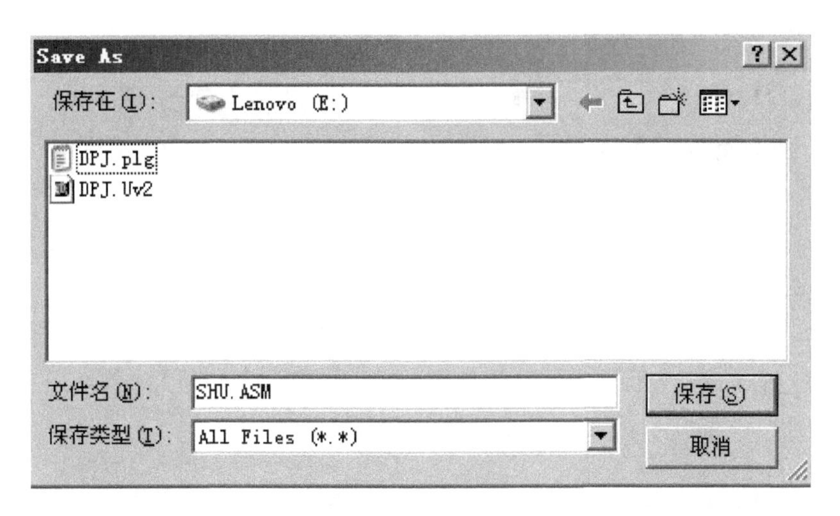

图 1.12　选择目录及填写文件名

3. 向项目里添加源程序

向项目里添加源程序的具体步骤如下。

(1)在项目窗口中,单击 Target 1 前面的“+”号,展开里面的内容 Source Group 1,右键单击 Source Group 1,出现如图 1.13 所示的菜单。

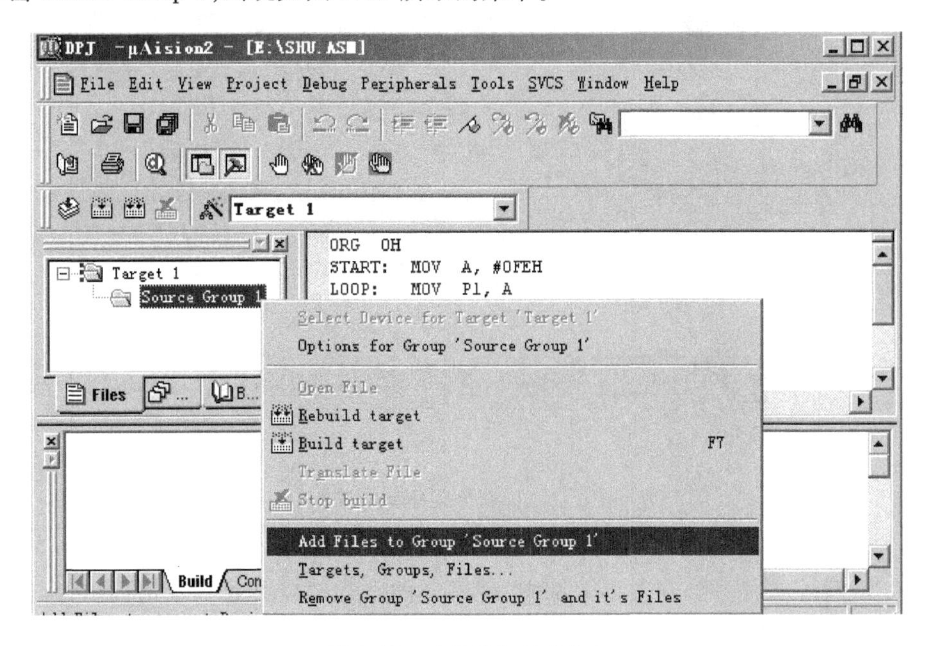

图 1.13　选择添加程序命令

(2)选择 Add Files to Group‘Source Group1’,弹出如图 1.14 所示的窗口,可以在文件类型中选择文件的类型,如要给项目添加前面已经建立好的文件 SHU.ASM,则先在文件类型下拉菜单中选择 Asm Source file,然后输入文件名,再单击 Add 按钮,即把文件加载到项目里面,如图 1.15 所示。

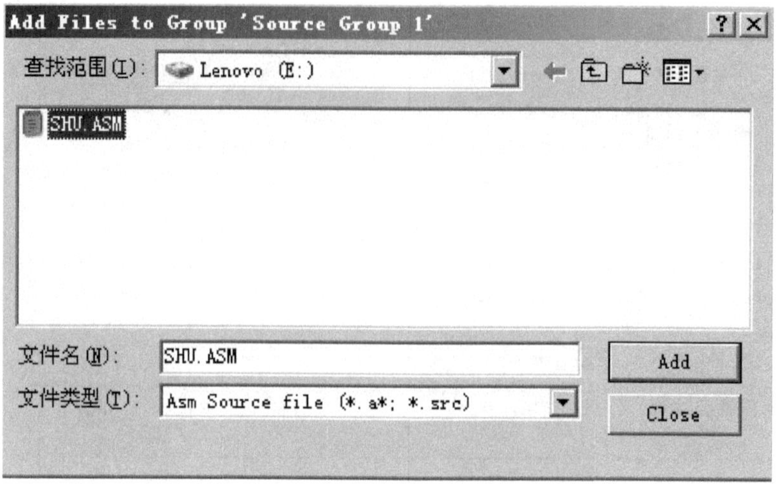

图 1.14　添加源程序文件窗口

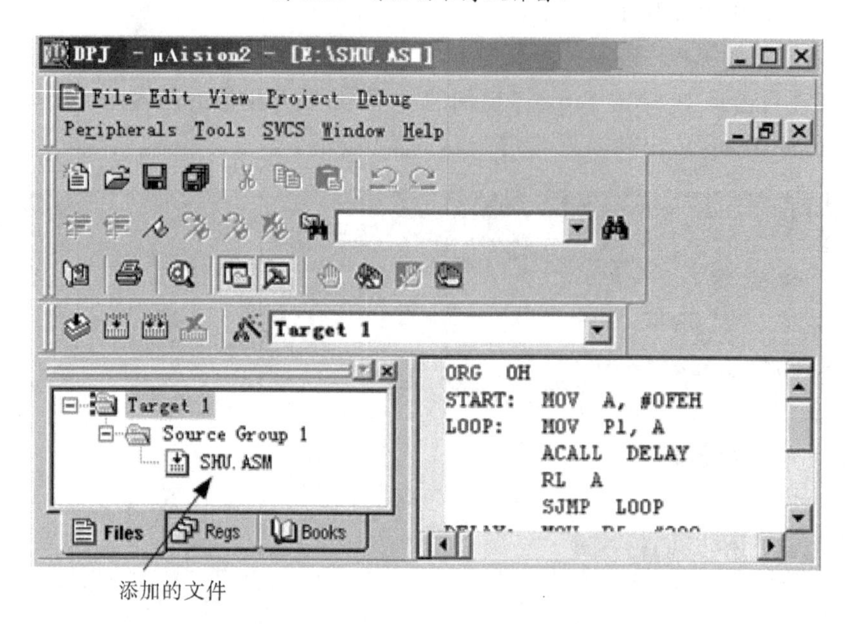

图 1.15　源程序文件加入项目

4. 文件的编译、连接，形成目标文件

当把源程序文件添加到项目文件中，程序文件已经建立并且存盘后，就可以进行编译，连接形成目标文件。

选择 Project→Built All Target 命令（或 Built Target 命令）。编译时，如果程序有错，则编译不成功，并在下面的信息窗口给出相应的出错提示信息，以便用户进行修改，修改后再编译、连接，这个过程可能会重复多次。如果没有错误，则编译、连接成功，并且在信息窗口给出提示信息："DPJ" - 0 Error(s)，0 Warning(s)。程序的编译、连接如图 1.16 所示。

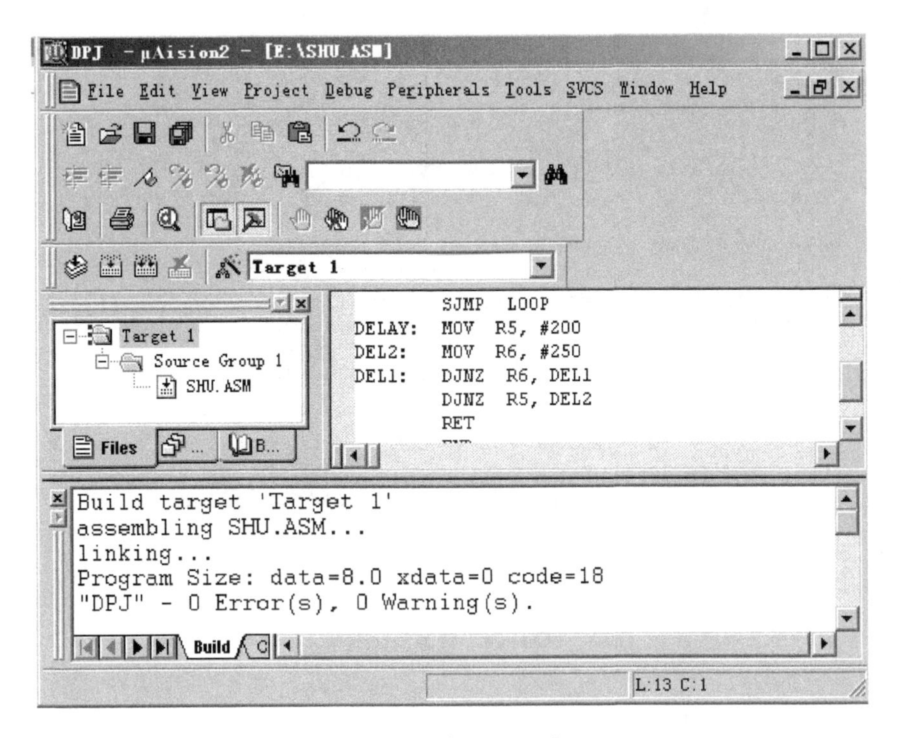

图1.16　程序的编译、连接

5. 仿真器的选择

Keil μVision内设有调试仿真器。在项目窗口中，选择Target 1，单击鼠标右键，如图1.17所示。点击Options for Target ‘Targer 1’，如图1.18所示。通常系统默认为Use Simulator（软件仿真），如果是硬件仿真，则选Keil Monitor－51 Driver。

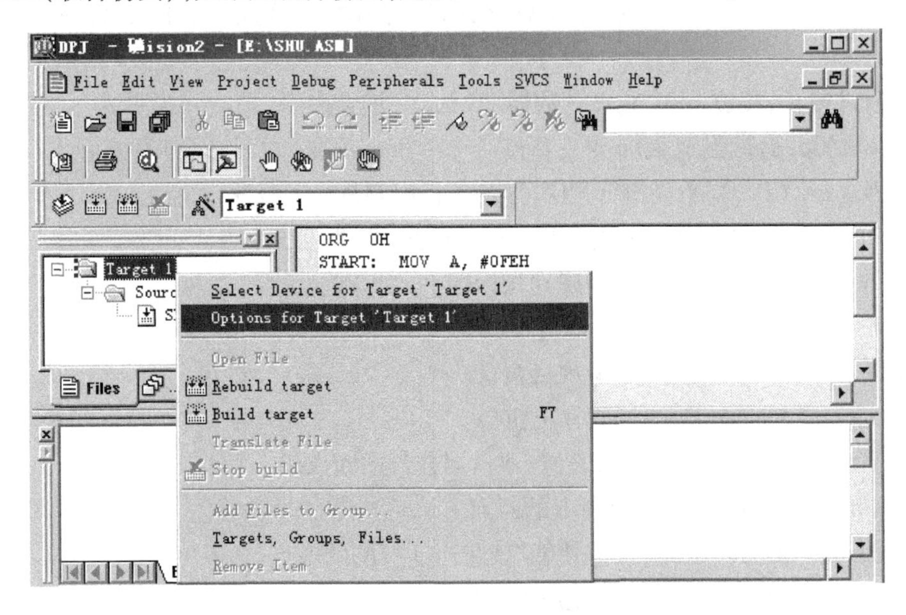

图1.17　选择仿真器命令

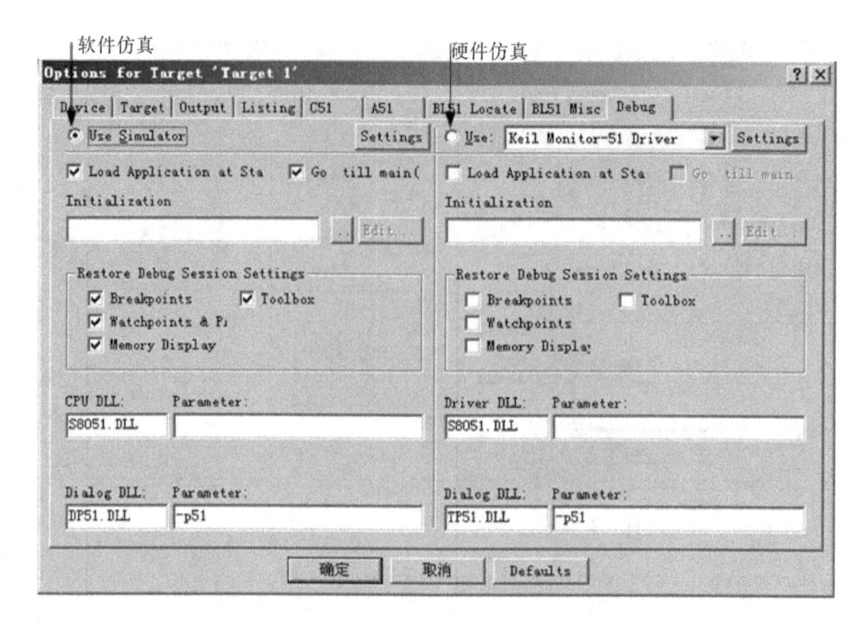

图 1.18　仿真器选择

6. 程序的调试

程序调试一般步骤如下。

1)进入调试仿真状态

选择 Debug→Start/Stop Debug Session 命令,进入调试界面,如图 1.19 所示。Peripherals 为外围器件菜单。同时,在工具栏内有开始/停止调试图标。左侧会出现 8051 单片机内部主要的寄存器,如 r0 ~ r7、a、dptr、PC 等,右侧为程序调试窗口。

在做程序调试时,有一些常用的功能图标,如图 1.20 所示。图上从左面开始依次为:

- 软件复位,复位 CPU,程序计数器 PC 为 0,使程序可以重新开始调试。
- Run/Go,运行程序,除非遇到断点或选择 Stop 命令,才可使系统停止。
- Step into(F11),单步执行程序,遇到子程序则进入子程序。
- Step Over(F10),单步执行程序,遇到子程序则跳过子程序。
- Run to Cursor Line,执行程序到光标行。
- Start/Stop Debugging,开始/停止调试。
- Project Window,显示/隐藏项目窗口。
- Output Window,显示/隐藏输出窗口。
- Insert/Remove Breakpoint,设置/取消当前行的断点。
- Kill All Breakpoints,取消所有的断点。
- Enable/Disable Breakpoint,使能/禁止当前行的的断点。
- Disable All Breakpoints,禁止所有的断点。

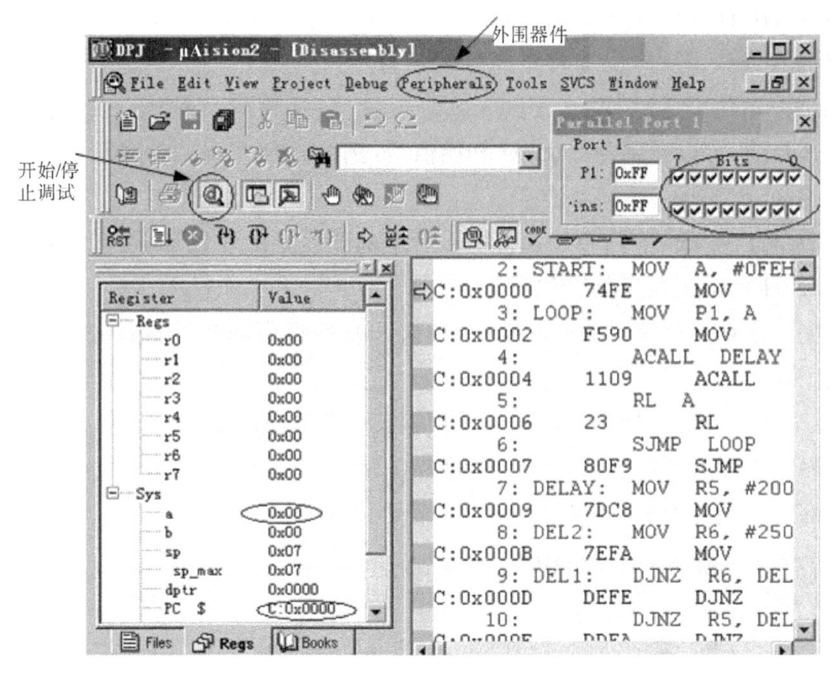

图 1.19 调试界面

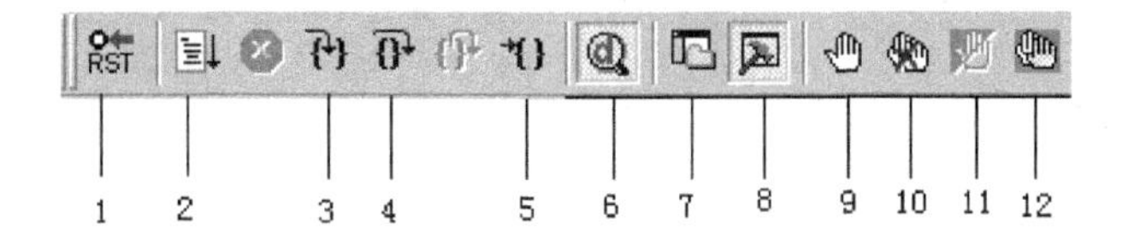

图 1.20 常用功能图标

2)打开外围控制的特殊功能寄存器(SFR)窗口

选择 Peripherals 菜单的各种命令,可以打开外围控制的 SFR 显示窗口,方便调试时观察内部寄存器值的变化。调出特殊功能寄存器窗口如图 1.21 所示。

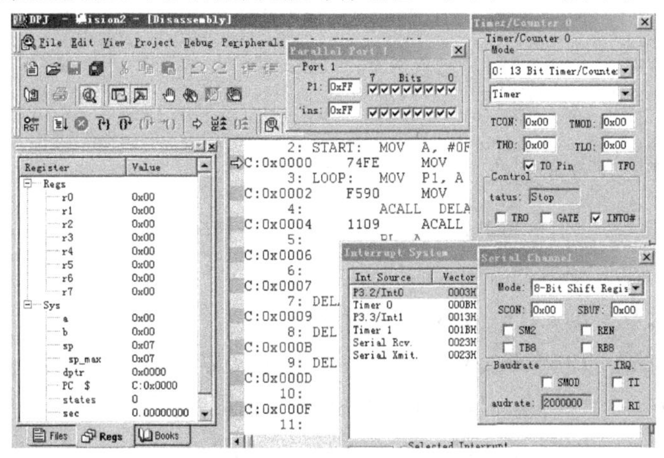

图 1.21 调出特殊功能寄存器窗口

图中，Interrupt 为中断 SFR 观察窗口，I/O – Ports 为 I/O 口 SFR 观察窗口，Serial 为串行口 SFR 观察窗口，Timer 为定时器 SFR 观察窗口。

3）调试程序

调试开始前，可以看到各 Register 初始值，本例 Parallel Ports 1 为 FFH，指针箭头指向了程序开始。

选择 Debug→Step 命令，单步执行两步后的调试界面如图 1.22 所示。注意观察 Register 和 Parallel Ports 1 数值的变化。

本例中不用观察存储器单元的变化，如果开发的程序需要观察存储器单元的状态，则需要调出存储器窗口。

Keil μVision IDE 把 MCS – 51 内核的存储器资源分成以下 4 个区域：

- 程序存储器 ROM 区 code，IDE 表示为 C：xxxx。
- 内部可直接寻址 RAM 区 data，IDE 表示为 D：xx。

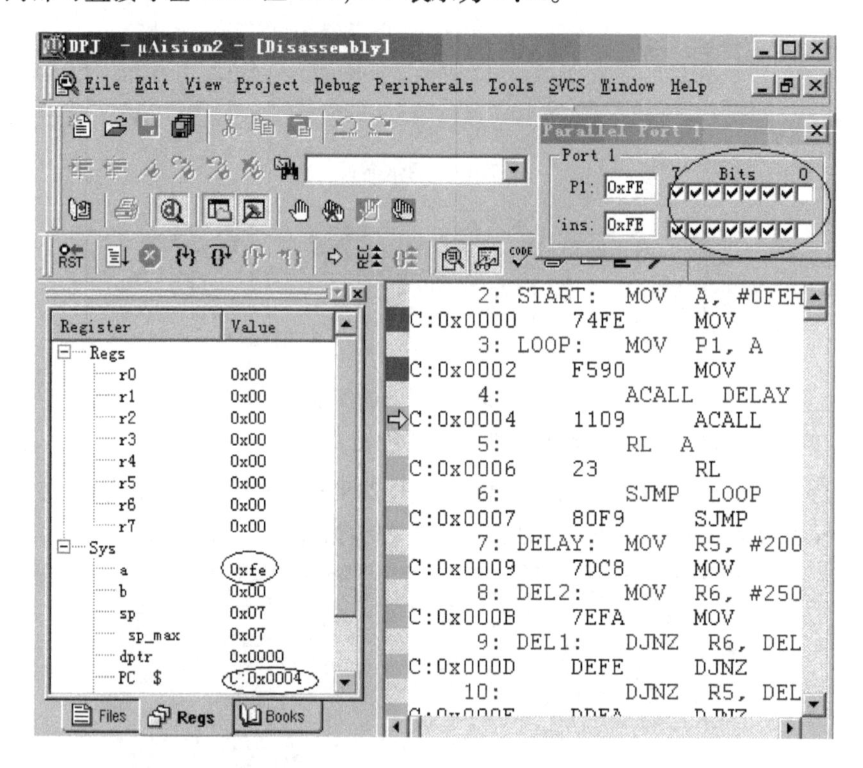

图 1.22 单步执行两步后的调试界面

- 内部间接寻址 RAM 区 idata，IDE 表示为 I：xx。
- 外部 RAM 区 xdata，IDE 表示为 X：xxxx。

这 4 个区域都可以在 Keil μVision IDE 的 Memory Windows 中观察和修改。在Memory 窗口可以同时显示 4 个不同的存储器区域，单击窗口下部的编号可以相互切换显示。

在 Memory 窗口的地址输入栏内输入要显示的存储器区的起始地址，就可观察其单元内容。如在地址输入栏内输入 C：0000H 按回车键后，在 Memory 窗口可观察到程序存储器ROM区地址为0000H开始显示的单元。C:0x0000是每一行的行首地址,行首地址可随着存储单元个数变化而变化。存储单元内部就是存储的内容,默认的显示形式为十六进制。(注意:0x表示十六进制。)

同理在地址输入栏内输入D:00H按回车键后,在Memory窗口看到的是内部可直接寻址RAM区地址为00H处开始显示的单元。在地址输入栏内输入X:1000H按回车键后,在Memory窗口观察的是外部RAM区地址为1000H处开始显示的单元等,如图1.23所示。

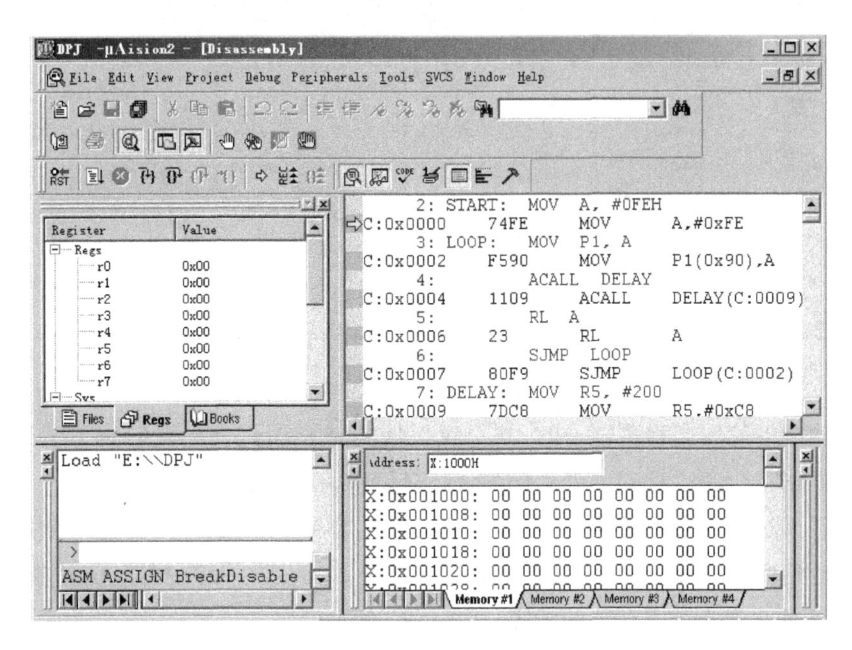

图1.23　存储器窗口

4)几个运行命令的区别

在调试界面的Debug下系统提供了几种不同的运行方式(见表1.7),它们的区别如下:

- Go全速运行程序。一般在硬件仿真中常用全速运行。软件仿真中一般不用全速运行。
- Step单步运行程序,如果遇到子程序则可进入子程序调试。在调试过程中常用,便于查错,改正错误。
- Step Over单步运行程序,如果遇到调用子程序指令,则直接执行子程序,但不进入子程序,只在主程序中单步执行每一条指令。
- Stop running停止运行。当全速运行程序时,如果想停止程序运行就用此条命令。

7. Keil μVision IDE的调试技巧

在Keil μVisionIDE中提供了多种调试方法对程序进行调试。这里简要介绍几种常用调试技巧。

1)如何设置和删除断点

设置/删除断点最简单的方法是双击待设置断点的源程序行或反汇编程序行,或用断点设置命令 Insert/Remove Breakpoint,如图 1.24 所示。

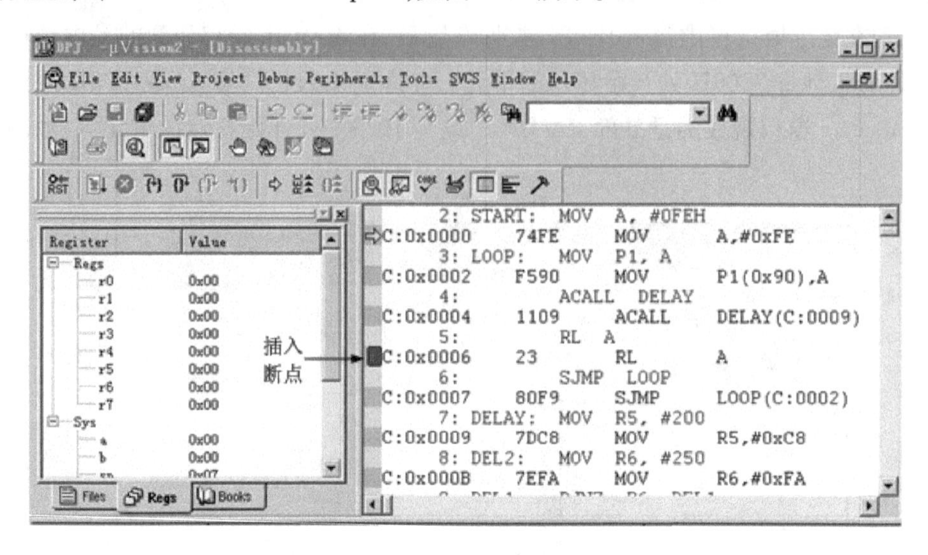

图 1.24 设置断点

断点功能的使用当程序较长时,如果仅仅使用单步调试则会费时费力,可以通过设置断点的方法将全速运行和单步运行结合起来使用,提高调试效率。

如果调试过程中出现错误,则可设置断点,断点设置完成后,可先进行全速运行,程序自动运行到断点处停止,再应用单步运行调试查错(注意:程序中可以设置多个断点)。

2)如何查看和修改寄存器的内容

仿真的寄存器的内容显示在寄存器窗口,用户除了可以观察寄存器内容以外还可以自行修改,单击选中一个单元,例如,单元 DPTR,然后再单击 DPTR 的值位置,出现文本框后输入相应的数值按回车键即可。

3)如何观察和修改存储器区域

在 Keil μVision IDE 中可以区域性地观察和修改所有的存储区数据。在仿真的 Memory 区域,默认显示为十六进制,但也可以选择其他的显示方式——在 Memory 显示区域内右击,在弹出的快捷菜单中可以选择的显示方式如下:

- Decimal:按照十进制方式显示。
- Unsigned:按照有符号的数字显示,又分 char(单字节)、int(整型)和 long(长整型)。
- Singed:按照无符号的数字显示,可分为 char(单字节)、int(整型)和 long(长整型)。
- ASCII:按照 ASCII 码格式显示。
- Float:按照浮点格式进行显示。

- Double：按照双精度浮点格式显示。

在 Memory 窗口中显示的数据可以修改，修改方法如下：用鼠标对准要修改的 RAM 单元并单击右键，在弹出的快捷菜单中选择 Modify Memory at D：0xxx，在接着弹出对话框的文本输入栏内输入相应数值后按回车键，修改完成。注意 ROM 区内容不能更改。Memory 数据修改如图 1.25 所示（图中是修改内部 RAM 00H 单元的数据）。

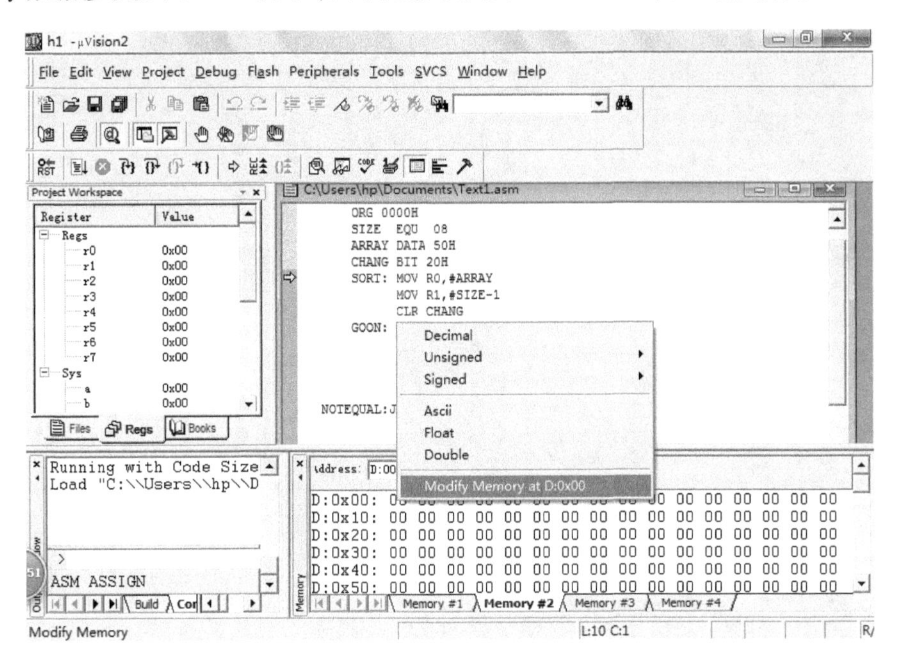

图 1.25　Memory 数据修改

习题与思考题

1.1　试举例说明十进制、二进制和十六进制数各有什么特点？

1.2　把下列十进制数转换为二进制数和十六进制数。

(1)136　　(2)0.146　　(3)25.36

1.3　把下列二进制数转换为十进制数和十六进制数。

(1)11010110B　　(2)0.1011B　　(3)1011.1011B

1.4　把下列十六进制数转换为十进制数和二进制数。

(1)ABH　　(2)0.2CH　　(3)1D.F8H

1.5　试指出下列有符号数的原码、反码和补码。

(1) +1101B　　(2) -1010011B　　(3) -1001B

1.6　写出下列各数的 BCD 码。

(1)9　　(2)56　　(3)78.34

1.7　试用十六进制形式写出下列字符的 ASCII 码。

(1)7　　(2)A　　(3)NUL

1.8 什么是单片机？它有哪些特点？

1.9 请举例说明单片机在自动控制领域的应用。

1.10 单片机的开发环境包括哪几部分？

1.11 简述单片机系统的开发流程。

第2章　8051单片机的结构与最小系统

MCS－51系列单片机是美国Intel公司1980年推出的高性能8位单片机，其典型产品为8051单片机、8751单片机和8031单片机。它们的基本组成和基本性能都是相同的。常用的MCS－51泛指以8051为内核的单片机。8051单片机是ROM型单片机，内部有4 KB的掩模ROM，即单片机出厂时，程序已由生产厂家固化在程序存储器中。8751单片机片内含有4 KB的EPROM，用户可以把编写好的程序用开发机或编程器写入其中，需要修改时，可以先用紫外线擦除器擦除，然后再写入新的程序。8031单片机片内没有ROM，使用时需在片外扩展一片EPROM芯片。除此之外，8051单片机、8751单片机和8031单片机的内部结构完全相同，都具有如下特性：

- 面向控制的8位CPU。
- 4KB的片内程序存储器。
- 128个字节的片内数据存储器。
- 4个并行I/O口，具有32个双向的、可独立操作的I/O线。
- 1个全双工的异步串行口。
- 2个16位定时/计数器。
- 5个中断源，可设置成两个中断优先级。
- 1个片内时钟振荡器。
- 21个特殊功能寄存器。
- 具有很强的布尔处理（位操作）能力。

2.1　8051单片机的内部结构

8051单片机的基本结构如图2.1所示，它由8个部件组成：中央处理器（CPU）、片内数据存储器（RAM）、片内程序存储器（ROM/EPROM）、输入输出接口（并行I/O口）、可编程串行口、定时器/计数器、中断系统及特殊功能寄存器。各部分之间通过内部总线相连。其基本结构采用CPU加上外围芯片的结构模式，但在功能单元的控制上，却采用了特殊功能寄存器的集中控制方法。8051单片机的内部结构如图2.2所示。

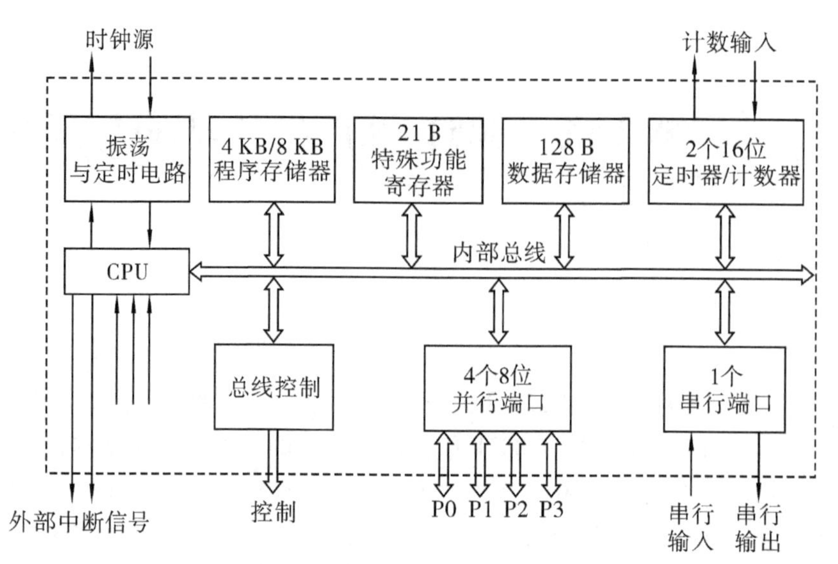

图 2.1 8051 单片机的基本结构

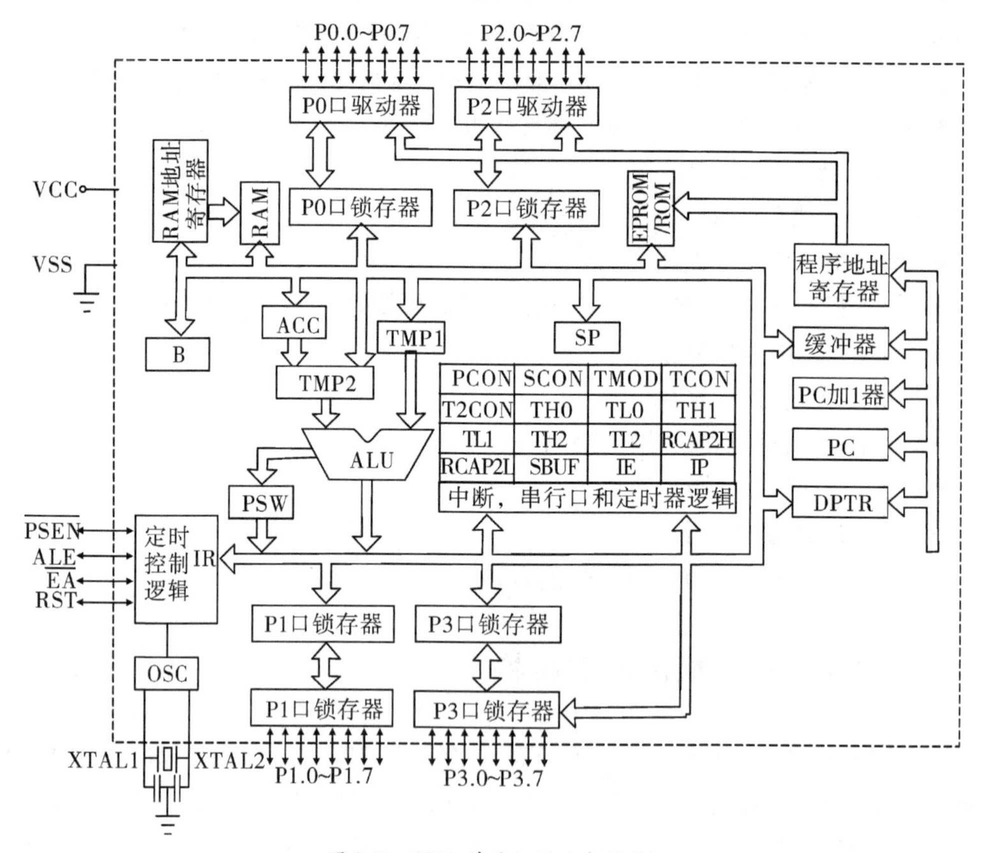

图 2.2 8051 单片机的内部结构

2.1.1 CPU

8051 单片机内部 CPU 由运算器和控制器组成，是一个能够对 8 位二进制数进行运算的中央处理单元,它是单片机的核心,主要完成运算和控制操作。CPU 通过内部总线把组成单片机的各个部分连接在一起,控制它们有条不紊地工作。总线是单片机内部的信息通道,单片机系统的地址信号、控制信号和数据信号都是通过总线传送的。

1. 运算器

运算器主要包括算术逻辑运算单元(Arithmetic and Logic Unit,ALU)、累加器(Accumulator,A 或 ACC)、寄存器 B、暂存器 TMP1、TMP2、程序状态字寄存器(Program Status Word,PSW)、布尔处理器电路等。

运算器主要用来实现数据的传送,数据的算术运算、逻辑运算和位变量处理。

8051 单片机的 ALU 为 8 位,实现 2 个 8 位二进制数的算术(加、减、乘、除)、逻辑(与、或、非、异或)等运算,实现累加器 A 的清零、取反、移位(左移、右移)等操作;8051 单片机的 ALU 还具有位处理功能,它可以对位(bit)变量进行清零、置位、取反、位状态测试转移和位逻辑与、或等操作。

暂存器 TMP1、TMP2 为二进制 8 位暂存寄存器,用来存放参与运算的操作数。

累加器 A 为一个二进制 8 位的寄存器,用来暂存操作数及保存运算结果。在 8051 单片机中,算数运算、逻辑运算、移位运算等均离不开累加器 A 的参与,另外,CPU 中的数据传送大多通过累加器 A 实现,它是 8051 单片机中最繁忙的寄存器。需要对累加器 A 的位进行寻址或堆栈操作时写成 ACC。

寄存器 B 为一个二进制 8 位的寄存器,协助累加器 A 实现乘法和除法运算。该寄存器在进行乘法或除法运算前,用来存放乘数或除数,在乘法或除法完成后用于存放乘积的高 8 位或除法运算的余数。

程序状态字寄存器 PSW 为一个二进制 8 位标志寄存器,用来存放指令执行后的有关状态。PSW 中各位的状态通常是在指令执行过程中自动形成的,但也可以由用户根据需要采用传送指令加以改变。它的各标志位定义如表 2.1 所示。

表 2.1　PSW 标志位定义

PSW7	PSW6	PSW5	PSW4	PSW3	PSW2	PSW1	PSW0
Cy	AC	F0	RS1	RS0	OV	-	P

①进位标志位 Cy:用于表示加减运算过程中最高位 A7(累加器最高位)有无进位或借位。在加法运算时,若累加器 A 中最高位 A7 有进位,则 Cy =1;否则 Cy =0。在减法运算时,若 A7 有借位,则 Cy =1;否则 Cy =0。此外,CPU 在进行移位操作时也会影响这个标志位。

②辅助进位位 AC:用于表示加减运算时低 4 位(即 A3)有无向高 4 位(即 A4)进位或借位。若 AC =0,则表示加减过程中 A3 没有向 A4 进位或借位;若 AC =1,则表示加减过程中 A3 向 A4 有了进位或借位。

③用户标志位 F0:F0 标志位的状态通常不是机器在执行指令过程中自动形成的,而是由用户根据程序执行的需要通过传送指令确定的。该标志位状态一经设定,就保持不变,可以由用户程序直接检测,以决定用户程序的当前状态,例如运行正常还是异常。

④寄存器选择位 RS1 和 RS0：8051 单片机共有 8 个二进制 8 位工作寄存器，分别命名为 R0～ R7。工作寄存器 R0～R7 常常被用户在程序设计中使用，如记录程序的参数，但它在 RAM 中的实际物理地址是可以根据需要选定的。RSl 和 RS0 就是为了这个目的提供给用户使用，用户通过改变 RS1 和 RS0 的状态可以方便地决定 R0～R7 的实际物理地址。工作寄存器 R0～R7 的物理地址和 RS1、RS0 之间的关系如表 2.2 所示。

表 2.2 RS1、RS0 对工作寄存器的选择

RS1、RS0	工作寄存器组号	R0～R7 的物理地址
0　0	0	00H～07H
0　1	1	08H～0FH
1　0	2	10H～17H
1　1	3	18H～1FH

⑤ 溢出标志位 OV：可以指示运算过程中是否发生了溢出，由机器执行指令过程中自动形成。若机器在执行运算指令过程中，累加器 A 中运算结果超出了 8 位数能表示的范围，即 -128～+127，则 OV 标志自动置 1；否则 OV=0。因此，我们可以根据执行运算指令后的 OV 状态就可以判断累加器 A 中的运算结果是否正确。

⑥ 奇偶标志位 P：PSW0 为奇偶标志位 P，用于指示运算结果中 1 的个数的奇偶性。若 P=1，则累加器 A 中 1 的个数为奇数；若 P=0，则累加器 A 中 1 的个数为偶数。

8051 单片机还有一个布尔处理器用来实现各种位逻辑运算和传送；8051 单片机专门提供了一个位寻址空间。布尔处理（即位处理）是 8051 单片机 ALU 所具有的一种功能。单片机指令系统中的布尔指令集、数据存储器中的位地址空间以及借用程序状态字寄存器 PSW 中的进位标志 Cy 作为位操作累加器构成了单片机内的布尔处理机。

2. 控制器

控制器包括时钟发生器、定时控制逻辑、指令寄存器、指令译码器、程序计数器（Program Counter，PC）、程序地址寄存器、数据指针寄存器（Data Pointer，DPTR）、堆栈指针（Stack Pointer，SP）等。

控制器是用来统一指挥和控制计算机进行工作的部件。它的功能是从程序存储器中提取指令，送到指令寄存器，再进入指令译码器进行译码，并通过定时和控制电路，在规定的时刻发出各种操作所需要的全部内部控制信息及 CPU 外部所需要的控制信号，如 ALE、$\overline{PSEN}$、$\overline{RD}$、$\overline{WR}$等，使各部分协调工作，完成指令所规定的各种操作。

程序计数器 PC 为一个二进制 16 位的程序地址寄存器，专门用来存放下一条将要执行指令的地址，能自动加 1。CPU 执行指令时，它是先根据 PC 中的地址从程序存储器中取出当前需要执行的指令码，并把它送给控制器分析执行，随后 PC 中内容自动加 1，以便为 CPU 取下一个需要执行的指令码做准备。当下一个指令码取出执行后，PC 又自动加 1。这样，PC 一次次加 1，指令就被一条条地执行。所以，需要执行程序的机器码必须在程

序执行前预先一条条地按顺序放到程序存储器中,并将 PC 设置成程序第一条指令的地址。

8051 单片机的程序计数器 PC 由 16 个触发器构成,故它的编码范围为 0000H ~ FFFFH,共 64 KB,即 8051 单片机对程序存储器的寻址范围为 64 KB。

指令寄存器为一个二进制 8 位的寄存器,用来存放将要执行的指令代码,指令代码由指令译码器输出,并通过指令译码器把指令代码转化为电信号即控制信号,如 ALE、$\overline{\text{PSEN}}$等。

数据指针 DPTR 为一个二进制 16 位的寄存器,由两个 8 位寄存器 DPH 和 DPL 拼成。其中,DPH 为 DPTR 的高 8 位,DPL 为 DPTR 的低 8 位。DPTR 可以用来存放片内程序存储器的地址,也可以用来存放片外数据存储器和片外程序存储器的地址。

堆栈指针 SP 为一个二进制 8 位的寄存器,能自动加 1 或减 1,专门用来存放堆栈的栈顶地址。堆栈是在内部数据存储器中专门开辟出来的按照"先进后出,后进先出"的原则进行存取的数据区域。堆栈的用途是保护现场和断点地址。在 CPU 响应中断或调用子程序时,需要把断点处的 PC 值及现场的一些数据保存起来,在微型计算机中,它们就是保存在堆栈中的。堆栈中数据的进入和弹出分别用压栈指令 PUSH 和弹栈指令 POP 实现。

2.1.2　存储器

8051 单片机的存储器分为程序存储器 ROM 和数据存储器 RAM,它们又分为片内、片外 ROM 和片内、片外 RAM。8051 单片机的片内存储器集成在芯片内部,是 8051 单片机的一个组成部分;片外存储器是外接的专用存储器芯片,8051 单片机只提供地址和控制命令,需要通过印刷电路板上三总线(地址总线、数据总线、控制总线)才能联机工作。

8051 单片机片内有地址范围从 0000H ~ 0FFFH 的 4 KB 程序存储器和 00H ~ FFH 的 256 个字节数据存储器。片外可扩展的 64 KB 的 ROM 和 RAM 地址范围均为 0000H ~ FFFFH。8051 单片机的存储器地址分配如图 2.3 所示。

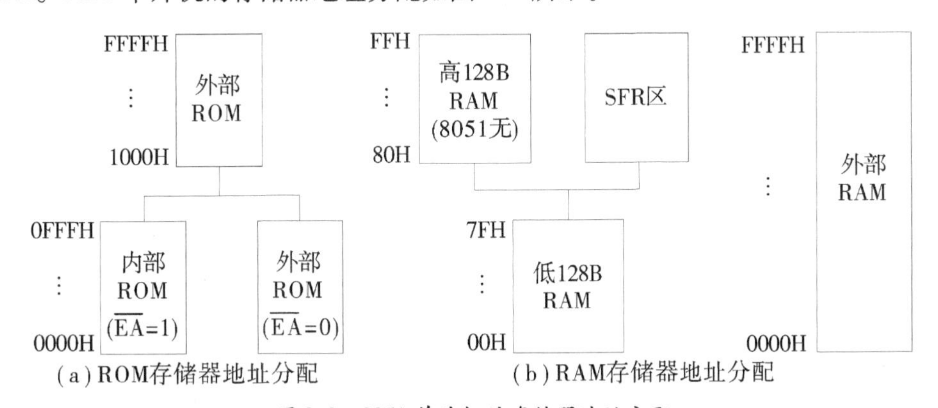

图 2.3　8051 单片机的存储器地址分配

1. 程序存储器

程序存储器用于存放设计好的程序、表格和常数。8051 单片机片内 4 KB 的 ROM 和片外 64KB 的 ROM，两者是统一编址的，CPU 的控制器专门提供一个控制信号$\overline{EA}$来区分内部 ROM 和外部 ROM 的公用地址区：当$\overline{EA}$接高电平时，单片机从片内 ROM 的 4 KB 存储区取指令，而当指令地址超过 0FFFH 后，即程序容量超过 4 KB 时，就自动地转向片外 ROM 取指令；当$\overline{EA}$接低电平时，CPU 只从片外 ROM 取指令。这种接法特别适用于采用 8031 单片机的场合，由于 8031 单片机内部不带 ROM，所以使用时必须让$\overline{EA}$接地，使之直接从外部 ROM 中取指令。

8051 单片机的程序存储器中有些单元具有特殊功能，使用时应予以注意。如 0000H ~0002H。系统复位后，PC 的值为 0000H，单片机从 0000H 单元开始取指令执行程序。若程序未从 0000H 单元开始存放，则在这三个单元中存放一条无条件转移指令，以便直接转移至指定的地址执行预先存放的程序。

2. 数据存储器

8051 单片机片内 256 个字节 RAM 按其功能划分为两部分，其中低 128 字节为片内数据 RAM 区，地址空间为 00H ~ 7FH，高 128 字节为特殊功能寄存器 SFR 区域。地址空间为 80H ~ FFH。

8051 单片机内部的低 128 字节 RAM 是真正的 RAM 存储器，其应用最为灵活，可用于暂存运算结果及标志位等。对于片内 RAM 的低 128 字节，按其用途还可以分为 3 个区域，如图 2.4 所示。

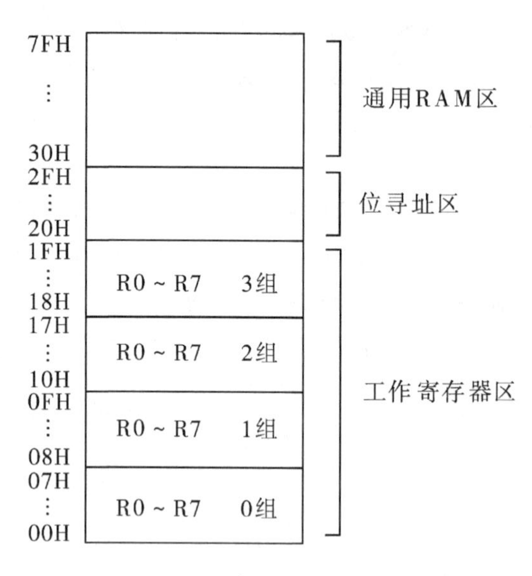

图 2.4　8051 单片机内部 RAM 分配

1）工作寄存器区

从 00H ~ 1FH 安排了 4 组工作寄存器；每组占用 8 个 RAM 字节寄存器（单元），记为 R0 ~ R7。在某一时刻，CPU 只能使用其中的一组工作寄存器，工作寄存器组的选择由程序状态字寄存器 PSW 中 RS1、RS0 两位来确定（见表 2.2）。工作寄存器的作用就相当于一般微处理器中的通用寄存器。

2)位寻址区

占用地址 20H～2FH,共 16 个单元,每个单元 8 位二进制数共 16×8＝128 位。这个区域除了可以作为一般 RAM 单元进行读写之外,还可以对每个单元的每一位进行操作,每个位都有自己的位地址,从 20H 单元的第 0 位起到 2FH 单元的第 7 位止共 128 位,用位地址 00H～7FH 分别与之对应。位寻址区地址分布如表 2.3 所示。

表 2.3　位寻址区地址分布

2FH	7FH	7EH	7DH	7CH	7BH	7AH	79H	78H
2EH	77H	76H	75H	74H	73H	72H	71H	70H
2DH	6FH	6EH	6DH	6CH	6BH	6AH	69H	68H
2CH	67H	66H	65H	64H	63H	62H	61H	60H
2BH	5FH	5EH	5DH	5CH	5BH	5AH	59H	58H
2AH	57H	56H	55H	54H	53H	52H	51H	50H
29H	4FH	4EH	4DH	4CH	4BH	4AH	49H	48H
28H	47H	46H	45H	44H	43H	42H	41H	40H
27H	3FH	3EH	3DH	3CH	3BH	3AH	39H	38H
26H	37H	36H	35H	34H	33H	32H	31H	30H
25H	2FH	2EH	2DH	2CH	2BH	2AH	29H	28H
24H	27H	26H	25H	24H	23H	22H	21H	20H
23H	1FH	1EH	1DH	1CH	1BH	1AH	19H	18H
22H	17H	16H	15H	14H	13H	12H	11H	10H
21H	0FH	0EH	0DH	0CH	0BH	0AH	09H	08H
20H	07H	06H	05H	04H	03H	02H	01H	00H

3)通用 RAM 区

地址为 30H～7FH,共 80 单元。这是真正给用户使用的一般 RAM 区,用于存放用户数据或作堆栈区使用。

4)特殊功能寄存器 SFR 区

8051 单片机内部有 21 个特殊功能寄存器,它们离散地分布在 80H～FFH 中,未占用的地址单元无意义,不能使用。表 2.4 列出了这些特殊功能寄存器的符号、名称及地址。

表 2.4　8051 特殊功能寄存器一览表

符　号	物理地址	名　称
ACC*	E0H	累加器
B*	F0H	B 寄存器
PSW*	D0H	程序状态字
SP*	81H	堆栈指针
DPL	82H	数据指针(低 8 位)
DPH	83H	数据指针(高 8 位)
IE*	A8H	中断允许控制器
IP*	D8H	中断优先级控制器
P0*	80H	通道 0
P1*	90H	通道 1
P2*	A0H	通道 2
P3*	B0H	通道 3
PCON	87H	电源控制器
SCON*	98H	串行口控制器
SBUF	99H	串行数据缓冲器
TCON*	88H	定时控制器
TMOD	89H	定时方式选择
TL0	8AH	定时器 0 低 8 位
TH0	8CH	定时器 0 高 8 位
TL1	8BH	定时器 1 低 8 位
TH1	8DH	定时器 1 高 8 位

在 21 个 SFR 中,用户可以通过直接寻址指令对它们进行字节存取,也可以对带有“＊”的 11 个字节寄存器中的每一位进行位寻址。在字节型寻址指令中,直接地址的表示方法有两种:一种是使用物理地址,如累加器 A 用 E0H、B 寄存器用 F0H、SP 用 81H,等等;另一种是采用表 2.4 中的寄存器标号,如累加器 A 用 ACC、B 寄存器用 B、程序状态字寄存器用 PSW,等等。这两种表示方法中,后一种方法因容易记忆而被普遍采用。

在SFR中,可以位寻址的寄存器有11个,共有位地址88个,其中5个未用,其余83个位地址离散地分布于80H～FFH范围内,如表2.5所示。

表2.5　SFR中的位地址分布

特殊功能寄存器号	位地址								字节地址
	D7	D6	D5	D4	D3	D2	D1	D0	
P0	87H	86H	85H	84H	83H	82H	81H	80H	80H
TCON	8FH	8EH	8DH	8CH	8BH	8AH	89H	88H	88H
P1	97H	96H	95H	94H	93H	92H	91H	90H	90H
SCON	9FH	9EH	9DH	9CH	9BH	9AH	99H	98H	98H
P2	A7H	A6H	A5H	A4H	A3H	A2H	A1H	A0H	A0H
IE	AFH	—	—	ACH	ABH	AAH	A9H	A8H	A8H
P3	B7H	B6H	B5H	B4H	B3H	B2H	B1H	B0H	B0H
IP	—	—	—	BCH	BBH	BAH	B9H	B8H	B8H
PSW	D7H	D6H	D5H	D4H	D3H	D2H	D1H	D0H	D0H
ACC	E7H	E6H	E5H	E4H	E3H	E2H	E1H	E0H	E0H
B	F7H	F6H	F5H	F4H	F3H	F2H	F1H	F0H	F0H

2.1.3　并行I/O口

8051单片机有4个并行I/O端口,记为P0、P1、P2和P3,每个端口皆为8位,共32根线。在这4个并行I/O端口中,每个端口都有双向I/O功能。即CPU既可以从4个并行I/O端口中的任何一个输出数据,又可以从它们那里输入数据。每个I/O端口内部都有一个8位数据输出锁存器和一个8位数据输入缓冲器,4个数据输出锁存器和端口号P0、P1、P2和P3同名,皆为特殊功能寄存器SFR中的一个(见表2.5中1、3、5、7行)。因此,CPU数据从并行I/O端口输出时可以得到锁存,数据输入时可以得到缓冲。

4个并行I/O端口在结构上并不相同,因此它们在功能和用途上的差异较大。P0口和P2口内部均有一个受控制器控制的二选一选择电路,故它们除可以用作通用I/O口外,还具有特殊的功能。例如,P0口可以输出片外存储器的低8位地址码和读写数据,P2口可以输出片外存储器的高8位地址码等。P1口常作为通用I/O口使用,为CPU传送用户数据;P3口除可以作为通用I/O口使用外,还具有第二功能。在4个并行I/O端口中,只有P0口是真正的双向I/O口,故它具有较大的负载能力,最多可以推动8个LSTTL门,其余3个I/O口是准双向I/O口,只能推动4个LSTTL门。

4个并行I/O端口作为通用I/O使用时,共有写端口、读端口和读引脚三种操作方式。写端口实际上就是输出数据,是把累加器A或其他寄存器中的数据传送到端口锁存器中,然后由端口自动从端口引脚线上输出。读端口不是真正的从外部输入数据,而是把端口锁存器中输出数据读到 CPU 的累加器 A。读引脚才是真正的输入外部数据的操作,是从端口引脚线上读入外部的输入数据。端口的上述三种操作实际上是通过指令或程序实现的。

关于并行 I/O 端口的结构和应用将在第 3 章介绍。

2.1.4 可编程串行口

8051 单片机有一个全双工的可编程串行 I/O 端口。这个串行 I/O 端口既可以在程序控制下把 CPU 的 8 位并行数据变成串行数据逐位从发送数据线 TXD(P3.1)发送出去,也可以把接收数据线 RXD(P3.0)上串行接收到的数据变成 8 位并行数据送给 CPU,而且这种串行发送和串行接收可以单独进行,也可以同时进行。

关于并行数据和串行数据,这里简要介绍一下。以 8 位二进制数为例,以并行数据的形式传送仅需一条指令,一次完成;而以串行数据的形式传送的话,需要 8 次传送,因为每次只能传送一个位(bit)。

关于可编程串行口的结构和应用将在第 9 章讲解。

2.1.5 定时器/计数器

8051 单片机内部有两个 16 位可编程的定时器/计数器。可编程的意思是指其功能(如工作方式、定时时间、计数初值、启动方式等)均可由指令的不同组合来确定和改变。在定时器/计数器中除两个 16 位的计数器 T0、T1 之外,还有两个特殊功能寄存器(即,控制寄存器 TCON 和方式寄存器 TMOD)。

T0 和 T1 有定时器和计数器两种工作模式,各种模式下又分为 4 种工作方式。在定时器模式下,T0 和 T1 的计数脉冲可以由单片机时钟脉冲经 12 分频后提供,故定时时间与单片机时钟频率有关。在计数器模式下,T0 和 T1 的计数脉冲可以从 P3.4 和 P3.5 引脚上输入。对 T0 和 T1 的控制由两个 8 位特殊功能寄存器完成:方式选择寄存器 TMOD 确定其工作模式和工作方式;控制寄存器 TCON 确定其启停及中断控制。用户通过对 TMOD 和 TCON 内部各位的赋值操作实现上述控制。具体应用将在第 7 章介绍。

2.1.6 中断系统

中断是指 CPU 暂停原程序执行,而专门为外部设备服务(执行中断服务程序),并在服务完成后返回到原程序继续执行的过程。中断系统是指能够处理上述中断过程所需要的那部分硬件电路。

中断源是指能产生中断请求信号的对象。8051 单片机的 CPU 能够处理 5 个中断源发出的中断请求,可以对 5 个中断请求信号进行排队和控制,并响应其中优先权最高的中断请求。8051 单片机的 5 个中断源有内部和外部之分:外部中断源有两个,通常指外部设备;内部中断源有三个,两个定时器/计数器中断源和一个串行口中断源。外部中断源产生的中断请求信号可以从 P3.2 和 P3.3(即$\overline{INT0}$和$\overline{INT1}$)引脚上输入,有电平或负边沿两种引起中断的触发方式。内部中断源 T0 和 T1 的两个中断是在它们的计数值从"FFFFH"变为"0000H"溢出时自动向中断系统提出的,内部串行口中断源的中断请求是在串行口每发送完一个字节(8 位二进制数)数据或接收到一个字节输入数据后自动向中断系统提出的。

8051 单片机的中断系统主要有中断允许控制器 IE 和中断优先级控制器 IP 等电路组成。其中,IE 用于控制 5 个中断源中哪些中断请求被允许向 CPU 提出,哪些中断源的中断请求被禁止;IP 用于控制 5 个中断源的中断请求的优先权高低,设置高优先级的中断请求可以被 CPU 最先处理。用户通过对 IE 和 IP 内部的各位进行赋值操作实现上述控制。具体应用将在第 6 章详细介绍。

在这里从程序存储器的使用角度再简要予以说明:程序存储器内部有一组特殊的 40 个单元,地址为 0003H ~ 002AH。这 40 个单元被均匀地分为五段,作为五个中断源的中断地址区,其对应关系如表 2.6 所示。

表 2.6　程序存储单元与中断源的对应关系

程序单元地址	用　途
0003H ~ 000AH	外部中断 0 中断服务程序存放区域
000BH ~ 0012H	定时器/计数器 0 中断服务程序存放区域
0013H ~ 001AH	外部中断 1 中断服务程序存放区域
001BH ~ 0022H	定时器/计数器 1 中断服务程序存放区域
0023H ~ 002AH	串行 中断服务程序存放区域

中断响应后,按中断种类,CPU 自动转移到各中断区的首地址去执行程序。因此在中断地址区内应存放中断服务程序。但通常情况下,8 个单元难以存放下一个完整的中断服务程序,因此通常是在中断地址区首地址开始存放一条无条件转移指令,以便中断响应后,通过中断地址区,再转移到存放中断服务程序的入口地址(第一条指令的地址)再开始执行。

2.2　8051 单片机的封装和引脚

8051 单片机通常有两种封装:一种是双列直插式封装,常用 HMOS 工艺制造,共 40 引脚;另一种是方形封装,大多数采用 CHMOS 工艺制造,共 44 引脚,其中 4 个引脚为无用引脚 NC,如图 2.5 所示。

8051 单片机常见的封装是标准的 40 引脚双列直插式,40 引脚按功能可分为电源引脚、端口输入输出引脚和控制引脚三类。

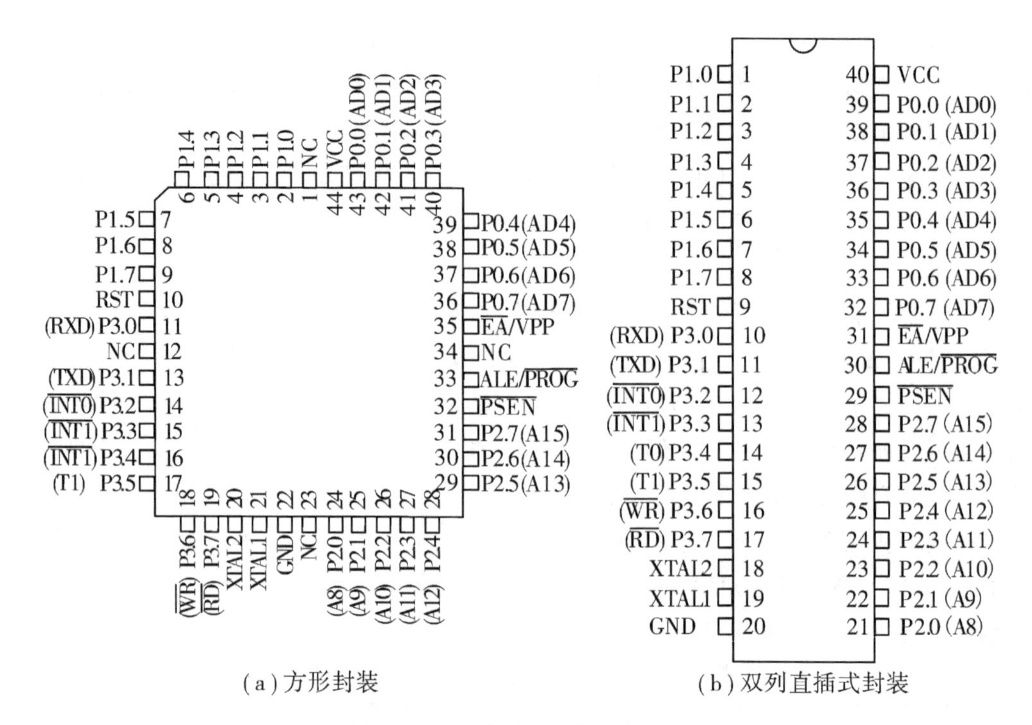

(a)方形封装　　(b)双列直插式封装

图 2.5　8051 单片机封装和引脚分配

1. 电源引脚

VCC:运行时接电源正极,电源可采用 +5 V 开关电源。

GND:运行时接电源负极,也叫接地信号。

2. 端口输入输出引脚

8051 单片机共有 4 个 8 位并行 I/O 端口,分别为 P0、P1、P2、P3,共 32 个引脚。

(1)P0.7 ~ P0.0:8 位双向三态 I/O 口,单片机有外部扩展时,P0 口作为低 8 位地址线和数据总线使用,可以驱动 8 个 TTL 负载。

(2)P1.7 ~ P1.0:8 位准双向 I/O 口,可以驱动 4 个 TTL 负载。

(3)P2.7 ~ P2.0:8 位准双向 I/O 口,单片机有外部扩展时,P2 口作为高 8 位地址线使用,可以驱动 4 个 TTL 负载。

(4)P3.7 ~ P3.0:8 位准双向 I/O 口,P3 口的各个引脚具有第二功能。

3. 控制引脚

(1)ALE/$\overline{\text{PROG}}$:地址锁存允许/编程引脚。8051 单片机在访问片外存储器时,P0 口输出低 8 位地址的同时还在 ALE 线上输出一个高电平脉冲,其下降沿用于把这个片外存储器低 8 位地址锁存到外部地址锁存器,以便使 P0 口引脚线传送随后而来的片外存储器读写数据。在不访问片外存储器时,8051 单片机的 CPU 自动在 ALE/$\overline{\text{PROG}}$线上输出频率为 $f_{osc}/6$ 的脉冲序列。该脉冲序列可用作外部时钟源或作为定时脉冲源使用。对于 8751,ALE 还具有第二功能。在对 8751 片内 EPROM 编程校验时,它可以传送 52 ms 宽的负脉冲。

(2)$\overline{\text{EA}}$/VPP:允许访问片外存储器/编程电源引脚。它可以控制 8051 单片机的 CPU

使用片内 ROM 还是片外 ROM。若 $\overline{EA}=1$，则允许使用片内 ROM；若 $\overline{EA}=0$，则允许使用片外 ROM。

对于 8751，在片内 EPROM 编程/校验时，$\overline{EA}$/VPP 引脚用于输入 21 V 编程电源。

(3) $\overline{PSEN}$：片外 ROM 选通引脚。在执行访问片外 ROM 的指令 MOVC 时，8051 单片机自动在 $\overline{PSEN}$ 引脚上产生一个负脉冲。其他情况下，$\overline{PSEN}$ 引脚均为高电平封锁状态。

(4) RST/VPD：复位引脚。在 RST 引脚上保持连续 2 个机器周期以上的高电平，单片机复位即初始化，使程序重新开始运行。通常，8051 单片机的复位有自动上电复位和人工按钮复位两种，两种复位电路的介绍参见下节。

该引脚还作为备用电源输入引脚。当主电源 VCC 发生故障而降低到规定低电平时，RST/VPD 引脚上的备用电源自动向单片机内部 RAM 供电，以保证片内 RAM 中信息不丢失。

(5) XTAL1 和 XTAL2：外接晶振引脚。根据所使用时钟的不同可以分为两种情况：内部时钟和外部时钟。

2.3　8051 单片机的基本电路

8051 单片机 CPU 的基本电路包括时钟电路与复位电路。本节介绍这两种电路的功能。

时钟电路用于产生单片机工作所需要的时钟信号，时钟信号是生成时序的基础。时序所研究的是指令执行过程中各个信号之间的相互关系。单片机本身就是一个复杂的同步时序电路，为了保证同步工作方式的实现，电路应在唯一的时钟信号控制下严格地按时序进行工作。

2.3.1　时钟电路

1. 使用内部时钟信号

在 8051 芯片内部有一个高增益反相放大器，其输入端为芯片引脚 XTAL1，其输出端为引脚 XTAL2。而在芯片的外部，XTAL1 和 XTAL2 之间跨接石英晶体振荡器和微调电容，从而构成一个稳定的自激振荡器，这就是单片机的时钟电路，相应电路如图 2.6 所示。

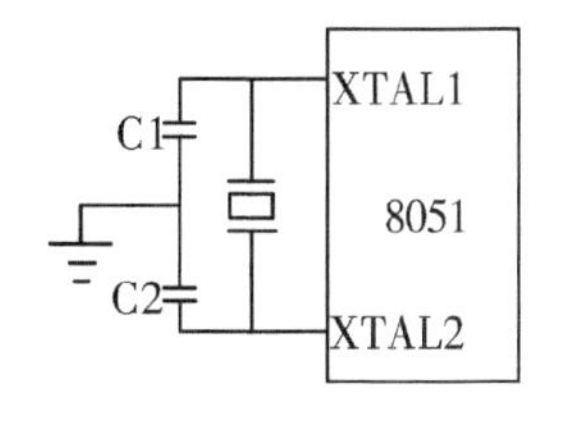

图 2.6　8051 单片机内部时钟电路

石英晶振起振后，在 XTAL2 引脚上会输出一个 3 V 左右的正弦波，它能使 8051 芯片内部的 OSC 电路产生与石英晶振频率相同的自激振荡。通常，OSC 的输出时钟频率 f_{osc} 为 1.2 ~ 12 MHz，典型值为 12 MHz 或 11.0592 MHz。电容 C1 和 C2 是帮助起振的协振电容，典型值为 30 pF，调节它们可以达到微调 f_{osc} 的目的；晶体振荡频率高，则系统的时钟频率也高，单片机运行速度也就快。

2. 引入外部时钟信号

当使用单片机外部时钟时,常用的接线电路如图 2.7 所示。

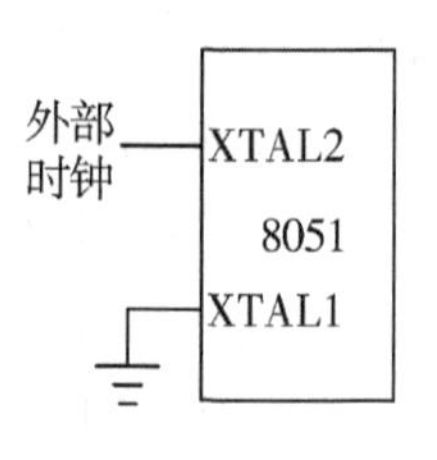

图 2.7 8051 单片机外接时钟电路

在由多片单片机组成的系统中,为了保证各单片机之间时钟信号的同步,应当引入唯一的公用外部脉冲信号作为各单片机的振荡脉冲。这时外部的脉冲信号是经 XTAL2 引脚注入,由于 XTAL2 端逻辑电平不是 TTL 的,故需外接一上拉电阻,外接的时钟频率应低于 12 MHz。

2.3.2 复位电路

单片机复位的目的是让 CPU 和系统内部其他功能部件都处在一个确定的初始状态,并从这个状态开始工作。

单片机复位电路相当于计算机系统的重新启动,当计算机在使用中出现死机,打开任务管理器可以点击重新启动按钮,使电脑的系统程序(操作系统)重新开始执行。同理,当单片机系统在运行过程中,受到干扰出现死机的情况下,按下复位按钮可以使其内部程序从头开始执行。

例如,复位后 PC 的值为 0000H,使单片机从第一个单元取出指令。无论是在单片机刚开始接上电源时,还是断电后或者发生故障都需要复位。所以我们必须弄清楚 8051 单片机复位的条件、复位电路和复位后状态。

单片机复位的条件是:必须使 RST/VPD 或 RST 引脚(9)加上持续二个机器周期(即 24 个振荡周期)的高电平。例如,若时钟频率为 12 MHz,每个机器周期为 1 μs,则只需 2 μs以上时间的高电平。在 RST 引脚出现高电平后的第二个机器周期执行复位。单片机常见的复位电路如图 2.8 所示。

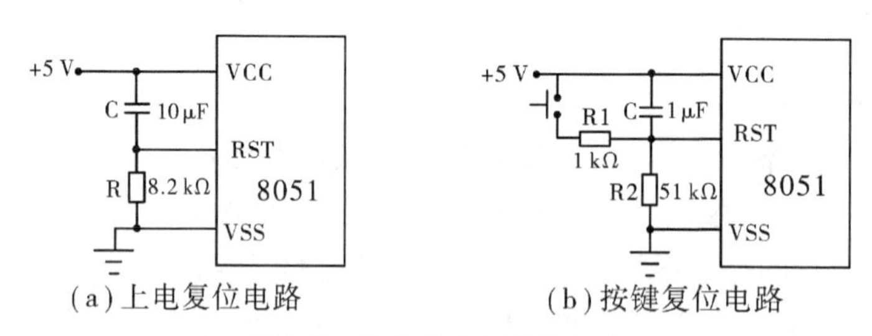

图 2.8 8051 单片机复位电路

图 2.8(a)为上电复位电路,它是利用电容充电来实现的。在接通电源瞬间,RST 端的电位与 VCC 相同,随着充电电流的减少,RST 的电位逐渐下降。只要保证 RST 引脚为高电平的时间大于 2 个机器周期,便能正常复位。图中电阻值的确定可以通过计算或试验的方法。

图 2.8(b)为按键复位电路。该电路除具有上电复位功能外,还可以通过按键复位。若要复位,只需按图 2.8(b)中的 RESET 键,此时电源 VCC 经 R1、R2 电阻分压,在 RST 端产生一个复位高电平。单片机复位期间不产生 ALE 和 $\overline{\text{PSEN}}$ 信号,即 ALE = 1 和 $\overline{\text{PSEN}}$

=1。这表明单片机复位期间不会有任何取指操作。复位后,内部各专用寄存器状态参见 2.4.2 节表 2.6。

(1)复位后 PC 的值为 0000H,表明复位后程序从 0000H 地址开始执行。

(2)SP 值为 07H,表明堆栈底部在 07H。一般需重新设置 SP 值。

(3)P0 ~ P3 口值为 FFH。P0 ~ P3 口用作输入口时,必须先写入"FFH"。单片机在复位后,已使 P0 ~ P3 口每一端线为"1",为这些端线用作输入口做好了准备。

2.4　8051 单片机的最小系统

2.4.1　8051 单片机最小系统的组成

单片机最小系统,也称为最小应用系统,是指用最少的元器件组成的可以工作的单片机系统。对 8051 单片机来说,最小系统一般应该包括:电源电路、单片机、晶振电路、复位电路。8051 单片机的最小系统如图 2.9 所示。

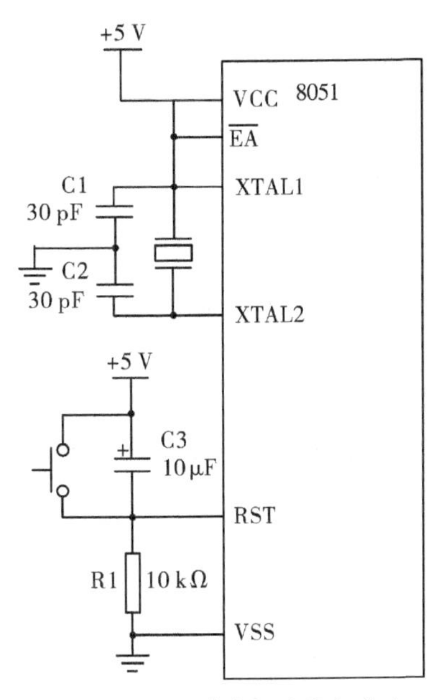

图 2.9　8051 单片机的最小系统

电源电路:MCS - 51 系列单片机的工作电压范围为 4.0 ~ 5.5 V,所以通常给单片机外接 5 V 直流电源,其电路原理图如图 2.10 所示。连接方式为:VCC(40 脚)接电源 + 5 V端;VSS(20 脚)接电源地端。

单片机:一片 AT89S51/52 或其他 51 系列兼容单片机。对于 CPU 的 31 脚($\overline{EA}$/VPP),当接高电平时,单片机在复位后从内部 ROM 的 0000H 开始执行;当接低电平时,复位后直接从外部 ROM 的 0000H 开始执行。这一点不容忽略。

晶振电路:典型的晶振取 11.0592 MHz 或 12 MHz。12 MHz 能产生精确的微秒级时

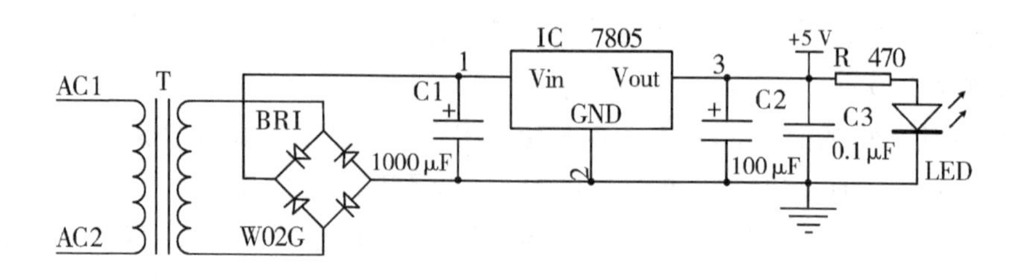

图 2.10　直流 5 V 电源电路

间间隔，方便定时；11.0592 MHz 可以准确地得到 9600 波特率和 19200 波特率，用于串口通信的场合。

复位电路：由电容串联电阻构成，由图 2.8 并结合"电容电压不能突变"的性质可知，当系统上电时，RST 引脚将会出现高电平，并且这个高电平持续的时间由电路的 RC 值来决定。典型的 51 系列单片机，当 RST 脚的高电平持续两个机器周期以上就可以复位，所以适当组合 RC 的取值就可以保证可靠的复位。

一般推荐 C 取 10 μF，R 取 8.2 kΩ。原则就是 RC 组合可以使 RST 引脚上产生不少于 2 个机器周期的高电平。至于元件取值的计算，可以参考电路分析相关书籍。

单片机复位电路的作用如前所述，使单片机系统返回至初始状态。在单片机系统中，系统上电启动的时候复位一次，当 RESET 键按下的时候系统再次复位，如果释放后再按下，系统还会复位。所以可以通过按键的断开和闭合在运行的系统中控制其复位。复位电路的工作原理如下所述。

1. 开机复位的原因

在图 2.9 中，电容 C3 的大小是 10 μF，电阻 R1 的大小是 10 kΩ。所以根据公式可以算出电容充电至电源电压的 0.7 倍（单片机的电源是 5 V，所以充电至 0.7 倍即为 3.5 V），需要的时间是 10 kΩ ×10 μF =0.1 s，即 0.1 秒。

在系统启动的 0.1 秒内，电容两端的电压值从 0 增加到 3.5 V。这个时候 10 kΩ 电阻两端的电压从 5 V 减小到 1.5 V（串联电路各处电压之和为总电压）。所以在 0.1 秒内，RST 引脚所接收到的电压是 5 ~1.5 V。使用 5 V 电源供电的 51 单片机系统中小于 1.5 V 的电压信号为低电平信号，而大于 1.5 V 的电压信号为高电平信号。所以在开机 0.1 秒内，单片机系统自动复位（RST 引脚接收到的高电平信号时间为 0.1 秒左右）。

2. 按键按下时复位的原因

在单片机启动 0.1 秒后，电容 C3 两端的电压持续充电为 5 V，这个时候电阻 R1 两端的电压接近于 0 V，RST 处于低电平，所以系统正常工作。当按键按下的时候，开关导通，这个时候电容 C3 两端形成了一个回路，电容被短路，所以在按键按下的这个过程中，电容 C3 开始释放之前所充的电量。随着时间的推移，电容 C3 的电压在 0.1 秒内，从 5 V 开始下降，直到 1.5 V 甚至更小。根据串联电路电压为各处之和，这个时候电阻 R1 两端的电压为 3.5 V，甚至更大，所以 RST 引脚又接收到高电平。单片机系统自动复位。

3. 元件参数对电路的影响

8051 单片机最小系统电路的元件参数对电路的影响,简要分析如下:

(1)复位电路的电容 C3 的大小直接影响单片机的复位时间,一般采用 10 ~30 μF,51 单片机最小系统电容值越大需要的复位时间越短。

(2)晶振频率可以采用 6 MHz 或 11.0592 MHz,在正常工作的情况下尽量采用更高频率的晶振,晶振的振荡频率直接影响单片机的处理速度,频率越高处理速度越快。

(3)振荡电路的起振电容 C1、C2 一般采用 15 ~33 pF,并且距离晶振越近越好,晶振距离单片机越近越好

2.4.2　8051 单片机最小系统的工作方式

单片机的工作过程实质上是执行用户设计的程序的过程,一般程序的机器码(可执行代码)都已固化到存储器中,因此开机后,就可以执行指令。执行指令又是取指令和执行指令的周而复始的过程。这也是单片机的主要工作方式,除此以外还有几种工作方式,接下来予以简要介绍。

8051 单片机的工作方式有复位方式、程序执行方式、节电方式以及 EPROM 的编程和校验方式 4 种。

1. 复位方式

单片机开始工作前要对其进行复位即初始化,也就是要对 CPU 及其他功能部件规定一个初始状态,要求从这个状态开始工作。8051 的 RST 引脚是复位信号的输入端。复位信号是高电平有效,持续时间要有 24 个时钟周期以上。例如,若 8051 单片机时钟频率为12 MHz,则复位脉冲宽度至少应为 2 μs。单片机复位后,其片内各寄存器状态如表 2.7 所示。

表 2.7　8051 单片机复位后的内部寄存器状态

PC	0000H	TCON	00H
ACC	00H	TH0	00H
B	00H	TL1	00H
PSW	00H	TH1	00H
SP	07H	TL1	00H
DPTR	0000H	SCON	00H
P0 ~ P3	FFH	PCON	0×××××××B
IP	×××00000B	SBUF	不定
IE	0×000000B	TMOD	00H

2. 程序执行方式

程序执行方式是单片机的基本工作方式,通常可以分为单步执行和连续执行两种工作方式。

1)单步执行方式

单步执行方式是指单片机在单步执行键控制下逐条执行指令代码的方式,即按一次单步执行键就执行一条用户指令的方式。单步执行方式常用于调试用户程序。

单步执行方式是利用单片机外部中断功能实现的。单步执行键相当于外部中断的中断源,当它被按下时相应电路就产生一个负脉冲(即中断请求信号)送到单片机的$\overline{INT0}$或$\overline{INT1}$引脚。单片机在$\overline{INT0}$或$\overline{INT1}$上的负脉冲的作用下,便能自动执行预先安排在中断服务程序中的如下两条指令:

```
                ⋮
LOOP1:  JNB   P3.2, LOOP1     ;若INT0 =0,则等待
LOOP2:  JB    P3.2, LOOP2     ;若INT0 =1,则等待
        RETI
```

并返回用户程序中执行一条用户指令。这条用户指令执行完后,单片机又自动回到上述中断服务程序执行,并等待用户再次按下单步执行键。

2)连续执行方式

连续执行方式是所有单片机都需要的一种工作方式,被执行程序可以放在片内或片外 ROM 中。由于单片机复位后 PC =0000H,因此单片机在加电或按钮复位后总是转到 0000 H 处执行程序,可以预先在 0000H 处放一条转移指令,就能跳转到 0000H ~ FFFFH 中的任何地方执行用户程序。

3. 节电工作方式

节电方式是一种能减少单片机功耗的工作方式,通常可以分为空闲(等待)方式和掉电(停机)方式两种,只有 CHMOS 型器件才有这种工作方式。CHMOS 型单片机是一种低功耗器件,正常工作时为 11 ~20 mA 电流,空闲状态时为 1.7 ~5 mA 电流,掉电方式为 5 ~50 μA。因此,CHMOS 型单片机特别适用于低功耗的应用场合。详细说明参见 CHMOS 型单片机芯片数据手册。

4. 编程和校验方式

这里的编程是指利用特殊手段对单片机片内 EPROM 进行写操作的过程,校验则是对刚刚写入的程序代码进行读出验证的过程。因此,单片机的编程和校验方式只有 EPROM 型器件才有,如 8751H 这样的器件。详细说明参见 8751H 芯片数据手册。

习题与思考题

2.1　8051 单片机由哪几部分组成?

2.2　累加器 A 是多少位的寄存器?功能是什么?

2.3　程序状态字 PSW 是多少位的寄存器?各位的定义是什么?

2.4　程序计数器 PC 是多少位的寄存器?功能是什么?

2.5　数据指针 DPTR 是多少位的寄存器?功能是什么?

2.6　8051 堆栈指针 SP 是多少位的寄存器？作用是什么？单片机初始化后 SP 中的内容是什么？

2.7　8051 单片机寻址范围是多少？其最多可以配置多大容量的 ROM 和 RAM？

2.8　8051 片内 RAM 容量是多少？按用途可以分为哪几个区域？

2.9　8051 有多少个工作寄存器？怎样分配它们的物理地址？

2.10　8051 内部有多少个特殊功能寄存器？可以位寻址的有哪几个？

2.11　8051 单片机有几个并行 I/O 口？有多少根 I/O 线？它们和单片机外部总线有什么关系？

2.12　8051 单片机内部有几个可编程的定时器/计数器？可编程的意思是指什么？

2.13　8051 控制线 ALE 作用是什么？$\overline{PSEN}$、$\overline{RD}$和$\overline{WR}$各自的作用是什么？

2.14　8051 控制线 RST 作用是什么？有哪两种复位方式？

2.15　简述 8051 单片机最小系统的组成。

第3章 8051单片机输出口应用

3.1 8051单片机输入/输出口

8051单片机有4个并行I/O端口，记为P0、P1、P2和P3，每个端口皆为8位，共32根线。它们的电路功能不完全相同，彼此的结构也不一样。下面以一位的结构说明它们之间的不同。

1. P0口的结构

图3.1是P0口某一位的结构图。它由一个锁存器、两个三态输入缓冲器T3和T4、场效应管T1和T2、控制与门、反向器T5和转换开关MUX组成。当转换开关MUX控制信号为0时，MUX开关向下，P0口作为普通I/O口使用；当转换开关MUX控制信号为1时，MUX开关向上，P0口作为地址/数据总线使用。

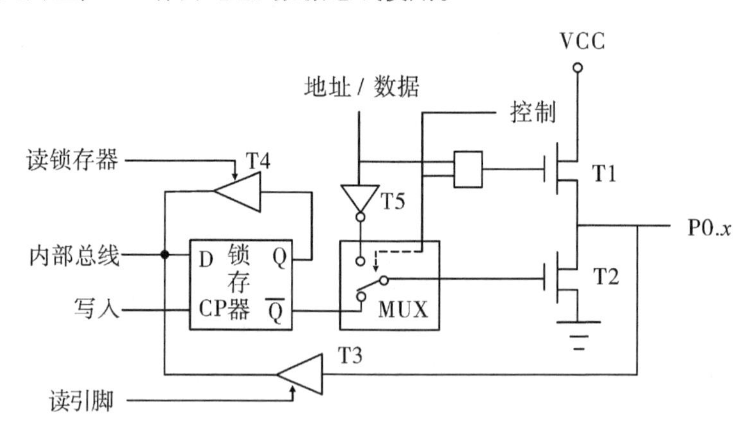

图3.1 P0口的位结构

1) P0口作为普通I/O口使用

P0口作为普通I/O口使用。这时与门输出为0，场效应管T1截止。

a) P0口作为输出口

当CPU在P0口执行输出指令时，写脉冲加在锁存器的CP端，这样与内部数据总线相连的D端数据D*x*进入锁存器，经锁存器的$\overline{Q}$端送至场效应管T2，由于T1截止，电路T2漏极开路，形成了漏极开路的输出形式。如果要在P0. x输出TTL高电平，应在引脚

P0.x上外接上拉电阻，这样，若Dx=0，则Q=0，$\overline{Q}$=1，T2导通，引脚P0.x输出低电平；若Dx=1，则Q=1，$\overline{Q}$=0，T1、T2截止，引脚P0.x输出高电平。

b)P0口作为输入口

当P0口作为输入口使用时，CPU需要读取的是引脚P0.x的状态。要正确地读取引脚P0.x的状态，必须使场效应管T2截止，然后通过缓冲器T3使引脚P0.x状态到达内部总线。因为如果T2导通，引脚P0.x被强制拉成低电平，无论外界输入设备的状态如何，CPU读取的状态始终为低电平，从而产生误读。因此读取引脚P0.x时，CPU首先必须使P0.x引脚所对应的锁存器置位，以便驱动器中T2管截止；然后打开输入三态缓冲器T3，使相应端口引脚线上的信号输入MCS-51内部数据总线。因此，用户在读取引脚P0.x时，必须连续使用两条指令，第一条置位引脚指令(SETB P0.x)，向锁存器写1，使T2管截止，可以理解为设置I/O口线为输入状态，然后再读取引脚，执行第二条读引脚指令(MOV C,P0.x)，这样读取的输入信号才是正确的。

c)读锁存器

读锁存器也称为读端口，是把端口锁存器输出Q端的数据读入单片机内部总线。CPU在执行指令(如MOV A, P0)时，在读锁存器信号有效时，三态缓冲器T4导通，锁存器输出Q端的状态经缓冲器T4读入单片机内部总线。CPU读入的这个数据并非端口引脚线上输入的数据，而是上次从该端口输出的数据。读端口是为了适应对端口进行"读—修改—写"类指令的需要。例如，指令"ANL P0, A"，执行该指令时，先读P0端口的数据，再与A的内容进行逻辑与，然后把运算结果送回P0口锁存器，并输出到引脚。不直接读引脚而读锁存器是为了避免可能出现的错误。如图3.2所示，采用P0.x驱动晶体管T，当向P0.x写1时，晶体管T导通，并把P0.x拉成低电平。这时，如果从P0.x读取数据，就会得到一个低电平0，显然这个结果是不对的。事实上，P0.x应该为高电平1。如果从D锁存器的Q端读取，则得到正确的结果。

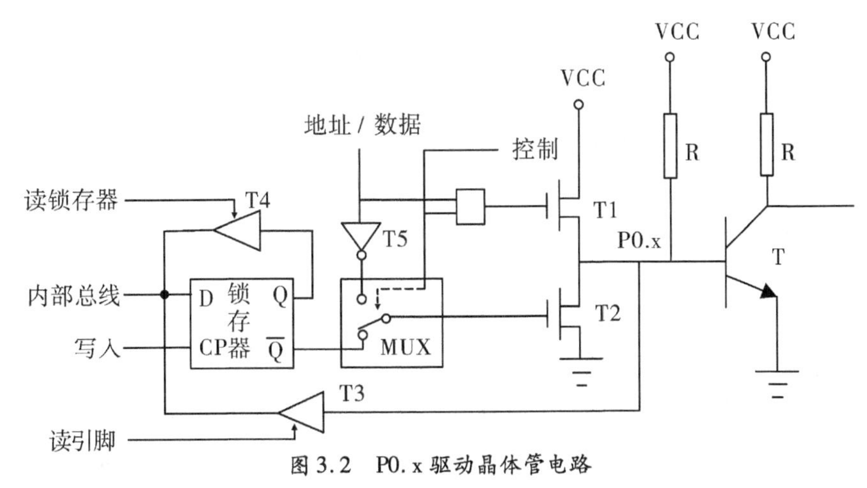

图3.2　P0.x驱动晶体管电路

2)P0口作为地址/数据总线使用

在访问外部存储器时，P0口作为地址/数据复用口使用。这时转换开关MUX控制信号为 1，MUX 开关接到反相器 T5 的输出端，CPU 输出的地址/数据通过与门驱动 T1，同时通过反相器 T5 驱动 T2。

P0 口作为地址总线使用。当地址信号为“0”时，与门输出低电平，T1 管截止；反相器输出高电平，T2 管导通，输出引脚的地址信号为低电平。反之，当地址信号为“1”时，与门输出高电平，T1 管导通；反相器输出低电平，T2 管截止，输出引脚的地址信号为高电平。可见，在输出地址信息时，T1、T2 管是交替导通的，负载能力很强，可以直接与外设存储器相连，无须增加总线驱动器。

P0 口又作为数据总线使用。在访问外部程序存储器时，P0 口输出低 8 位地址信息后，将变为数据总线，以便读指令码（输入）。在取指令期间，MUX 控制信号为 0，T1 管截止，转换开关接到锁存器反相输出端，CPU 自动将 0FFH（11111111，即向 D 锁存器写入高电平“1”）写入 P0 口锁存器，使 T2 管截止，在读引脚信号控制下，通过读引脚缓冲器将指令码读到内部总线。由此看出，P0 口作为地址/数据总线使用时是一个真正的双向口。

2. P1 口的结构

图 3.3 是 P1 口某一位的结构图。其只作为普通 I/O 口使用，因此结构上比较简单，没有转换开关 MUX。它由一个锁存器、两个三态输入缓冲器 T3 和 T4、场效应管 T2 和上拉电阻 R 组成。

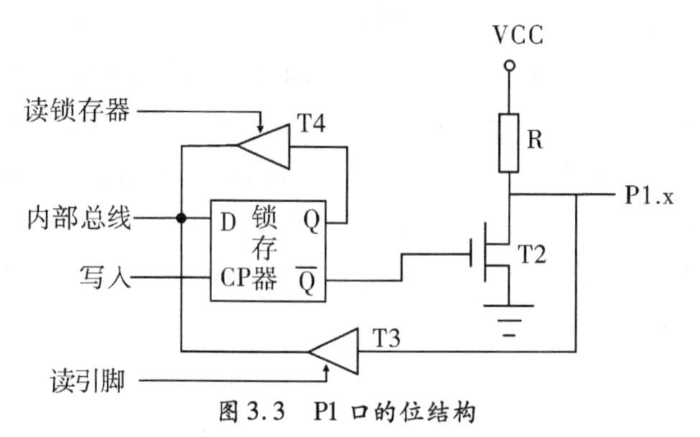

图 3.3　P1 口的位结构

1）P1 口作为输出口

当 CPU 在 P1 口执行输出指令时，若 Dx = 0，在写脉冲加在锁存器的 CP 端，则 Q = 0，$\overline{Q}$ = 1，T2 导通，引脚 P1. x 输出低电平；若 Dx = 1，则 Q = 1，$\overline{Q}$ = 0，T2 截止，由于内部上拉电阻 R 把引脚 P1. x 拉成高电平。

2）P1 口作为输入口

当 P1 口用作输入口，必须先向锁存器写 1，使场效应管 T2 截止，内部上拉电阻 R 把引脚 P1. x 拉成高电平，然后，再读取引脚状态。这样，外部输入高电平时，引脚 P1. x 状态为高电平，输入低电平时，引脚 P1. x 状态也为低电平，从而使引脚 P1. x 的电平随输入信号的变化而变化，当读引脚信号有效时，三态缓冲器 T3 导通，CPU 正确读入外部设备的数据信息。

3）读锁存器

读锁存器时，在读锁存器信号有效时，三态缓冲器 T4 导通，D 锁存器 Q 端的数据通过三态缓冲器 T4 到达单片机内部总线，与 P0 口 I/O 功能一样，P1 口也支持“读—修改—写”这种操作方式。

3. P2 口的结构

图 3.4 是 P2 口某一位的结构图。它由一个锁存器、两个三态输入缓冲器 T3 和 T4、场效应管 T2、上拉电阻 R、反向器和转换开关 MUX 组成。当转换开关 MUX 为 0 时，P2 口做普通 I/O 口使用；当转换开关 MUX 控制信号为 1 时，P2 口作为高 8 位地址线使用。

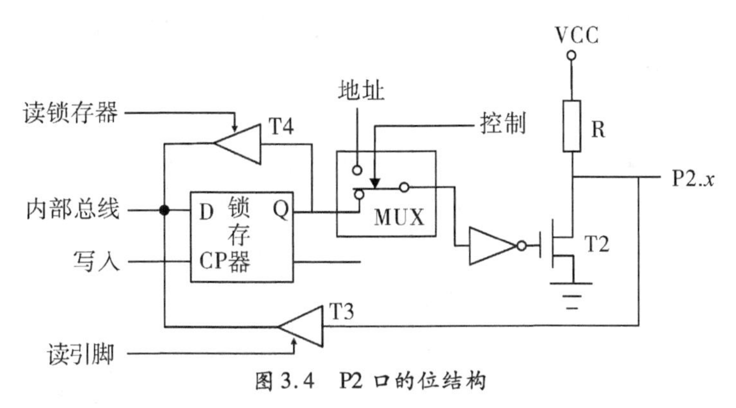

图 3.4　P2 口的位结构

1) P2 口作为高 8 位地址线

当单片机系统扩展片外存储器时，CPU 进行访问片外存储器操作，转换开关 MUX 在控制信号为 1 时，把地址连接到反相器的输入端，经场效应管驱动，在引脚 P2. x 输出高 8 位地址信息，此时，P2 口不能作为普通 I/O 口使用。

2) P2 口作为普通 I/O 口

当单片机系统不扩展片外存储器时，P2 口作为普通 I/O 口，转换开关 MUX 在控制信号为 0 时，把锁存器 Q 端连接到反相器的输入端。其使用方法与 P1 口相同。

4. P3 口的结构

图 3.5 是 P3 口某一位的结构图。它由一个锁存器、三个三态输入缓冲器 T3、T4 和 T6、场效应管 T2、上拉电阻 R 和与非门组成。

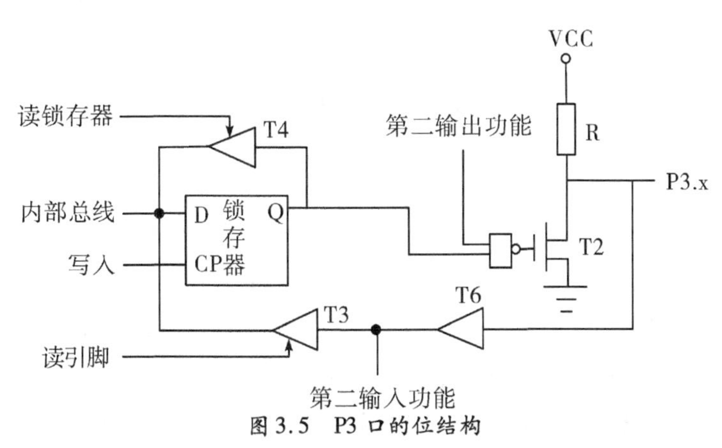

图 3.5　P3 口的位结构

1)P3 口作为第二功能

P3 口作为第二功能使用时,CPU 不能对 P3 口进行字节和位寻址,内部硬件自动使锁存器 Q 端置 1,与非门的输出只取决于“第二输出功能”的状态,或使引脚 P3. x 通过缓冲器 T6 输入第二功能信号。表 3.1 为 P3 口各位的第二功能。

2)P3 口作为普通 I/O 口

P3 口作为普通 I/O 口使用时,第二输出功能保持为高电平,与非门的输出只取决于锁存器输出 Q 的状态,其工作原理与 P1 口相同。

需注意,P3. x 不管是作为 I/O 口的输入,还是作为第二功能的输入,锁存器的 D 端和第二输出功能端都必须为高电平,区别为前者是由用户写指令置 1,而后者是由内部硬件自动实现。

在引脚 P3. x 的输入通道中,有两个缓冲器 T3 和 T6,作通用的输入时,引脚 P3. x 的状态经缓冲器 T6 和 T3 输入到单片机内部总线,并被 CPU 存储到相应单元中;而第二功能的输入信号($\overline{INT0}$、$\overline{INT1}$、T0、T1、RXD),取自于缓冲器 T6 的输出端,由于 CPU 未执行“读引脚”类的输入指令,缓冲器 T3 处于高阻状态。

表 3.1　P3 口各位的第二功能

P3 口的位	第二功能	信 号 名 称
P3.0	RXD	串行数据接收
P3.1	TXD	串行数据发送
P3.2	$\overline{INT0}$	外部中断 0 申请
P3.3	$\overline{INT1}$	外部中断 1 申请
P3.4	T0	定时器/计数器 0 计数输入
P3.5	T1	定时器/计数器 1 计数输入
P3.6	$\overline{WR}$	外部 RAM 写选通
P3.7	$\overline{RD}$	外部 RAM 读选通

3.2　常用元器件

8051 单片机的输出端口可直接连接数字电路,常用的负载有发光二极管、三极管、继电器及蜂鸣器等。

1. 发光二极管

发光二极管 LED(Light Emitting Diode,LED)体积小,功耗低,常被用作微机与数字电路的输出设备,用来指示信号状态。近年来,LED 的技术发展很快,在颜色方面,除了红色、绿色、黄色外,还出现了蓝色与白色,而高亮度的 LED 更是取代了传统灯泡成为交通灯的发光器件;就连汽车的尾灯也开始流行使用 LED 车灯。

一般地,LED 具有二极管的特点,反向偏压时,LED 将不发光;正向偏压时,LED 将发光;以红色LED为例,正向偏压时LED两端约有1.7V的压降(比普通二极管大),伏安特性曲线与电气符号如图3.6所示。

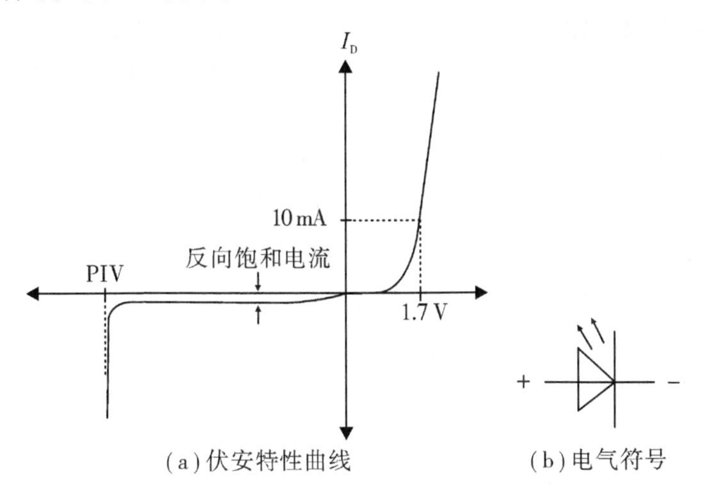

图3.6　LED伏安特性曲线和电气符号

2. 开关三极管

开关三极管(Switch Transistor)具有寿命长、安全可靠、没有机械磨损、开关速度快、体积小等特点。其外形与普通三极管外形相同,它工作于截止区和饱和区,相当于电路的切断和导通。由于它具有完成断路和接通的作用,被广泛应用于各种开关电路中,如常用的开关电源电路、驱动电路、高频振荡电路、模数转换电路、脉冲电路及输出电路等。

当加在三极管发射结的电压小于PN结的导通电压,基极电流为零,集电极电流和发射极电流都为零,三极管这时失去了电流放大作用,集电极和发射极之间相当于开关的断开状态,即为三极管的截止状态。

当加在三极管发射结的电压大于PN结的导通电压,并且当基极的电流增大到一定程度时,集电极电流不再随着基极电流的增大而增大,而是处于某一定值附近不再怎么变化,此时三极管失去电流放大作用,集电极和发射极之间的电压很小,集电极和发射极之间相当于开关的导通状态,即为三极管的导通状态。

三极管的种类很多,并且不同型号各有不同的用途。三极管大都是塑料封装或金属封装,常见三极管的外观,有一个箭头的电极是发射极,箭头朝外的是NPN型三极管,而箭头朝内的是PNP型三极管。实际上箭头所指的方向是表示电流的方向。

NPN型和PNP型三极管如图3.7所示。

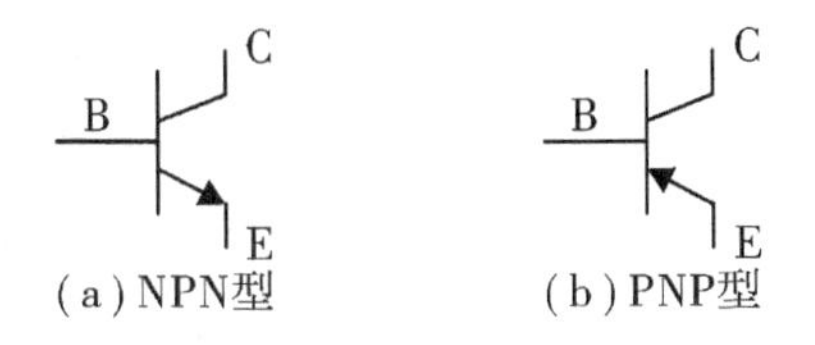

图3.7　NPN型和PNP型三极管

3. 电磁式继电器

电磁式继电器是继电器的一种,是一种电子控制器件,它具有控制系统(又称输入回路)和被控制系统(又称输出回路),通常应用于自动控制电路中,它实际上是用较小的电流去控制较大电流的一种"自动开关"。故在电路中起着自动调节、安全保护、转换电路等作用。

电磁式继电器一般由铁芯、线圈、衔铁、触点簧片等组成。只要在线圈两端加上一定的电压,线圈中就会流过一定的电流,从而产生电磁效应,衔铁就会在电磁力吸引的作用下克服返回弹簧的拉力吸向铁芯,从而带动衔铁的动触点与静触点(常开触点)吸合。当线圈断电后,电磁的吸力也随之消失,衔铁就会在弹簧的反作用力下返回原来的位置,使动触点与原来的静触点(常闭触点)吸合。这样吸合、释放,从而达到了在电路中的导通、切断的目的。对于继电器的"常开、常闭"触点,可以这样来区分:继电器线圈未通电时处于断开状态的静触点,称为"常开触点";处于接通状态的静触点称为"常闭触点"。电磁式继电器工作原理及电气符号如图 3.8 所示。

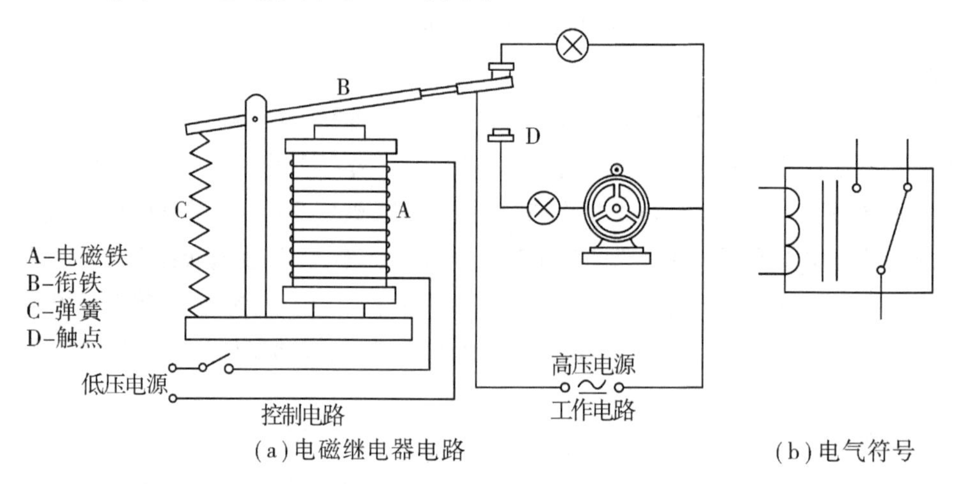

(a)电磁继电器电路　　(b)电气符号

图 3.8　电磁式继电器电路与电气符号

4. 蜂鸣器

蜂鸣器是一种一体化结构的电子讯响器,采用直流电压供电,广泛应用于计算机、打印机、复印机、报警器、电子玩具、汽车电子设备、电话机、定时器等电子产品中,用做发声器件。蜂鸣器主要分为压电式蜂鸣器和电磁式蜂鸣器两种类型。

1)压电式蜂鸣器

压电式蜂鸣器主要由多谐振荡器、压电蜂鸣片、阻抗匹配器及共鸣箱、外壳等组成。有的压电式蜂鸣器外壳上还装有发光二极管。多谐振荡器由晶体管或集成电路构成。当接通电源后(1.5 ~ 15 V 直流工作电压),多谐振荡器起振,输出 1.5 ~ 2.5 kHz 的音频信号,阻抗匹配器推动压电蜂鸣片发声。压电蜂鸣片由锆钛酸铅或铌镁酸铅压电陶瓷材料制成。在陶瓷片的两面镀上银电极,经极化和老化处理后,再与黄铜片或不锈钢片粘在一起。

2)电磁式蜂鸣器

电磁式蜂鸣器由振荡器、电磁线圈、磁铁、振动膜片及外壳等组成。接通电源后,振荡器产生的音频信号电流通过电磁线圈,使电磁线圈产生磁场。振动膜片在电磁线圈和磁铁的相互作用下,周期性地振动发声。

上述两种类型的蜂鸣器根据发声原理又分为无源型和有源型。这里的"源"不是指电源,而是指振荡源。也就是说,有源蜂鸣器内部带振荡源,所以只要一通电就会叫。而无源蜂鸣器内部不带振荡源,所以如果用直流信号驱动它时,无法令其鸣叫,必须用2～5 kHz的方波信号去驱动它。有源蜂鸣器往往比无源的要贵,就是因为里面多了个振荡电路。无论是有源型还是无源型,我们都可以通过单片机控制驱动信号来使它发出不同音调的声音,驱动方波的频率越高,音调就越高;驱动方波频率越低,音调也就越低。由此我们可根据驱动方波的频率使蜂鸣器奏出各种音调的音乐。无源蜂鸣器外观与电气符号如图3.9所示。

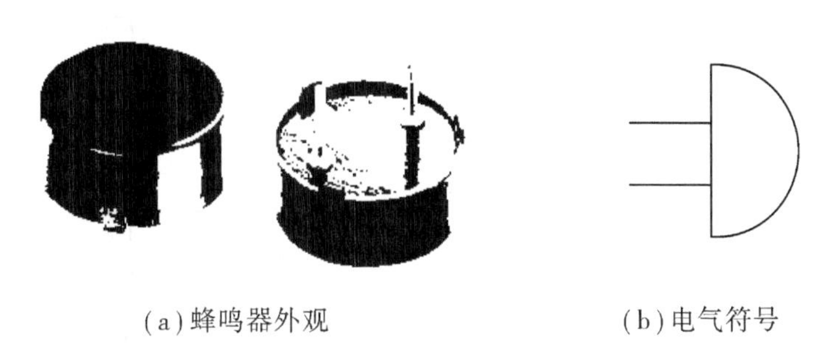

(a)蜂鸣器外观　　(b)电气符号

图3.9　蜂鸣器外观与电气符号

5.光耦

光电耦合器(Optical Coupler, OC)亦称光电隔离器,简称光耦,是开关电源电路中常用的器件。

光耦以光为媒介传输电信号,它对输入、输出电信号有良好的隔离作用,所以,它在各种电路中得到广泛的应用。目前已成为种类最多、用途最广的光电器件之一。

(a)单路光耦外观

(b)贴片式光耦

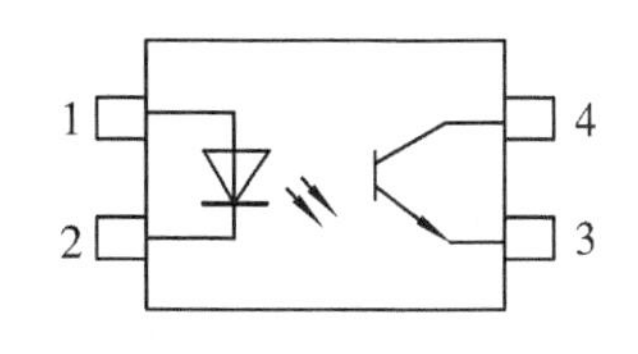

(c)内部结构

图3.10　单路光耦的外观与内部结构

光耦合器一般由三部分组成:光的发射、光的接收及信号放大。输入的电信号驱动发光二极管(LED),使之发出一定波长的光,被光探测器接收而产生光电流,再经过进一步放大后输出。这就完成了电—光—电的转换,从而起到输入、输出、隔离的作用。由于光耦合器输入输出间互相隔离,电信号传输具有单向性等特点,因而具有良好的电绝缘能力和抗干扰能力。所以,它在长线传输信息中作为终端隔离元件可以大大提高信噪比。在计算机数字通信及实时控制中作为信号隔离的接口器件,可以大大提高计算机工作的可靠性。单路光耦的外观与内部结构如图 3.10 所示。

3.3 常见输出电路设计

1. 驱动 LED 电路设计

8051 单片机任意 I/O 口线都可直接驱动 LED,但要考虑 LED 的使用寿命,一般流过 LED 的电流以 10 ~ 20mA 的大小为宜。驱动电路如图 3.11 所示。

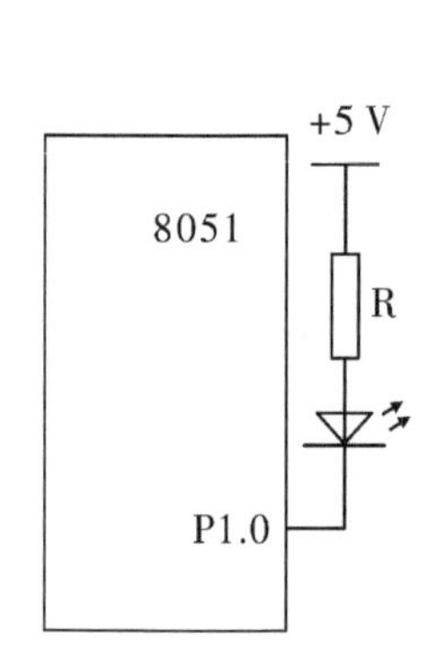

图 3.11　LED 驱动电路

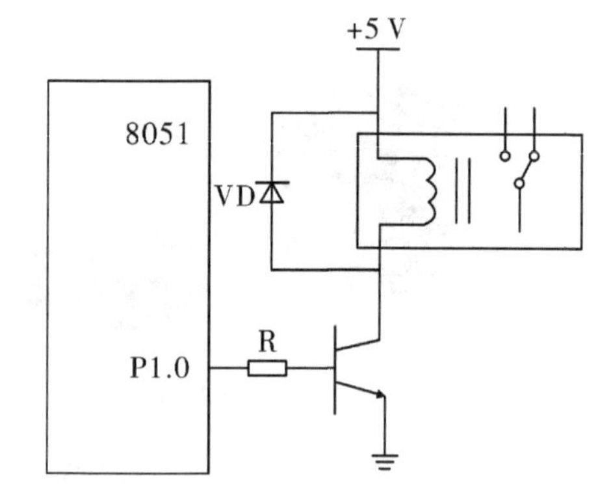

图 3.12　晶体管驱动继电器电路

当 P1.0 输出低电平时,LED 导通,流过的电流 I_D 为

$$I_D = \frac{5V - 1.7V}{R}$$

若电路 I_D 取 15 mA,则限流电阻 R 为 220 Ω。对于 TTL 电平的数字电路或微控制器电路,一般 R 取 200 ~ 330 Ω。

2. 驱动继电器电路设计

8051 单片机控制不同电压或较大电流的负载时,可通过继电器实现。为了提高驱动能力,我们可以使用晶体管来控制继电器,驱动电路如图 3.12 所示。

这里的晶体管是当成开关来用的,当 P1.0 输出高电平时,晶体管工作于饱和状态,当 P1.0 输出低电平时,晶体管工作于截止状态。其中的二极管 VD 提供继电器线圈电流的放电路径,以保护晶体管。由于线圈属于电感性负载,当晶体管截止时,集电极电流 $i_C = 0$,而原本线圈上的电流 i_L 不可能瞬间为 0,所以二极管 VD 就提供一个 i_L 的放电路径,使线圈不会产生高的感应电动势,就不会烧坏晶体管。

如果同时有多个输出端口驱动继电器,则可利用集电极式(OC)输出的反向门,如

7405(驱动5 V的继电器)或7406(驱动较高电压的继电器,最高可达30 V)驱动继电器,如图3.13所示。

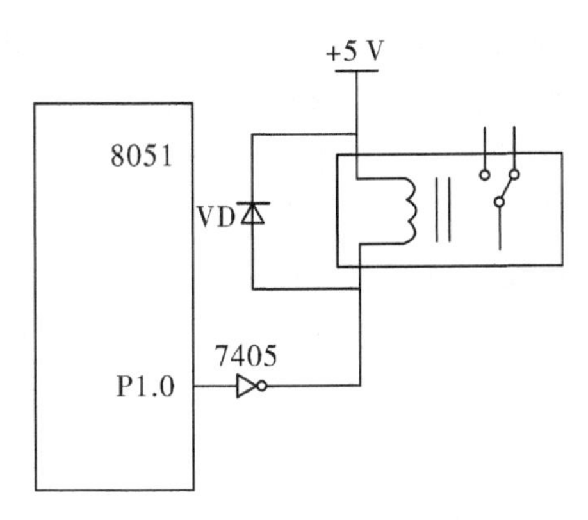

图3.13　7405驱动继电器电路

3. 驱动蜂鸣器电路设计

8051单片机驱动蜂鸣器的信号为各种频率的脉冲,其驱动方式可采用达林顿晶体管,或以两个常用的小晶体管连接成达林顿结构,两个晶体管均工作在放大区,其放大倍数是二者之积,驱动电路如图3.14所示。

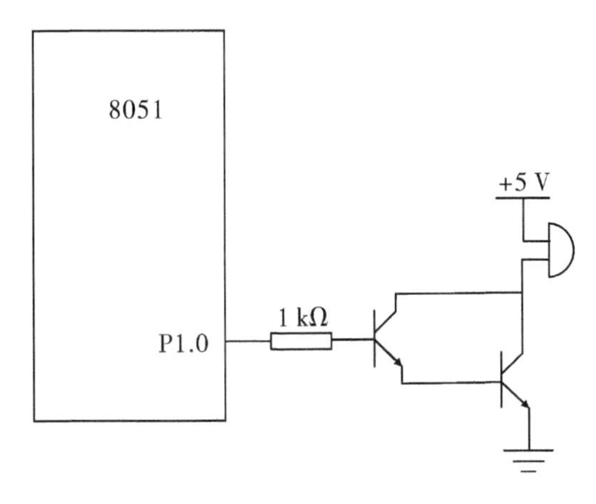

图3.14　蜂鸣器驱动电路

我们知道,蜂鸣器就像是一个电磁铁,当P1.0输出高电平时,达林顿晶体管导通,蜂鸣器中有电流流过,这时它的内部簧片将被吸住,当P1.0输出低电平时,达林顿晶体管截止,蜂鸣器中没有电流流过,这时它的内部簧片将被放开,由输出脉冲信号导致的这种吸放动作即簧片震动就使蜂鸣器发出声音。

3.4　指令格式

指令(Instruction)是人们给计算机的命令,是芯片制造厂家提供给用户使用的软件资源。一台计算机所有指令的集合称为指令系统。由于计算机只能识别二进制数和二进制编码，而对于用户来说，二进制编码可读性差，难以记忆和理解，因此，一条指令有两种表示方式：一种是计算机能够识别的机器码（二进制编码的指令代码）——机器语言（Machine Language）；另一种是采用人们容易理解和记忆的助记符形式——汇编语言（Assembly Language）。汇编语言便于用户编写、阅读和识别程序，但不能直接被计算机识别和理解，必须汇编成机器语言才能被计算机识别和执行。汇编语言可以汇编为机器语言，机器语言也可反汇编为汇编语言，它们之间一一对应。汇编和反汇编可以由编译系统自动完成，也可以由用户通过人工查表的方法手工完成。

8051 单片机汇编语言指令由标号、操作码、操作数和注释 4 个部分组成，格式如下：

[标号:] 操作码助记符 [操作数];[注释]

上述格式中，操作码助记符和操作数之间要用空格分隔；操作数如果有两个以上则彼此之间用逗号分隔；操作码助记符为必选项即任何语句都必须有操作码，其他为任选项。

下面为一段汇编语言源程序：

```
标号        操作码      操作数        注释
START:      MOV         A,  #00H      ;A←0
            MOV         R2, #0AH      ;R2←10
            MOV         R3, #05H      ;R3←5
LOOP:       ADD         A,  R3        ;A←A + R3
            DJNZ        R2, LOOP      ;若 R2 - 1≠0,则 LOOP
            NOP
            SJMP        $
```

上述 4 个部分在汇编语言源程序中的作用及应该遵守的基本语法规则说明如下。

1. 标号

标号位于一条语句的开头，如上述程序中的 START 和 LOOP，因它指明了该语句指令操作码在程序存储器中的存放地址，故它又称为标号地址。有关标号的规定如下：

（1）标号后面必须跟冒号“:”。

（2）标号由大写英文字母开头的字母和数字串组成，长度为 1 ~ 8 个字符。

（3）不能采用指令助记符、寄存器号以及伪指令符等作为语句的标号。

（4）在一个程序中一个标号只能用在一条语句前。

2. 操作码

操作码为任一语句的必选项，可以是指令的助记符（如上述程序中的 MOV、ADD、NOP 等），也可以是伪指令和宏指令的助记符（如 ORG 和 END 等），用于指示语句进行何种操作。

3. 操作数

操作数用于存放指令的操作数或操作数地址，可以采用字母和数字等多种表示形式。在操作数中，操作数个数因指令不同而不同，通常有双操作数、单操作数和无操作数

3 种情况。

在操作数的表示中,有以下几种表示形式:

1) 二进制、十进制和十六进制表示形式

在多数情况下,操作数或操作数地址总是采用十六进制形式来表示的,只有在某些特殊场合才采用二进制或十进制的表示形式。若操作数采用十六进制形式,则需加后缀“H”;若操作数采用二进制形式,则需加后缀“B”;若操作数采用十进制形式,则需加后缀“D”;因十进制数是生活中的数,故也可以省略后缀。若十六进制的操作数以字符 A ~ F 中的某个开头,为了与英文字母 A ~ F 区别,需在其前面加 0。

2)工作寄存器和特殊功能寄存器的表示形式

当操作数在某个工作寄存器或特殊功能寄存器中时,操作数允许采用工作寄存器和特殊功能寄存器的符号来表示。例如上例中的累加器 A 和工作寄存器 R0 ~ R7,另外,工作寄存器和特殊功能寄存器也可用其物理地址来表示,如累加器 A 可用 0E0H 来表示。

3)符号地址表示形式

操作数里的操作数地址常常可以采用经过定义的符号地址表示,如若地址 M 已经用伪指令定义,则指令 MOV　A, M 合法。

4)美元符号 $ 表示形式

美元符号 $ 常在转移类指令的操作数中使用,用于表示该转移指令操作码所在的地址。如上述程序中 SJMP　$ 与 NEXT:SJMP　NEXT 是等价的,都是表示在原地跳转。

4. 注释

注释用于解释指令或程序的含义,对编写程序和提高程序的可读性非常有用。注释为任选项,使用时必须以分号“;”开头,一行写不下需另起一行时也必须以分号“;”开头。注释不会产生指令代码。

3.5　寻址方式

所谓指令的寻址方式就是 CPU 执行指令时获取操作数的方式。CPU 在执行指令时,首先要根据地址寻找参加运算的操作数,然后才能对操作数进行操作,对应于程序的取指令过程;在操作运算后还要将运算结果根据地址存入相应存储单元或寄存器中,对应于指令的执行过程。

寻址方式的多少是反映指令系统优劣的主要指标之一。寻址方式隐含在指令代码中,寻址方式越多,灵活性越大,指令系统越复杂。MCS -51 单片机提供了 7 种不同的寻址方式:立即寻址、直接寻址、寄存器寻址、寄存器间接寻址、变址寻址、相对寻址和位寻址。

1. 立即寻址

立即寻址的操作数是常数,直接在指令中给出,紧跟在操作码的后面,作为指令的一部分。与操作码一起存放在程序存储器中,可以立即得到,不需要经过别的途径寻找。

所以称为立即寻址。在 MCS－51 系统中，常数前面以“#”符号作为前缀。例如：

MOV　A，#05H

这条指令的操作码为 74H，它规定了源操作数为立即寻址，其功能是把常数 05H 送给累加器 A。指令执行过程示意如图 3.15 所示。

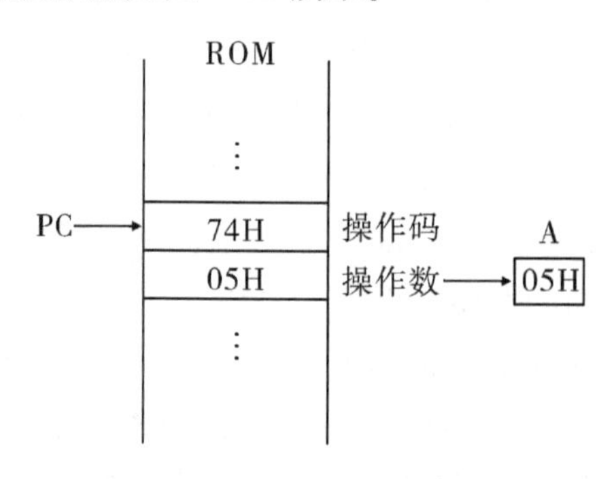

图 3.15　立即寻址示意图

2. 直接寻址

直接寻址是在指令中直接提供存储单元地址的寻址方式。在 MCS－51 系统中，这种寻址方式针对的是片内数据存储器和特殊功能寄存器。在汇编指令中，直接以地址的形式提供存储器单元的地址。例如：

MOV　A，20H

这条指令的操作码为 E5H，它规定了源操作数为直接寻址，其功能是将指令操作码后的操作数 20H 作为片内 RAM 的地址，将 20H 单元中的内容(30H)送给累加器 A。指令执行过程示意如图 3.16 所示。

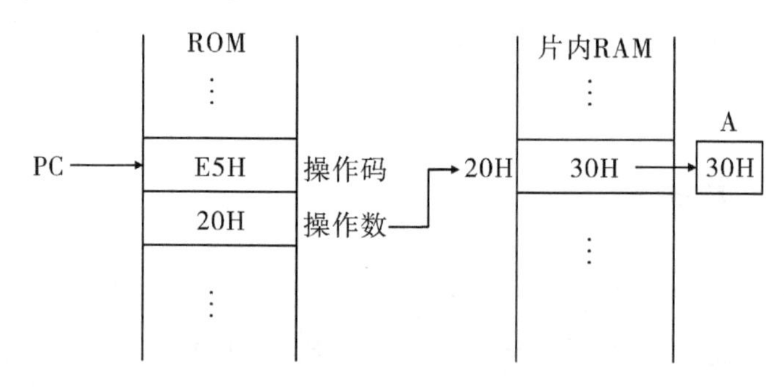

图 3.16　直接寻址示意图

对于特殊功能寄存器，在指令中使用时往往通过特殊功能寄存器的名称使用，而特殊功能寄存器名称实际上是特殊功能寄存器单元的地址，因而他们是直接寻址。例如：

MOV　A，P0

其功能是把 P0 口的内容送给累加器 A。P0 是特殊功能寄存器 P0 口的符号地址，该指令在翻译成机器码时，P0 就转换成直接地址 80H。

3. 寄存器寻址

寄存器寻址就是操作数存放在寄存器中，指令中直接给出寄存器名称的寻址方式。

在 MCS－51 系统中，这种寻址方式用到的寄存器为 8 个通用寄存器 R0～R7、累加器 A、寄存器 B 和数据指针寄存器 DPTR。例如：

MOV　A, R0

其功能是把 R0 寄存器中的数送给累加器 A。在指令中，源操作数 R0 为寄存器寻址，传送的对象为 R0 中的数据。如指令执行前 R0 中的内容为 20H，则指令执行后累加器 A 中的内容也为 20H。指令执行过程示意如图 3.17 所示（操作码后三位 8 种组合对应 R0～R7，本例源操作数为 R0，如果是 R7，则后三位取 111，这时候 R7 的 RAM 地址为 07H）。

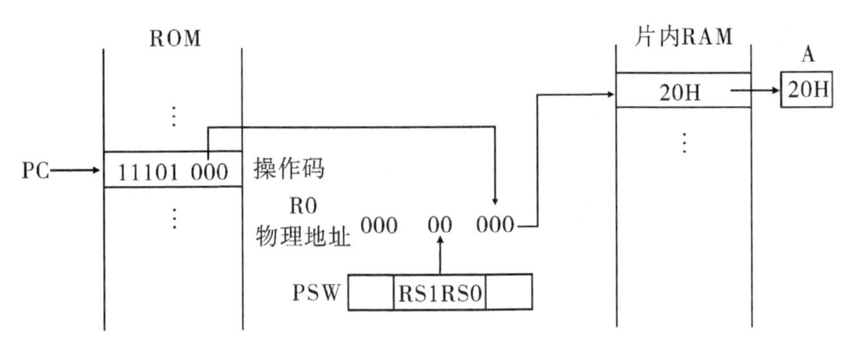

图 3.17　寄存器寻址示意图

4. 寄存器间接寻址

寄存器间接寻址是指存储单元的地址存放在寄存器中，在指令中通过相应的寄存器来提供存储单元的地址。形式为：@寄存器名。例如：

MOV　A,@R0

该指令的功能是将工作寄存器 R0 中的内容取出，作为地址从相应的片内 RAM 单元中取出内容传送到累加器 A 中。指令的源操作数是寄存器间接寻址。若 R0 中的内容为 30H，片内 RAM 30H 地址单元的内容为 05H，则执行该指令后，累加器 A 的内容为 05H。指令执行过程示意如图 3.18 所示。

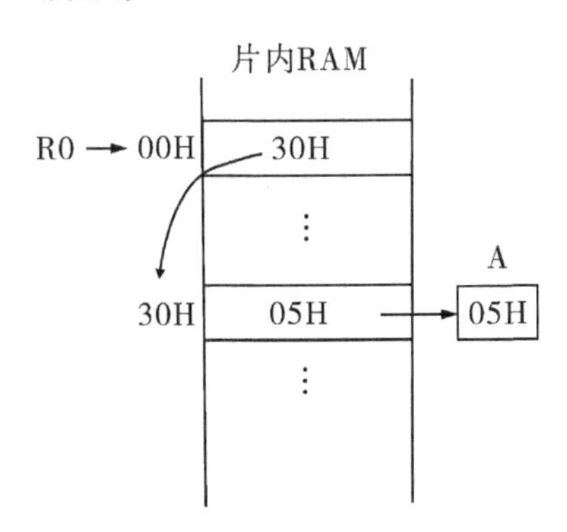

图 3.18　寄存器间接寻址示意图

在 MCS－51 单片机中，寄存器间接寻址用到的寄存器有通用寄存器 R0、R1 和数据指针寄存器 DPTR，能够访问片内数据存储器和片外数据存储器。其中，用 R0 和 R1 做指针可以访问片内数据存储器和片外数据存储器低 256 个字节；用 DPTR 作指针可以访问片外数据存储器整个64KB空间。另外,片内RAM访问用MOV指令,片外RAM访问用MOVX指令。

5. 变址寻址

变址寻址是指操作数的地址由基址寄存器中的内容加上变址寄存器中的内容得到。在MCS-51系统中,基址寄存器可以是数据指针寄存器DPTR和程序计数器PC,变址寄存器只能是累加器A。这种寻址方式只适用于程序存储器,通常用于访问程序存储器中的表格型数据,表首单元的地址为基址,表内单元相对于表首的位移量为变址,两者相加得到访问单元的地址。例如:

MOVC　A,@A+DPTR

其功能是将数据指针寄存器DPTR的内容和累加器A中的内容相加作为程序存储器的地址,从对应的单元中取出内容送到累加器A中。指令中,源操作数的寻址方式为变址寻址,设指令执行前数据指针寄存器DPTR的值为1000H,累加器A的值为20H,程序存储器1020H单元的内容为30H,则指令执行后,累加器A中的内容为30H。指令执行过程示意如图3.19所示。

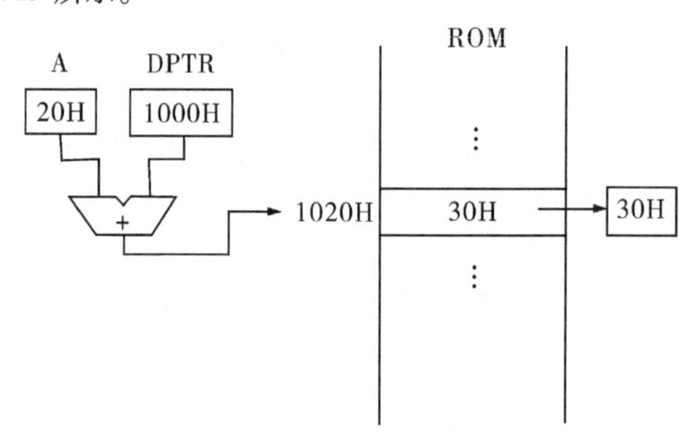

图3.19　变址寻址示意图

变址寻址可以用数据指针寄存器DPTR作基址,也可以用程序计数器PC作基址,当使用程序计数器PC时,由于PC用于控制程序的执行,在程序执行过程中用户不能随意改变,它始终是指向下一条要执行指令的地址,因而就不能直接把基址放在PC中。那基址如何得到呢?基址可以通过由当前的PC值加上一个相对于表首位置的差值得到。这个差值不能加到PC中,可以通过加到累加器A中来实现。这样同样可以得到对应单元的地址。这个过程将会在后面介绍。

6. 相对寻址

相对寻址用在相对转移指令中,是以当前程序计数器PC值加上指令中给出的偏移量rel得到目标地址。使用相对寻址时要注意以下两点:

(1)当前PC值是指转移指令执行时的PC值,它等于转移指令的地址加上转移指令的字节数。实际上是转移指令的下一条指令的地址。

(2)偏移量rel是二进制8位有符号数,以补码表示,它的取值范围为-128~+127。

如果是负数就向前转移,反之则向后转移。

相对寻址的目标地址为

目标地址 = 当前 PC + rel = 转移指令的地址 + 转移指令的字节数 + rel

例如,若转移指令的地址为1000H,转移指令的长度为2字节,位移量为08H,则转移的目的地址是1000H + 2 + 08H = 100AH。指令执行过程示意如图3.20所示。

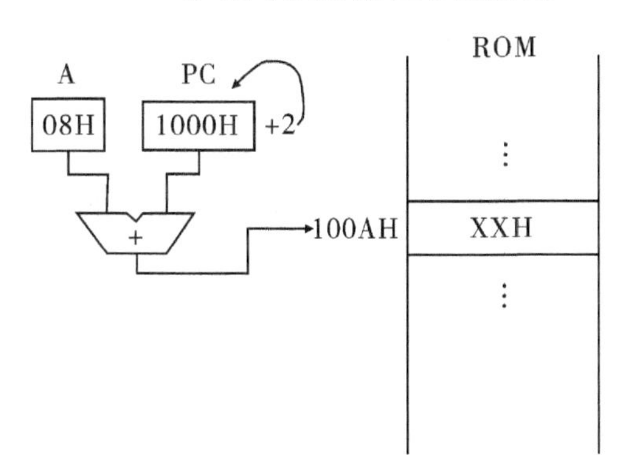

图3.20　相对寻址示意图

7.位寻址

位寻址是指操作数是二进制位的寻址方式。在MCS－51单片机中有一个独立的位处理器,有多条位处理指令,能够进行各种位运算。在MCS－51系统中,位处理的操作对象是各种可寻址位。对它们的访问是通过提供相应的位地址来处理的。

在MCS－51系统中,位地址的表示可以用以下几种方式。

(1)直接位地址(00H～FFH)。例如,位地址20H。

(2)字节地址带位号。例如,20H.3表示20H的第3位。

(3)特殊功能寄存器名带位号。例如,P0.1表示P0口的第1位。

(4)位符号地址。例如,TR0是定时/计数器T0的启动位。

3.6　数据传送指令

在MCS－51单片机中,数据传送是最基本和最主要的操作。数据传送是把源地址中的内容传送到目的地址中,但不改变源地址中的内容。在MCS－51单片机中,数据传送指令共有29条,分为内部数据传送指令、外部数据传送指令、堆栈操作指令和数据交换指令4类。用到的指令助记符有:MOV、MOVX、MOVC、XCH、XCHD、PUSH、POP和SWAP。

3.6.1　内部数据传送指令

这类指令的源操作数和目的操作数地址都在单片机内部,可以是片内RAM的低128个地址,也可以是特殊功能寄存器的地址。内部数据传送指令助记符为MOV,指令格式

为： MOV 目的操作数,源操作数

源操作数可以为 A、Rn、@Ri、direct、#data,目的操作数可以为 A、Rn、@Ri、direct、DPTR,组合起来总共 16 条。按目的操作数的寻址方式划分为以下 5 组。

1. 以累加器 A 为目的操作数

```
MOV    A,#data      ;A←#data
MOV    A,Rn         ;A← Rn
MOV    A,direct     ;A←(direct)
MOV    A,@Ri        ;A← (Ri)
```

[例 3.1]已知 R0 = 20H,(20H) = 55H,(30H) = 66H,试问下列指令执行后累加器 A 中的内容是什么?

```
(1)MOV    A,#33H
(2)MOV    A,R0
(3)MOV    A,30H
(4)MOV    A,@R0
```

解 (1)A = 33H;(2)A = 20H;(3)A = 66H;(4)A = 55H。

2. 以 Rn 为目的操作数

```
MOV    Rn,#data     ;Rn←data
MOV    Rn,A         ;Rn←A
MOV    Rn,direct    ;Rn←(direct)
```

[例 3.2]已知 A = 20H,(20H) = 45H,试问下列指令执行后 R3、R4 和 R0 中的内容是什么?

```
MOV  R3,#55H
MOV  R4,A
MOV  R0,20H
```

解 R3 = 55H,R4 = 20H,R0 = 45H。

3. 以直接地址 direct 为目的操作数

```
MOV  direct,#data     ;direct←data
MOV  direct,A         ;direct←A
MOV  direct,Rn        ;direct←Rn
MOV  direct,direct    ;direct←(direct)
MOV  direct,@Ri       ;direct←(Ri)
```

[例 3.3]已知 A = 10H,R1 = 30H,(50H) = 44H,(30H) = 7AH,试问下列指令执行后 20H 中的内容是什么?

```
(1)MOV  20H,#11H
(2)MOV  20H,A
```

(3)MOV　20H,R1

(4)MOV　20H,50H

(5)MOV　20H,@R1

解　(1)(20H)=11H;(2)(20H)=10H;(3)(20H)=30H;(4)(20H)=44H;(5)(20H)=7AH。

4.以间接地址@Ri为目的操作数

MOV　@Ri,#data　　;(Ri)←data

MOV　@Ri,A　　　;(Ri)←A

MOV　@Ri,direct　;(Ri)←(direct)

[**例**3.4]已知A=20H,(20H)=45H,R0=30H,试问下列指令执行后(30H)中的内容是什么?

(1)MOV　@R0,#0BBH

(2)MOV　@R0,A

(3)MOV　@R0,20H

解　(1)(30H)=BBH;(2)(30H)=20H;(3)(30H)=45H。

5.以DPTR为目的操作数

MOV　DPTR,　#data16　　;DPTR←data16

该指令的功能是把指令码中的16位立即数送入DPTR,其中高8位送入DPH,低8位送入DPL,这个被机器作为立即数看待的数其实是外部RAM/ROM地址,是专门配合外部数据传送指令用的。

从上述传送指令可以总结为图3.21所示的传送关系,图中箭头表示数据传送方向。

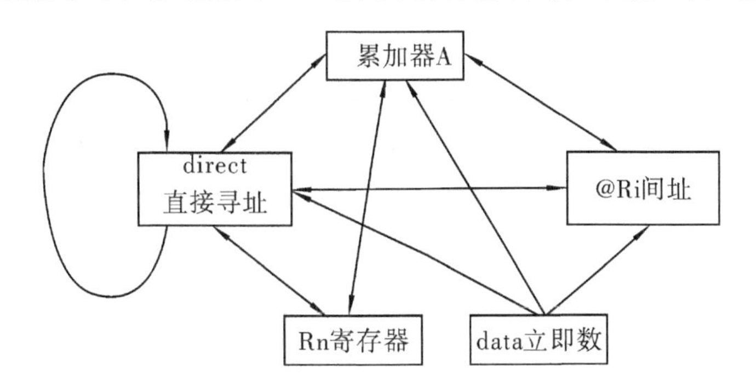

图3.21　内部数据传送指令的传送方式

注意:在使用上述内部数据传送指令编程时,必须按照图3.7所示的传送方式进行数据传送,不能自己杜撰指令,如"MOV　Rn, Rn""MOV　@Ri, Rn"这样的指令是非法的。

3.6.2　外部数据传送指令

1.片外RAM字节传送指令

在MCS-51中只能通过累加器A与片外RAM进行数据传送,而片外RAM只通过

寄存器间接寻址方式访问,使用的助记符为 MOVX,指令格式为

```
MOVX  A, @Ri      ;A← (Ri)
MOVX  @Ri,A       ;(Ri)←A
MOVX  A,@DPTR     ;A← (DPTR)
MOVX  @DPTR,A     ;(DPTR)← A
```

前面两条指令用于访问外部 RAM 的低地址区,地址范围为 0000H ~ 00FFH;后面两条指令可以访问外部 RAM 的 64KB 区,地址范围是 0000H ~ FFFFH。

[例 3.5]试编写将片外 RAM 30H 单元的内容送片内 60H 单元中的程序。

解

```
MOV     R0,     #30H
MOVX    A,      @R0
MOV     60H,    A
```

[例 3.6]试编写将片内 RAM 60H 单元的内容送片外 1000H 单元中的程序。

解

```
MOV     DPTR,     #1000H
MOV     A,        60H
MOVX    @DPTR,    A
```

2. 外部 ROM 字节传送指令

在 MCS - 51 中访问 ROM 指令只有两条,均属于变址寻址指令,因专门用于查表而又称为查表指令。指令格式为:

```
MOVC      A,@A + DPTR      ;A← (A + DPTR)
MOVC      A,@A + PC        ;A← (A + PC)
```

第一条指令采用 DPTR 作为基址寄存器,查表时用来存放表的起始地址。由于用户可以很方便地通过上述 16 位数据传送指令把任意一个 16 位地址送入 DPTR,因此外部 ROM 的 64KB 范围内的任何一个子域都可以用来存放被查表的表格数据。

第二条指令以 PC 作为基址寄存器,但指令中 PC 的地址是可以变化的,它随着被执行指令在程序中位置的不同而不同。一旦被执行指令在程序中的位置确定以后,PC 中的内容也被给定。这条指令执行时分为两步:第一步是取指令码,故 PC 中内容自动加 1,变为指令执行时的当前值;第二步是把这个 PC 当前值和累加器 A 中的地址偏移量相加,以形成源操作数地址,并从外部 ROM 中取出相应的源操作数,传送到作为目的操作数寄存器的累加器 A 中。该指令用作查表时,PC 也要用来存放表的起始地址,但由于进行查表时 PC 的当前值并不一定恰好是表的起始地址,因此常常需要在这条指令前安排一条加法指令,以便把 PC 中的当前值修正为表的起始地址。只有被查表紧紧跟在查表指令后,PC 中的当前值才会恰好是表的起始地址,但一般是不可能的。

[例 3.7] 已知 R2 中存放了一个 0 ~ 9 的数,采用查表法求其平方值,结果存于

R2 中。

解　平方表由 DB(Define Byte)伪指令给出,其格式为

[标号:] DB 字节型数表

其中,标号为任选项,字节型数表是一串用逗号分开的字节型数据,这些数据可以采用二进制、十进制和 ASCII 码等多种形式表示。DB 的作用是把字节型数据表中的数据依次存放到以标号为起始地址的存储单元中。比如:若 TAB = 1000H,则在单片机程序存储器地址为 1000H 开始单元存储一个 0 ~ 9 的平方表可用下面语句表示。

TAB:DB　0,1,4,9,16,25,36,49,64,81

1)用 DPTR 查表

程序如下:

```
        MOV     DPTR,#TAB       ;DPTR←TAB
        MOV     A,R2            ;A←R2
        MOVC    A,@A + DPTR     ;A←(A + DPTR),查表
        MOV     R2,A            ;R2←A
TAB:    DB  0,1,4,9,16          ;平方表
        DB  25,36,49,64,81
```

2)用 PC 查表

程序如下:

```
        MOV     A,R2            ;A←R2
        ADD     A,#01H          ;A←A + 01H
        MOVC    A,@A + PC       ;A←(A + PC),查表
        MOV     R2,A            ;R2←A
TAB:    DB  0,1,4,9,16          ;平方表
        DB  25,36,49,64,81
```

注意:查表指令为单字节指令,PC 的值应为查表指令的地址加 1。

3.6.3　堆栈操作指令

堆栈操作指令是一种特殊的数据传送指令,通常在程序设计时,如果用到调用、转移指令,就需要对堆栈指针 SP 进行设置,以便在通用 RAM 区中划出堆栈区。如果不设置 SP,则默认堆栈区会和工作寄存器区有重叠。在 8051 系统中,堆栈操作指令共有以下两条:

```
PUSH    direct          ;SP← SP + 1,(SP)←(direct)
POP     direct          ;direct←(SP),SP←SP - 1
```

第一条指令称为压栈指令,用于把 direct 为地址的操作数传送到堆栈中去。这条指令执行时分为两步:第一步是先使 SP 中的栈顶地址加 1,使之指向堆栈的新的栈顶单元;第二步是把 direct 中的操作数压入由 SP 指示的栈顶单元。

第二条指令称为弹出指令,其功能是把堆栈中的操作数传送到 direct 单元。指令执行时仍分为两步:第一步是把由 SP 所指栈顶单元中的操作数弹到 direct 单元;第二步是使 SP 中的原栈顶地址减 1,使之指向新的栈顶地址。弹出指令不会改变堆栈区存储单元中的内容,堆栈中是不是有数据的唯一标志是 SP 中栈顶地址是否与栈底地址相重合,与堆栈区中是什么数据无关。因此,只有压栈指令才会改变堆栈区(或堆栈)中的数据。

[**例** 3.8]已知(30H) =55H,(40H) =66H,试利用堆栈作为转存单元编写 30H 单元和 40H 单元内容互换的程序。

解 利用堆栈“先进后出”和“后进先出”的原则编程。

程序如下:

```
MOV   SP,#70H          ;SP←70H
PUSH  30H              ;SP←SP +1,71H←55H
PUSH  40H              ;SP← SP +1,72H←66H
POP   30H              ;30H←66H, SP←SP -1 =71H
POP   40H              ;40H←55H, SP←SP -1 =70H
```

前面三条指令执行后,55H 和 66H 均被压入堆栈,其中,55H 先入栈,故它在 71H 单元中;66H 后入栈,故它在 72H 单元中;因 SP 执行的是两条 PUSH 指令,故两次加 1 后其变为 72H,指向了堆栈的栈顶地址。如图 3.22(a)所示。

第 4 条指令执行时,后入栈的数 66H 最先弹回 30H 单元,SP 减 1 后指向新的栈顶单元 71H。第 5 条指令执行时,先入栈的 55H 被弹入 40H 单元,SP 减 1 后变为 70H,与堆栈栈底地址重合,因而堆栈变空,如图 3.22(b)所示。

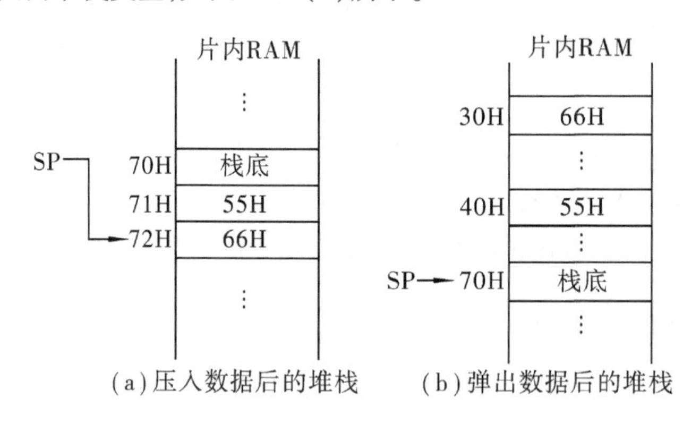

图 3.22 例 3.8 利用堆栈实现数据互换示意图

3.6.4 数据交换指令

一般传送指令实现将源操作数传送到目的操作数,指令执行后源操作数不变,数据传送是单向的。数据交换指令是双向传送,执行后,源操作数和目的操作数内容互换。

在 MCS -51 系统中,数据交换指令要求目的操作数必须为累加器 A,共有如下 5 条指令:

```
XCH     A, Rn       ;A↔Rn
XCH     A, direct   ;A↔(direct)
XCH     A, @Ri      ;A↔(Ri)
XCHD    A, @Ri      ;A3~0↔(Ri)3~0
SWAP    A           ;A3~0↔A7~4
```

XCH 指令为字节交换指令,执行后,两个字节的内容进行交换;XCHD 指令为半字节交换指令,执行后两个操作数的低 4 位相互交换,高 4 位不变;SWAP 指令为累加器 A 高 4 位和低 4 位互相交换指令。

[例 3.9]已知 R0 = 30H,(30H) = 23H,(40H) = B3H,A = 45H,试问下列指令执行后,(30H)、(40H)和累加器 A 中的内容是什么?

(1)XCH　A,　@R0

(2)XCH　A,　40H

(3)SWAP A

解　(1)(30H) = 45H,A = 23H;(2)(40H) = 45H,A = B3H;(3)A = 54H

3.7　输出接口电路应用

1. 控制 LED 程序设计

[例 3.10]设计根据图 3.23 接线的单灯左移程序,要求每个 LED 亮 0.1 s。

解　由硬件图可知,P1 口接 8 个 LED,若要实现单灯左移,首先 P1.0 接的 LED 先亮,接着向左依次点亮,任何时刻只有一个 LED 亮。根据接线,P1 口开始时输出 11111110B,可使右面第一个灯亮,其余不亮。利用左环移指令 RL　A(详细见第 6 章移位指令)实现依次灯亮。

每个 LED 亮 0.1 s,可通过调用延时程序实现。延时程序(通过反复执行指令达到延时的目的),以 2 重循环结构为例说明如下:

```
        MOV   R5, #data1     ;12个时钟周期
L2:     MOV   R6, #data2     ;12个时钟周期
L1:     DJNZ  R6, L1         ;24个时钟周期
        DJNZ  R5, L2         ;24个时钟周期
```

程序中 data1 和 data2 不能超过 255(无符号 8 位二进制数最大为 11111111B),DJNZ 为减 1 不为 0 转移指令(详细见第 4 章控制转移指令)。对于晶振为 12 MHz 的 8051 系统而言,1 个时钟周期为晶振频率的倒数即 1/12 MHz,12 个时钟周期(单片机系统规定为 1 个机器周期)刚好为 1 μs,这个程序的延时时间 T 为

T = 1 + (1 + R6 * 2 + 2) * R5 μs,假设 data2 = 250,data1 = 200,则延时时间 T = 100601 μs ≈ 0.1 s。

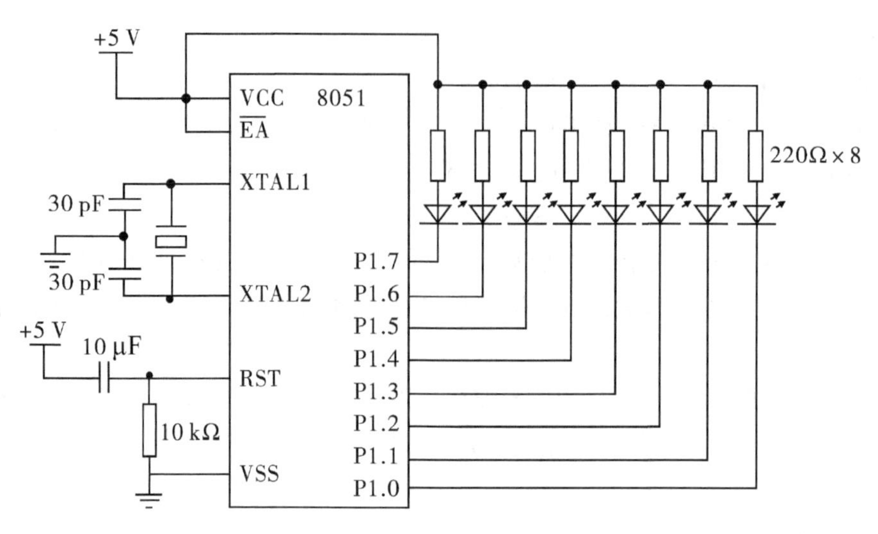

图 3.23　单灯左移接口电路

汇编语言源程序的开始和结束要用到两条伪指令(汇编时不产生操作码)ORG 和 END,ORG(Origin)是起始汇编伪指令,其格式为

ORG　16 位地址或符号

该指令功能为指示程序的起始地址。如果不用 ORG,则汇编得到的目标代码将从 0000H 地址开始。在一个源程序中,可以多次使用 ORG 指令,以规定不同程序段的起始地址,但不同的程序段之间不能有重叠。

END(End)是结束汇编伪指令,其格式为

END

该指令功能为指示程序的结束。它只能放在程序的最后,如果 END 出现在源程序中间,则其后的语句将不会被汇编。

程序如下:

```
        ORG     0100H           ;程序从 0100 地址开始
START:  MOV     SP, #70H        ;设置堆栈指针
        MOV     A, #0FEH        ;A←11111110B
LOOP:   MOV     P1, A           ;P1←A
        ACALL   DELAY           ;调用延时,单灯亮 0.1 s
        RL      A               ;A 的内容左移 1 位
        SJMP    LOOP            ;程序跳转到 LOOP
DELAY:  MOV     R5, #200        ;R5←200
DEL2:   MOV     R6, #250        ;R6←250
DEL1:   DJNZ    R6, DEL1        ;若 R6 - 1≠0,则跳转到 DEL1
        DJNZ    R5, DEL2        ;若 R5 - 1≠0,则跳转到 DEL2
        RET                     ;子程序返回
```

```
        END                                   ;程序结束
```

[例3.11]设计根据图3.23接线的循环彩灯程序。

解　利用查表方法编程。彩灯花样为:单灯左移右移、双灯左移右移、左右四灯交互点亮4次、八灯闪烁4次,不断循环。控制码表以ASCII码01H结尾。

4种彩灯花样显示完则从头开始,判断是否显示完采用CJNE　A,#01H,rel实现,CJNE为比较转移指令(详细见第4章控制转移指令)。

程序如下:

```
        ORG     0100H
MAIN:   MOV     SP, #70H
START:  MOV     DPTR, #TAB              ;DPTR←控制表首地址
LOOP:   CLR     A                       ;A清零
        MOVC    A,@A + DPTR             ;查控制码
        CJNE    A,#01H,NEXT             ;彩灯花样是否显示完
        AJMP    START                   ;显示完继续从头开始
NEXT:   MOV     P1, A                   ;输出显示
        ACALL   DELAY                   ;调用0.1 s延时
        INC     DPTR                    ;指针指向下一个控制码
        AJMP    LOOP                    ;程序跳转到LOOP
DELAY:  MOV     R5, #200                ;延时0.1 s
DEL2:   MOV     R6, #250
DEL1:   DJNZ    R6, DEL1
        DJNZ    R5, DEL2
        RET                             ;子程序返回
TAB:    DB  0FEH, 0FDH, 0FBH, 0F7H      ;彩灯花样控制码表
        DB  0EFH, 0DFH, 0BFH, 7FH
        DB  7FH, 0BFH, 0DFH, 0EFH
        DB  0F7H, 0FBH, 0FDH, 0FEH
        DB  0FCH, 0F3H, 0CFH, 3FH
        DB  3FH, 0CFH, 0F3H, 0FCH
        DB  0F0H, 0FH, 0F0H, 0FH
        DB  00H, 0FFH, 00H, 0FFH
        DB  00H, 0FFH, 00H, 0FFH, 01H
        END
```

2. 控制蜂鸣器程序设计

[例3.12]设计根据图3.14接线的变频报警程序,要求频率在1 kHz和2 kHz之间

切换,每隔 1 s 变换一次。

解 若在 1 s 内产生频率为 1 kHz 的脉冲,则需要在 1 s 内,蜂鸣器内部簧片进行吸放动作各 1000 次,每次动作持续时间为 0.5 ms;而要产生频率为 2 kHz 的脉冲,则需要在 1 s 内进行吸放动作各 2000 次,每次动作持续时间为 0.25 ms。因此,P1.0 在 1 s 内先输出周期为 1 ms 的方波信号,蜂鸣器产生频率为 1 kHz 的声音,接着 P1.0 在 1 s 内输出周期为 0.5 ms 的方波信号,蜂鸣器产生频率为 2 kHz 的声音,从而实现变频报警。本例切换 P1.0 输出信号采用取反指令 CPL P1.0 实现。

程序如下:

```
                ORG    0100H          ;程序从 0100 地址开始
MAIN:           MOV    SP, #70H
START:          MOV    R2,#8          ;1 kHz 持续时间
L1:             MOV    R3,#250
L2:             CPL    P1.0           ;输出 1 kHz 方波
                ACALL  DELAY0.5 ms    ;延时 0.5 ms
                DJNZ   R3, L2         ;持续 1 s
                DJNZ   R2, L1
                MOV    R4,#16         ;2 kHz 持续时间
L3:             MOV    R5,#250
L4:             CPL    P1.0           ;输出 2 kHz 方波
                ACALL  DELAY0.25 ms   ;延时 0.25 ms
                DJNZ   R5, L4         ;持续 1 s
                DJNZ   R4, L3
DELAY0.25 ms:   MOV    R6, #125       ;延时 0.25 ms
LOOP:           DJNZ   R6, LOOP
                RET                   ;子程序返回
DELAY0.5 ms:    MOV    R7, #250       ;延时 0.5 ms
LOOP            DJNZ   R7, LOOP
                RET                   ;子程序返回
                END                   ;程序结束
```

3. 控制继电器程序设计

[**例** 3.13]设计根据图 3.24 接线的灯泡闪烁程序,要求每隔 1 s 灯泡亮灭一次。

解 P1.0 输出高电平时,继电器产生电磁效应使负载电路接通,灯泡亮;P1.0 输出低电平时,负载电路因电磁效应消失而断开,灯泡灭。本例令 P1.0 置 1 可采用置 1 指令 SETB P1.0 实现,令 P1.0 为 0 可采用清零指令 CLR P1.0 实现。

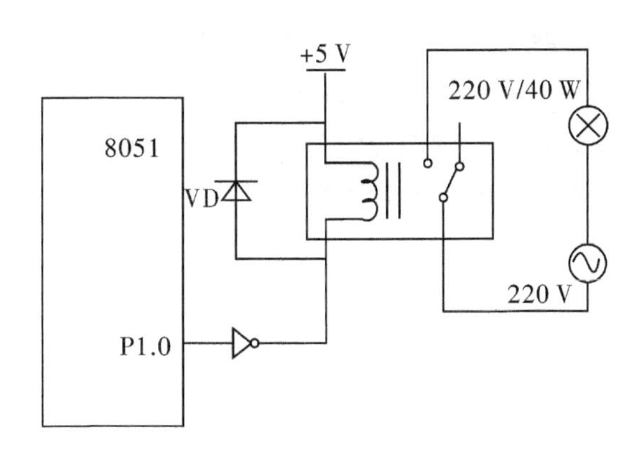

图 3.24　继电器控制电灯泡电路

程序如下：

```
            ORG     0100H
MAIN:       MOV     SP, #70H
START:      SETB    P1.0          ;输出高电平,灯亮
            ACALL   DELAY1s
            CLR     P1.0          ;输出低电平,灯灭
            ACALL   DELAY1s
            AJMP    START
DELAY1s:    MOV     R5, #10       ;延时 1 s
L1:         MOV     R6, #200
L2:         MOV     R7, #250
L3:         DJNZ    R7, L3
            DJNZ    R6, L2
            DJNZ    R5, L1
            RET
            END
```

习题与思考题

3.1　8051 单片机有几个并行 I/O 口？有多少根 I/O 口线？

3.2　指出 P0、P2 引脚的其他功能。

3.3　指出 P3 引脚的其他功能。

3.4　图 3.12 所示电路,继电器的线圈两端并接一个反向二极管,其功能是什么？

3.5　试指出 8051 单片机共有几种寻址方式？分别是什么？并举例说明。

3.6　写出能完成下列数据传送的指令程序。

(1)将 R2 中的内容传送到 R3 中

(2)将外部 RAM 区 30H 中的内容传送到内部 RAM 区 30H 单元

(3)将内部 RAM 区 20H 中的内容传送到外部 RAM 区 1000H 中

(4)将外部 RAM 区 2000H 中的内容传送到外部 RAM 区 1000H 中

(5)将内部 RAM 区 30H 中的内容传送到外部 ROM 区 4000H 单元

(6)将外部 RAM 区 2000H 中的内容传送到外部 ROM 区 1000H 中

3.7　已知(20H) = 33H,(30H) = 44H,SP = 70H,若执行下列程序段,试完成下列程序注释。

PUSH　20H;(SP) = ________,堆栈单元(　　) = ________

PUSH　30H;(SP) = ________,堆栈单元(　　) = ________

POP　20H;(20H) = ________,(SP) = ________

POP　30H;(30H) = ________,(SP) = ________

3.8　如图 3.23 所示,若要实现单个 LED 灯右移应如何修改程序? 双 LED 灯右移呢?

3.9　试编写延时 1 s 的子程序。

3.10　如图 3.14 所示,若要产生 1 kHz 的声音 0.2 s,暂停 0.05 s,100 kHz 的声音 0.1 s,暂停 0.2 s,应如何修改程序?

3.11　图 3.24 所示电路,若要实现继电器激磁 10 s,消磁 5 s,应如何修改程序?

第4章　8051单片机输入口应用

4.1　8051单片机时序分析

单片机系统正常工作的条件，除了要做到电平匹配、功率匹配外，还要做到时序匹配。顾名思义，时序是时间顺序。为了明确它的含义，先看一个例子：

某初中生早晨六点二十分起床，洗漱15分钟，吃早餐25分钟，七点钟背书包坐上校车，经过30分钟达到学校。

如果用时序来描述就是这样：从这名初中生起床一直到学校可以称为一个控制周期。在此周期内完成三件事，而且它们有先后次序。每件事需要在规定的时间内完成，否则影响后续工作。这里每件事可以称为信号，信号持续的时间就是每件事用去时间。我们先把这三件事归纳成表4.1。

表4.1　某初中生早晨的时间安排

事件顺序	开始时刻	结束时刻	耗时	时序描述
起床	6:20	6:20	0	周期开始
洗漱	6:20	6:35	15′	仅信号A有效
吃早餐	6:35	7:00	25′	仅信号B有效
坐公交车上学	7:00	7:30	30′	仅信号C有效
达到学校	7:30	7:30	0	周期结束

根据以上分析及表4.1就容易给出如图4.1所示的时序图。

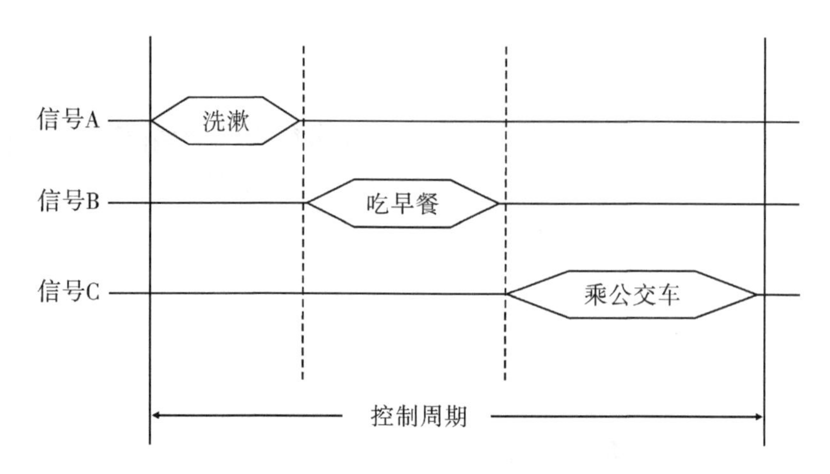

图4.1 某初中生早晨生活的时序

通过上面的例子,可以对时序的概念给予说明:所谓时序就是CPU总线信号在时间上的顺序关系。CPU控制器实际上是一个复杂的同步时序电路,所有的工作都是在时钟信号的控制下进行。每执行一条指令,CPU控制器都要发出一系列特定的控制信号,这些控制信号在时间上的相互关系就是CPU的时序。

单片机时序是指单片机执行指令时应发出的控制信号的时间序列。这些控制信号在时间上的相互关系就是CPU的时序。它是一系列具有时间顺序的脉冲信号。从功能上分类,时序包括取指令和执行指令两个阶段。

CPU发出的时序有两类:一类用于片内各功能部件的控制,它们是芯片设计师关注的问题,对用户没有什么意义。另一类用于片外存储器或外部芯片的I/O端口的控制,需要通过器件的控制引脚送到片外,这部分时序对分析硬件电路的原理至关重要,也是软件编程遵循的原则,需要认真掌握。

操作时序永远是使用任何一种IC芯片的最主要的内容。一个芯片的所有使用细节都包含在它的官方器件手册上。在使用一个器件的时候,首先做好的就是认真阅读它的器件手册(Datasheet),掌握其工作时序。

时序指明了单片机内部与外部相互联系必须遵守的规律,是单片机中非常重要的概念。单片机中,与时序有关的定时单位有时钟周期、机器周期和指令周期。

4.1.1 时钟周期、机器周期和指令周期

1. 时钟周期

时钟周期T_{osc}又称为振荡周期,由单片机片内振荡电路OSC产生,常定义为时钟脉冲频率的倒数,是时序中最小的时间单位。例如,若某单片机时钟频率为1 MHz,则它的时钟周期T_{osc}应为1 μs。由于时钟脉冲是计算机的基本工作脉冲,它控制着计算机的工作节奏,使计算机的每一步工作都统一到它的步调上来。显然,对同一种机型的计算机,时钟频率越高,计算机的工作速度就越快。但是,由于不同的计算机硬件电路和器件的不

完全相同,所以它们需要的时钟周期频率范围也不一定相同。8051 单片机的时钟范围是 1.2 ~ 12 MHz,一般取 12 MHz。

2. 机器周期

在计算机内部,为了便于管理,通常把一条指令的执行过程划分为若干个阶段,每一阶段完成一项工作。例如,取指令、存储器读、存储器写等,这每一项工作称为一个基本操作。完成一个基本操作所需要的时间称为机器周期。一般情况下,一个机器周期由若干个时钟周期组成。MCS - 51 系列单片机的机器周期规定由 12 个时钟周期 T_{osc} 组成,分为 6 个状态(S1 ~ S6),每个状态又分为 P1 和 P2 两拍。因此,一个机器周期中的 12 个振荡周期可以表示为 S1P1、S1P2、S2P1、S2P2、…、S6P2。

3. 指令周期

指令周期是执行一条指令所需要的时间,一般由若干个机器周期组成。指令不同,所需的机器周期数也不同。对于一些简单的单字节指令,在取指令周期中,指令取出到指令寄存器后,立即译码执行,不再需要其他的机器周期。对于一些比较复杂的指令,例如转移指令、乘法指令,则需要 2 个或者 2 个以上的机器周期。

4.1.2　8051 单片机指令的取指时序

8051 单片机通常可以分为 1 周期指令、2 周期指令和 4 周期指令三种。4 周期指令只有乘法和除法指令两条,其余均为 1 周期和 2 周期指令。

8051 单片机指令系统中,按它们的长度可分为单字节指令、双字节指令和三字节指令。执行这些指令需要的时间是不同的,也就是它们所需的机器周期是不同的,概括起来有以下几种情况:单字节单机器周期指令、单字节双机器周期指令、双字节单机器周期指令、双字节双机器周期指令、三字节双机器周期指令、单字节四机器周期指令。图 4.2 为 8051 单片机指令的取指时序。

图中 ALE 脉冲是为了锁存地址的选通信号,每出现一次单片机即进行一次读指令操作。从图中可看出,该信号是时钟频率 6 分频后得到,在一个机器周期中,ALE 信号两次有效,第一次在 S1P2 和 S2P1 期间,第二次在 S4P2 和 S5P1 期间。下面简要说明其中几个典型指令的时序。

1)单字节单周期指令

单字节单周期指令只进行一次读指令操作,当第二个 ALE 信号有效时,PC 并不加 1,那么读出的还是原指令,属于一次无效的读操作。

2)双字节单周期指令

这类指令两次的 ALE 信号都是有效的,只是第一个 ALE 信号有效时读的是操作码,第二个 ALE 信号有效时读的是操作数。

3)单字节双周期指令

两个机器周期需进行四次读指令操作,但只有第一次读操作是有效的,后三次的读操作均为无效操作。

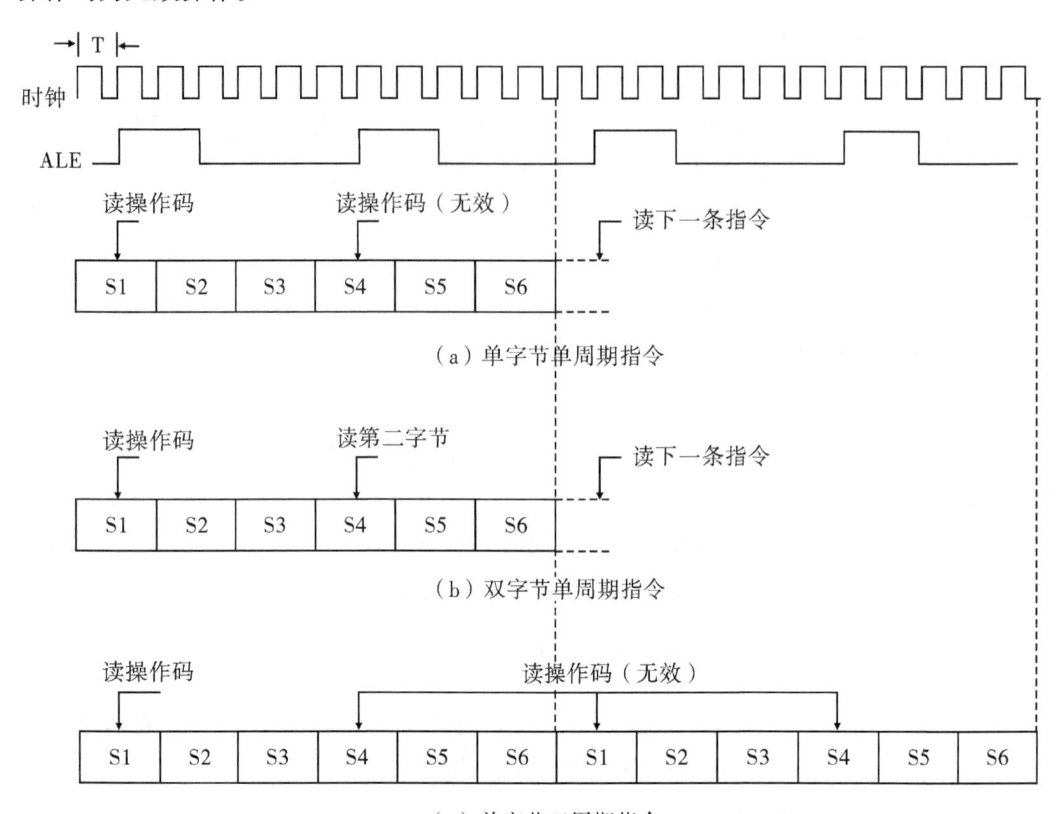

图 4.2　8051 单片机指令的取指时序

单字节双周期指令有一种特殊的情况，如 MOVX 这类指令，执行这类指令时，先在 ROM 中读取指令，然后对外部数据存储器进行读或写操作，第一个机器周期的第一次读指令的操作为有效，而第二次读指令操作则为无效的。在第二个指令周期时，则访问外部 RAM，这时，ALE 信号对其操作无影响，即不会再有读指令操作动作。

4.1.3　访问外部存储器的指令时序

8051 专门有两类可以访问片外存储器的指令：一类是读片外 ROM 指令，另一类是访问片外 RAM 指令。这两类指令执行时所产生的时序除涉及 ALE 引脚外，还和 $\overline{PSEN}$、P0、P2、$\overline{RD}$和$\overline{WR}$引脚上的信号有关。

1）读外部 ROM 指令时序

图 4.3 为读片外 ROM 指令时序。从图中可看出，P0 口提供低 8 位地址，P2 口提供高 8 位地址，S2 结束前，P0 口上的低 8 位地址是有效的，之后出现在 P0 口上的就不再是低 8 位地址信号，而是指令码信号，当然地址信号与指令码信号之间有一段缓冲的过渡时间，这就要求，在 S2 其间必须把低 8 位的地址信号锁存起来，这时是用 ALE 选通脉冲去控制锁存器，把低 8 位地址予以锁存，而 P2 口只输出地址信号，整个机器周期地址信

号都是有效的，因而无需锁存这一地址信号。从外部程序存储器读取指令，必须有两个信号进行控制，除了上述的 ALE 信号，还有一个$\overline{\text{PSEN}}$（外部 ROM 读选通脉冲），由上图可看出，$\overline{\text{PSEN}}$从 S3P1 开始有效，直到将地址信号送出，并且外部程序存储器的指令读入 CPU 后才失效。

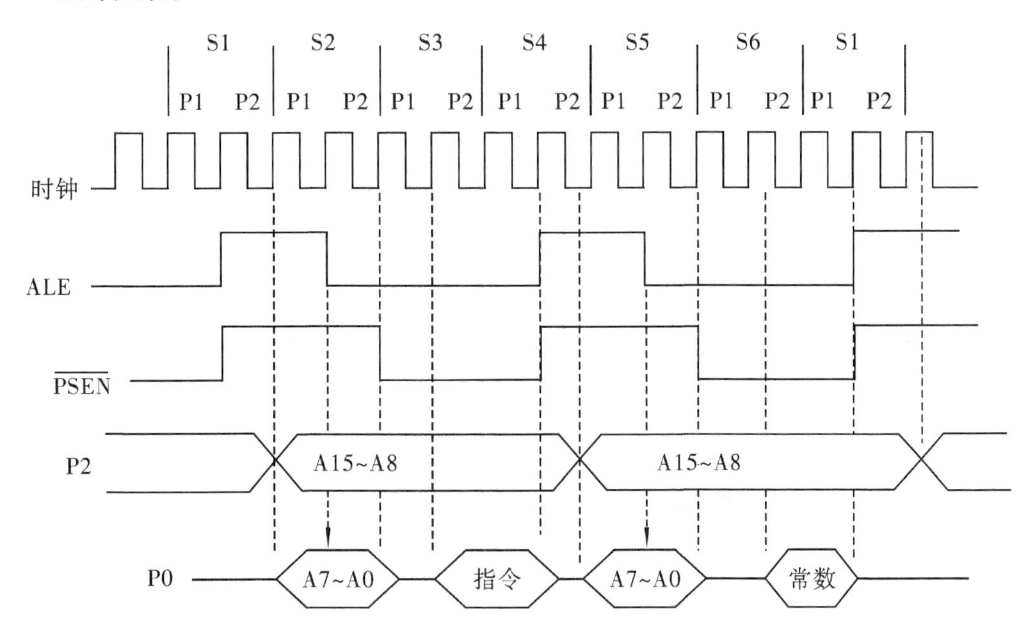

图 4.3　读片外 ROM 指令时序

2）读外部 RAM 指令时序

CPU 对外部 RAM 的读/写操作，属于指令的执行周期，值得一提的是，读/写是两个不同的机器周期，但他们的时序却是相似的，这里只对 RAM 的读时序进行分析。图 4.3 为读片外 RAM 指令时序。

从图 4.4 可以看出，第一机器周期是取指阶段，是从 ROM 中读取指令码，接着的第二机器周期才开始读取外部 RAM 中的数据。在第一机器周期 S4 结束后，先把需要读取 RAM 的地址放到总线上，包括 P0 口上的低 8 位地址 A0 ~ A7 和 P2 口上的高 8 位地址 A8 ~ A15。当$\overline{\text{RD}}$选通脉冲有效时，将 RAM 的数据通过 P0 口数据总线读进 CPU。第二机器周期的 ALE 信号仍然出现，进行一次外部 ROM 的读操作，但是这一次的读操作属于无效操作。对外部 RAM 进行写操作时，CPU 输出的则是$\overline{\text{WR}}$（写选通信号），将数据通过 P0 口数据总线写入外部 RAM 中。

前面介绍了单片机的时序，下面总结一下看时序图时需要注意的问题：

①注意时间轴，从左往右的方向为时间正方向，即时间的增长方向。

②时序图最左边一般是某一根引脚的标识，表示此行的信号变化体现了该引脚上电平的变化，图 4.4 分别标明了 ALE、$\overline{\text{PSEN}}$、$\overline{\text{RD}}$、P0 及 P2 各个引脚上信号的时序变化情况。

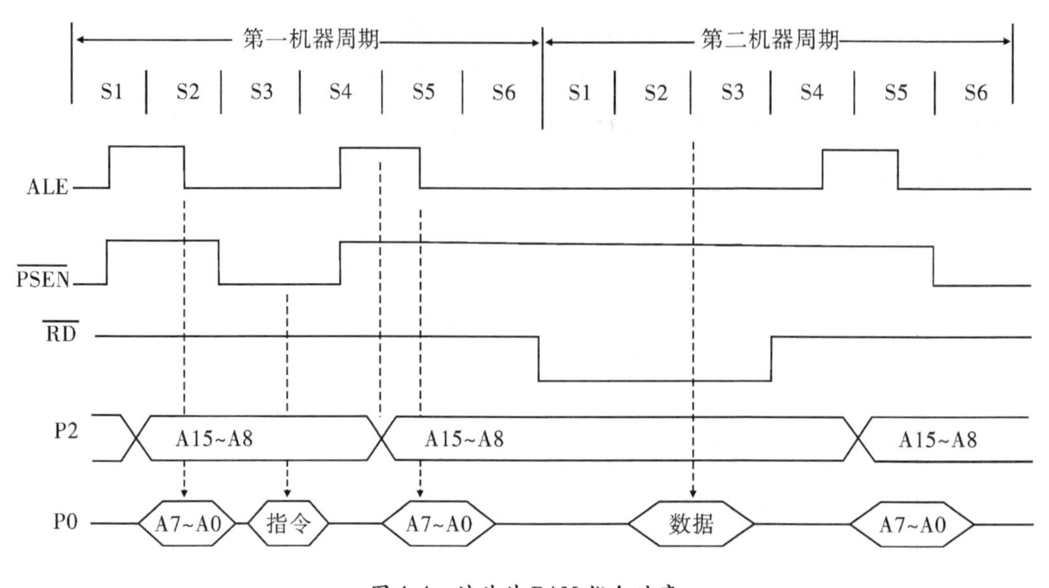

图 4.4　读片外 RAM 指令时序

4.2　常见输入电路设计

虽然 8051 单片机 4 个输入/输出端口的结构有些不同，但从输入功能来看，这 4 个输入/输出端口的结构是相似的：每个输入口都是通过一个三态的寄存器连接到 CPU 内部的数据总线，下面以 P0 口为例讲解，见图 4.5。

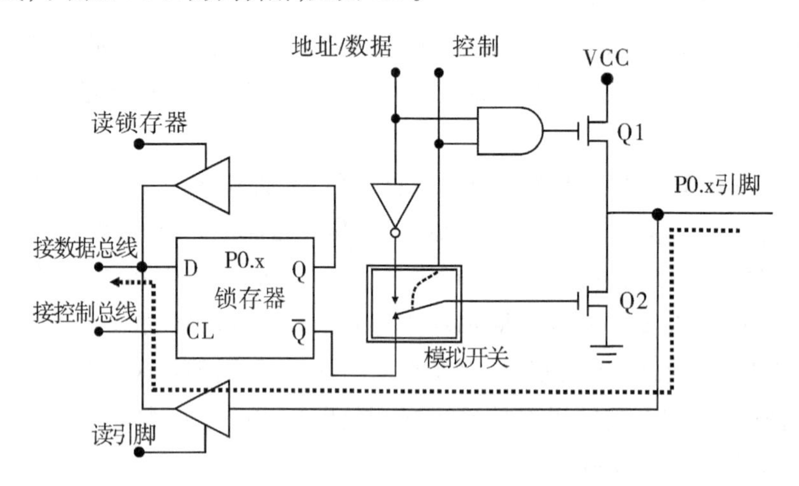

图 4.5　P0 口的位输入结构

在实现输入功能时，输出端的 Q1、Q2 两个 FET 必须呈开路状态才不会影响输入状态。而进行一般数据的输入/输出时，Q1 就是高阻抗状态（可看作开路）。若要 Q2 也呈高阻抗状态，其栅极必须为低电平，而其栅极连接多任务器，再连接到锁存器的 $\overline{Q}$；若要让锁存器的 $\overline{Q}$ 为低电平，则其输入端 D 必须为高电平。换言之，只要该位输出 1，则内部数据总线该位为1,锁存器的输入端D为1,其输出Q=1、$\overline{Q}$=0,并由Q回送到输入端,使该锁存器保持Q状态;而当$\overline{Q}$=0时,Q2将呈高阻抗状态。

这也就是为什么在输入之前,必须送"1"到该输入/输出口,将该输入/输出端口设计成输入功能的原因。

若没有事先将"1"送到该输入/输出端口,则Q2可能不是高阻抗,可能会影响输入的状态。

当要输入该位引脚所连接的外部数据时,输入指令将使内部"读取引脚"线变为1,外部数据才会通过寄存器,送到内部数据总线。

在此介绍与人们接触较为频繁的输入设备,包括电子电路常用的按钮开关、指拨开关等。

4.2.1　输入设备

对于数字电路而言,最基本的输入设备就是开关。开关可以分为按钮开关和闸刀开关。

按钮开关(Button)的特色就是具有自动恢复(弹回)的功能。按下按钮,其中的触点接通(或切断),放开按钮后,触点恢复为切断(或接通)。在电子电路中,最典型的按钮开关就是轻触开关(Tack Switch),如图4.6(a)图所示。

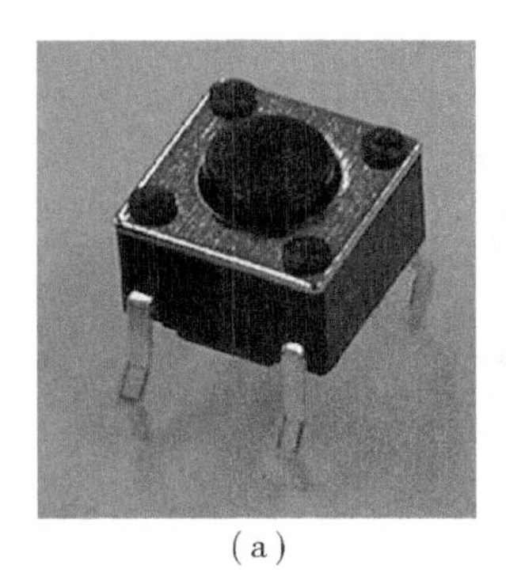

(a)

(b)

图4.6　按钮开关和闸刀开关

按照尺寸区分,电子电路或微型计算机电路所使用的Tack Switch可分为8 mm、10 mm、12 mm等。虽然Tack Switch有4个引脚,但实际上,其内部只有一对触点,如图4.7所示。上面两个引脚是内部连通的,而下面两个引脚也是内部连通的。上、下之间则为一对触点。

闸刀开关(Knife Switch)具有保持功能,也就是不会自动复位(弹回)。当我们按一下开关(或切换开关)时,其中的触点接通(或切断),若要恢复触点状态,则需再按一下开关(或切换开关)。在电子电路中,最典型的闸刀开关就是指拨开关(DIP Switch),如图4.6(b)所示。

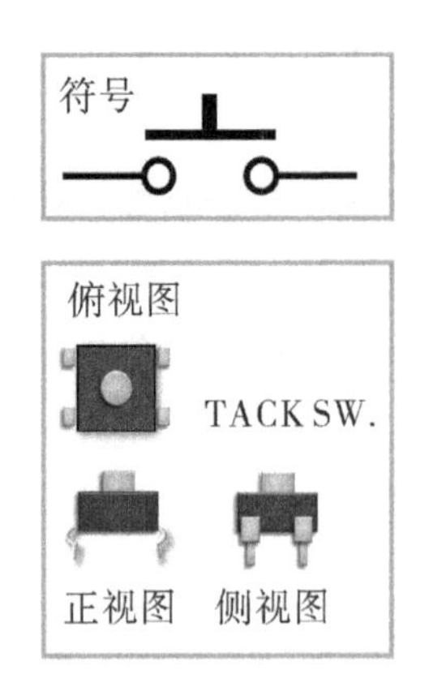

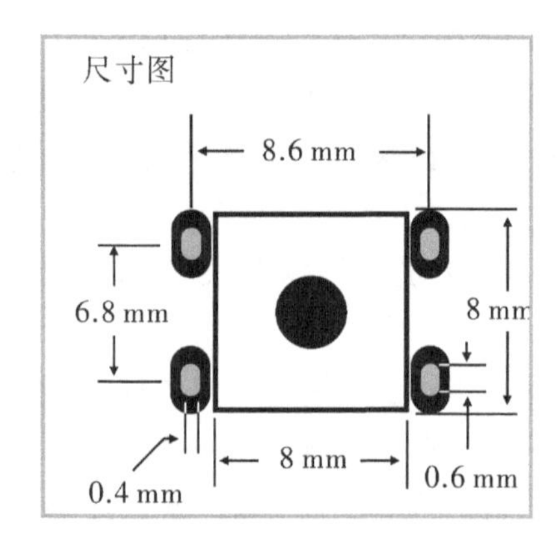

图 4.7　按钮开关外形及尺寸

根据指拨开关的开关数量，可分为 2P、4P、8P 等。2P 指拨开关内部有独立的两个开关，4P 指拨开关内部有独立的 4 个开关，依此类推。通常会在 DIP Switch 上标示记号或“ON”，若将开关拨到记号或“ON”的一边，则触点接通（ON），反之拨到另一边则为不通（OFF）。

根据其切换方式的不同，指拨开关可分为下列两种类型：开关型和数字型。

开关型指拨开关，外形如图 4.8 所示。上下按钮式切换，在数字上下方各有一个按钮，上按减一，下按加一。

图 4.8　按钮式数字型指拨开关

数字型指拨开关，尺寸及外形如图 4.9 所示。数字型指拨开关通过旁边转盘式切换，在数字旁边有个轮盘，直接旋转轮盘，即可显示操作的数字。

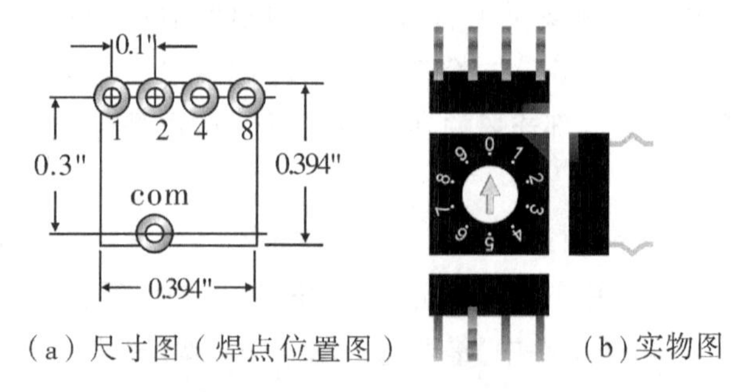

（a）尺寸图（焊点位置图）　（b）实物图

图 4.9　转盘式数字型指拨开关

这种数字型指拨开关的原理参见图 4.10，左图为四位数字型指拨开关，右图为每个位的电路原理。由此可见，每一个数字位以 BCD 码的形式输出二进制数，输出数字与 BCD 码的四个引脚(bit)的对应关系见表 4.2。现在左图的千位显示“2”，其 BCD 码为“0010B”，则千位所对应的 4 个引脚输出分别为 OFF、OFF、ON 和 OFF，以此类推同样可以输出百(0)、十(0)和个(8)位的 BCD 码。

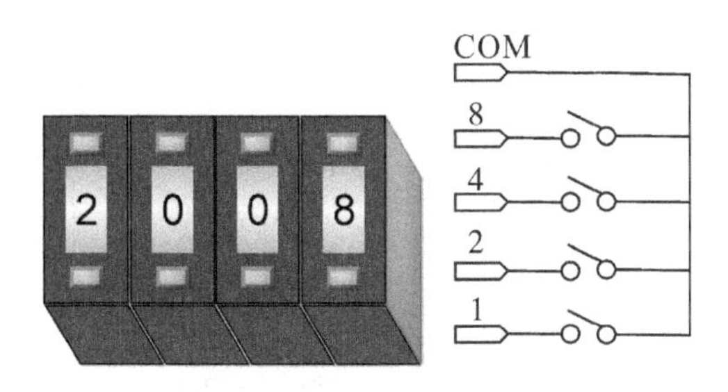

图 4.10　数字型指拨开关原理

表 4.2　数字型指拨开关输入输出关系

类型	数字	8 输出端	4 输出端	2 输出端	1 输出端
BCD	0	OFF	OFF	OFF	OFF
	1	OFF	OFF	OFF	ON
	2	OFF	OFF	ON	OFF
	3	OFF	OFF	ON	ON
	4	OFF	ON	OFF	OFF
	5	OFF	ON	OFF	ON
	6	OFF	ON	ON	OFF
	7	OFF	ON	ON	ON
	8	ON	OFF	OFF	OFF
	9	ON	OFF	OFF	ON

对于电路板的状态设置不经常切换开关状态的场合，也常用跳线(Jumper)来代替，也就是在电路板上放置两个引脚的插针，然后用跳线帽(短路环)作为接通的部件。

4.2.2　输入电路设计

当我们需要设计输入电路时，一定要把握的原则是不能有不确定的状态。所以，输入端不可悬空，悬空除了会产生不确定的状态以外，还可能感染噪声，使电路产生错误的操作。

1. 按钮开关的输入电路设计

不管是 Tack Switch 还是其他类型的按钮开关，若要将它作为电子电路或微型计算机电路的输入时，通常会接一个电阻到 VCC 或 GND，如图 4.11(a)所示。

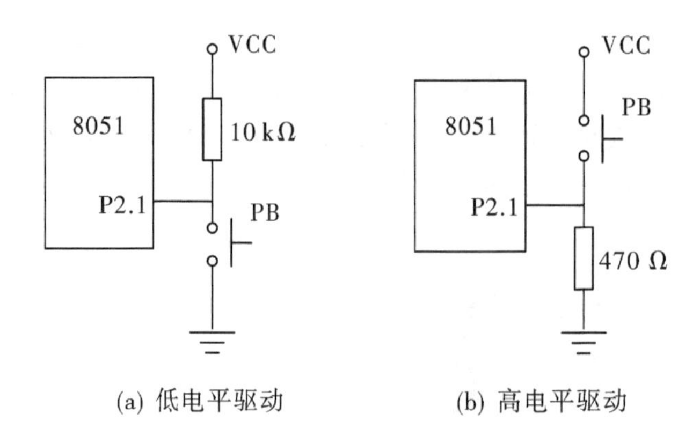

(a) 低电平驱动　　(b) 高电平驱动

图 4.11　按钮开关的输入电路

平时按钮开关(PB)为开路状态,其中 10 kΩ 的电阻连接到 VCC,使输入引脚上保持为高电平信号;若按下按钮开关,则输入引脚经过开关接地,输入引脚上将变为低电平信号;放开开关时,输入引脚上将恢复为高电平信号,这样将可产生一个负脉冲。

反之,如图 4.11(b)所示,平时按钮开关为开路状态,其中 470 Ω 的电阻接地,使输入引脚上保持为低电平信号;若按下按钮开关,则输入引脚经过开关接 VCC,输入引脚上将变为高电平信号;放开开关时,输入引脚上将恢复为低电平信号,这样将可产生一个正脉冲。

2. 闸刀开关的输入电路设计

不管是 DIP Switch 还是其他类型的闸刀开关,若要将其作为电子电路或微型计算机电路的输入时,通常会通过一个电阻接到 VCC 或 GND,如图 4.10 所示。

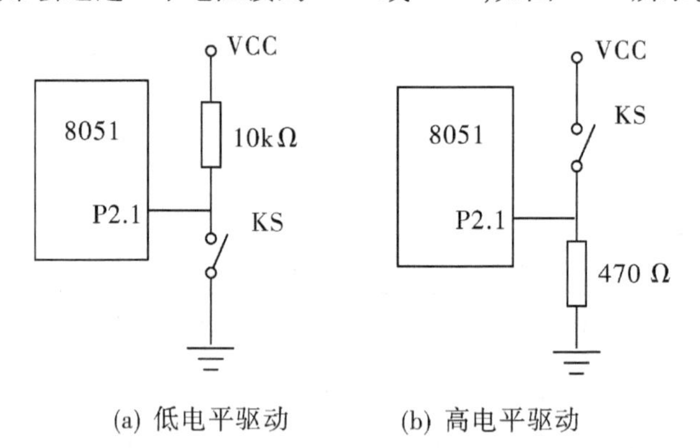

(a) 低电平驱动　　(b) 高电平驱动

图 4.12　闸刀开关的输入电路

如图 4.12(a)所示,若开关(KS)为 OFF 状态,输入引脚经 10 kΩ 的电阻连接到 VCC,使输入引脚上保持为高电平信号;若将开关切换到 ON 状态,则输入引脚经过开关接地,输入引脚上将变为低电平信号,这样将可根据需要产生不同的电平。

反之,如图 4.12(b)所示,若开关为 OFF 状态,输入引脚经 470 Ω 的电阻接地,使输入引脚上保持为低电平;若将开关切换到 ON 状态,则输入引脚经过开关接 VCC,输入引脚上将变为高电平,这样将可以根据需要产生不同的电平信号。

通常闸刀开关用于产生电平触发的场合，而按钮开关用于产生边沿触发的场合。

3. 数字型指拨开关的输入电路设计

每片数字型指拨开关都有5个接点，分别是COM、8、4、2、1，通常是把COM连接到VCC，而其他接点分别通过一个470 Ω的电阻接地，如图4.11所示。

若要把数字型指拨开关与89C51单片机连接，则把图中的8、4、2、1端直接并接于输入口即可，其中8端是MSB、1端是LSB，以连接P2端口为例，如图4.13所示。

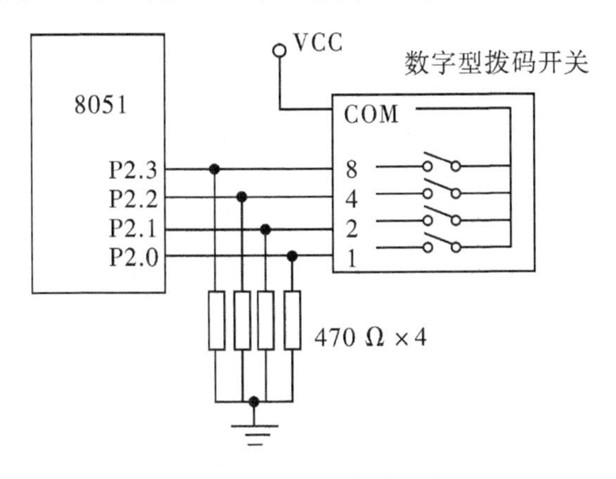

图4.13　数字型指拨开关的输入电路

4.2.3　抖动与防抖动

无论是按钮开关还是闸刀开关，在操作时，信号的变化并不那么理想。实际上，开关操作时会有很多不确定的情况，也就是噪声。在此简要介绍：开关操作的实际情况及防止不确定状况的对策。

在刚才所介绍的输入电路中，开关的操作如果是理想的状态，如图4.14中粗实线所示的波形。但如果仔细分析开关的真实操作，就可以发现许多非预期的状况，如图中锯齿状线所示的波形。这种非预期的状况称为抖动(Bouncer)，而这种忽高忽低，忽而非高非低，就是输入噪声。

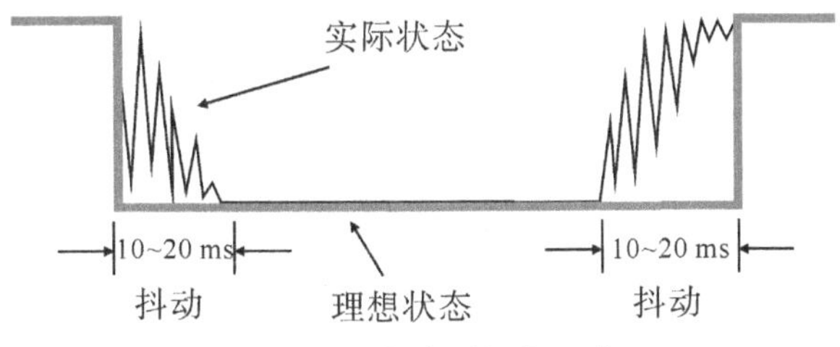

图4.14　数字型指拨开关

接下来介绍防抖动的方法。无论如何，利用硬件来抑制抖动的噪声，一定会增加电路的复杂性与成本。其实只要在软件上想办法，避开产生抖动的10～20 ms，即可达到防抖动的效果。

只要在读入输入信号的第一个状态时，即可执行10～20 ms的延迟子程序(通常是

20 ms)即可。设单片机系统的时钟频率为 12 MHz,则系统时钟周期为 T = 1/12 μs,因此 1 个机器周期为 1 μs。下面给出能够延时 20 ms 的程序,延时时间的计算如下:

$T = [(1 + 2 \times 249 + 2) \times 40 + 1 + 2]\ \mu s = 10023\ \mu s = 10.023\ ms$

```
                ORG 1000H
DELAY20ms:      MOV R6, #40          ;1 个机器周期
DEL2:           MOV R7, #249         ;1 个机器周期
                DJNZ R7, $           ;2 个机器周期
                DJNZ R6, DEL2        ;2 个机器周期
                RET                  ;2 个机器周期
```

如所示,以产生负脉冲的按钮开关为例,当按下按钮时,8051 单片机检测到第一个低电平信号,随即调用 DELAY20ms 子程序以延迟 20 ms,这段时间程序不工作,以避开按钮开关引起的不稳定状态。20 ms 以后,程序开始进行按下按钮开关所对应的任务。

同样地,当放开按钮时,8051 单片机检测到第一个高电平信号,随即调用 DELAY 20 ms子程序以延迟 20 ms,这段时间程序不工作,以避开按钮开关引起的不稳定的状态。20 ms 以后,程序再进行放开按钮开关所对应的任务。

4.3 控制转移指令

控制转移指令主要以改变程序计数器 PC 中的内容为目的,来控制程序的执行流向。通常用于实现循环结构和分支结构。这类指令共有 22 条,包括无条件转移指令、条件转移指令、子程序调用及返回指令、比较转移指令、减 1 转移指令、空操作指令共 6 大类。

4.3.1 无条件转移指令

无条件转移指令是指当执行该指令后,程序将无条件地转移到指令指定的地方去执行特定功能的程序。无条件转移指令包括长转移指令、绝对转移指令、相对转移指令和变址寻址转移指令共 4 条。

```
LJMP    addr16;        PC← addr16
AJMP    addr11;        PC←PC +2,PC10 ~ PC0 ← addr11
SJMP    rel;           PC←PC +2 + rel
JMP     @A + DPTR;     PC← A + DPTR
```

(1)第一条指令称为长转移指令,操作数为 16 位目标地址,指令执行时直接将该地址送给程序计数器 PC,程序无条件地跳转到 16 位目标地址指明的单元,开始执行程序代码。因为指令所提供的是 16 位目标地址,所以能够转移的目标地址范围为 0000H ~

FFFFH。

(2)第二条指令称为绝对转移指令,操作数为目标地址的低 11 位直接地址,执行时先将程序计数器 PC 的值加 2,然后把指令中的 11 位地址 add11 送给 PC 的低 11 位,而 PC 的高 5 位不变,执行该指令后程序跳转到 PC 指针指向的新地址开始执行程序代码。

由于 11 位地址 addr11 的范围是 00000000000B ~ 11111111111B,即 2KB 范围,而目的地址的高 5 位不变,所以程序跳转的目标地址只能和当前 PC 位置(AJMP 指令地址加 2)在同一个 2 KB 的范围内。转移可以向前也可以向后,指令执行后不影响 PSW 中的标志位。

[例 4.1] 已知 LOOP = 3000H,试分析如下指令执行后,PC 的值是多少?

LOOP:AJMP　123H

解

指令 PC 值为 3000H,PC + 2 = 3002H,取其高 5 位与指令中 11 位地址组合成 16 位新的地址送给 PC,指令执行后 PC = 3123H。具体可参考表 4.3。

表 4.3　绝对转移指令目标地址生成方法

构成	来源	二进制形式	十六进制形式
地址高 5 位	PC 值的高 5 位地址	0011 0 * * *　* * * *　* * * *	3000H
地址低 11 位	指令中 11 位地址	* * * * * 001 0010 0011	123H
目标地址	程序跳转目标	0011 0001 0010 0011	3123H

(3)第三条指令称为相对转移指令,操作数 rel 是 8 位带符号补码数,执行时,先将程序计数器 PC 的值加 2,然后再将 PC 的值与指令中的位移量 rel 相加得到转移的目标地址。该指令可转移的目标范围为 −128 ~ +127,负数表示向后跳转,正数表示向前跳转。指令执行后的目标地址计算公式为

目的地址 = 本指令地址 + 2 + rel

[例 4.2]已知 LOOP = 0100H,L1 = 5AH,试分析如下指令执行后,PC 的值是多少?

LOOP:SJMP　L1

解

PC = 0100H + 2 + 5AH = 015CH

注意:

①在采用编程工具软件进行编程时,上面前 3 条指令中的操作数常采用符号地址表示,汇编时自动转换成相应的地址,不需要手工计算。

②在单片机汇编语言程序设计时,通常在程序的末尾放置一条这样的指令:

HERE:　SJMP　HERE;

习惯上写成下面形式:

HERE:　SJMP　$

它的机器码为80FEH。该指令的功能是循环执行自己,宏观上表现为进入等待状态。

(4)第四条指令称为变址寻址转移指令,转移的目标地址是由数据指针寄存器DPTR的内容与累加器A中的内容相加得到的,指令执行后不会改变DPTR及A中原来的内容。该指令通常用来构造多分支转移程序,所以又称多分支转移指令。

单片机汇编语言没有专门的多分支语句,多分支结构通常用JMP指令来构造,累加器A中用来存放分支号,使用时往往与一个转移指令表配合一起来实现。

[**例**4.3]根据累加器A的值设计多分支程序。

解 假设累加器A中存放一个0~127的十进制数。

程序如下:

```
        MOV   DPTR,#TAB        ;DPTR←TAB
        RL    A                ;A←A×2
        JMP   @A + DPTR        ;PC←A + DPTR
TAB:    AJMP  TAB0             ;若 A=0,转 TAB0
        AJMP  TAB1             ;若 A=1,转 TAB1
        AJMP  TAB2             ;若 A=2,转 TAB2
         ⋮                          ⋮
TAB0:NOP                       ;标号 TAB0 对应的程序代码段
         ⋮                          ⋮
TAB1:NOP                       ;标号 TAB1 对应的程序代码段
         ⋮                          ⋮
TAB2:NOP                       ;标号 TAB2 对应的程序代码段
         ⋮                          ⋮
```

由于AJMP是双字节指令,所以A中的内容必须是偶数。当A=0,散转到TAB0;当A=1,散转到TAB1;当A=2,散转到TAB2;…。

4.3.2 条件转移指令

条件转移指令是指当条件满足时,程序才转移;若条件不满足,则程序不跳转而继续执行。条件可以是进位标志位Cy、可位寻址的某个位或ACC的状态等。条件转移指令都是相对转移,只能在-128~+127内转移。

1. 以Cy中内容为条件的转移指令

```
JC     rel        ;若 Cy=1, 则 PC←PC+2+rel
                  ;若 Cy=0, 则 PC←PC+2
JNC    rel        ;若 Cy=0, 则 PC←PC+2+rel
                  ;若 Cy=1, 则 PC←PC+2
```

第一条指令执行时,CPU通过判断Cy的值确定程序走向。若Cy=1,则程序发生转移；反之则程序不转移，继续执行原程序。第二条指令执行时的情况与第一条指令正好相反。

这两条指令为相对转移指令，在程序设计中常与比较条件转移指令 CJNE 连用，以便根据 CJNE 指令执行过程中形成的 Cy 进一步决定程序的走向。

2. 以 bit 中内容为条件的转移指令

```
JB    bit,rel    ;若(bit)=1，则 PC←PC+3+rel
                 ;若(bit)=0，则 PC←PC+3
JNB   bit,rel    ;若(bit)=0，则 PC←PC+3+rel
                 ;若(bit)=1，则 PC←PC+3
JBC   bit,rel    ;若(bit)=1，则 PC←PC+3+rel 且 bit←0
                 ;若(bit)=0，则 PC←PC+3
```

这三条指令是根据位地址 bit 中的内容来决定程序的走向。其中，第一条指令和第三条指令的作用相同，只是 JBC 指令执行后可以使 bit 位清零。

[例4.4]已知片外 RAM 地址从 0100H 开始依次存放 100 个有符号数，试统计当中正数和负数的个数，分别放于 R5 和 R6 中。

解　判断一个数是正数还是负数只需看 8 位二进制数的最高位状态，若为 0，则为正数，若为 1，则为负数。

程序如下：

```
        MOV     DPTR,#0100H     ;片外数据块首地址送 DPTR
        MOV     R5,#0           ;R5←0
        MOV     R6,#0           ;R6←0
        MOV     R2,#100         ;数据块长为 100
LOOP:   MOVX    A, @DPTR        ;取数据
COMP:   JB      ACC.7, NEGA     ;若是负数，则转 NEGA
        INC     R5              ;若是正数，则 R5←R5+1
                                SJMP   NEXT
NEGA:   INC     R6              ;R6←R6+1
NEXT:   INC     DPTR            ;DPTR←DPTR +1
        DJNZ    R2,LOOP
DONE:   RET
```

3. 累加器 A 判零转移指令

```
JZ    rel    ;若 A=0，则 PC←PC+2+rel；若 A≠0，则 PC←PC+2
JNZ   rel    ;若 A≠0，则 PC←PC+2+rel；若 A=0，则 PC←PC+2
```

第一条指令的功能是如果累加器 A=0 则转移，否则不转移；

第二条指令正好和第一条指令功能相反，若累加器 A≠0 则转移，否则继续执行原

程序。

这两条指令都是双字节相对转移指令,rel 为相对地址偏移量。rel 在程序中常用标号替代,翻译成机器码时才换算成 8 位相对地址 rel。换算方法和转移地址范围均与无条件转移指令中的短转移指令(SJMP)相同。

[**例** 4.5]已知片外 RAM 地址为 1000H 开始的数据块传送到片内 RAM 地址为 40H 开始的位置,直到片外 RAM 单元出现零为止。

解　片内 RAM 和片外 RAM 中数据传送需要用累加器 A 进行中转。每次传送 1 字节,通过循环处理,直到发现要传送的单元内容等于 0 结束,循环可用累加器 A 判 0 指令实现。

程序如下:

```
        MOV     DPTR,#1000H     ;DPTR←1000H
        MOV     Rl,#40H         ;R1←40H
LOOP:   MOVX    A,@DPTR         ;A←(DPTR)
        MOV     @Rl, A          ;(R1)←A
        INC     DPTR            ;DPTR←DPTR+1
        INC     R1              ;R1←R1+1
        JNZ     LOOP            ;若 A≠0,则转 LOOP
        SJMP     $              ;动态停机
```

4.3.3　子程序调用和返回指令

为了减少编写和调试程序的工作量,使程序的结构清晰,减少重复指令的存储空间。常常把具有完整功能的程序段定义为子程序,供主程序及其他程序在需要时调用。主程序可以多次调用子程序。接下来就介绍子程序调用指令。

为了实现主程序对子程序的一次完整调用,主程序应该能在需要时候通过调用指令自动转入子程序执行,子程序执行完成后能通过返回指令自动返回调用指令的下一条指令(该指令的地址称为断点地址)执行。因此,调用指令是在主程序需要调用子程序时使用的,返回指令则需要放在子程序末尾。调用指令能自动将程序的断点地址保存起来,存放在堆栈中。子程序返回指令能自动从堆栈中将断点地址取出送给 PC,继续执行主程序。

图 4.15(a)是一个两层嵌套的子程序调用,图 4.15(b)为堆栈中断点地址存放的情况。主程序执行到调用子程序 1 时,断点地址 1 被压入堆栈保护(先压入低 8 位,再压入高 8 位),转去执行子程序 1,在执行子程序 1 过程中调用子程序 2 时,断点地址 2 被压入堆栈保护,转去执行子程序 2。执行到子程序返回指令时,从堆栈中取出断点地址 2,从而返回继续执行子程序 1,当执行到子程序返回指令时,从堆栈中取出断点地址 1,返回主程序继续执行,此时 SP 指向堆栈的栈底地址(即堆栈已空)。

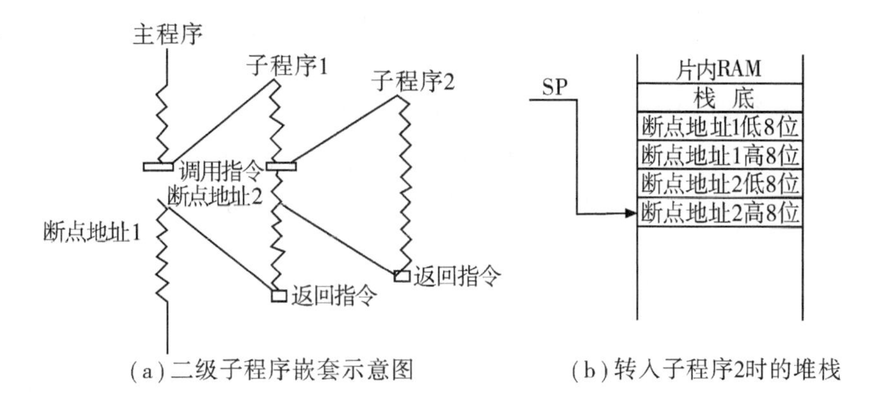

(a)二级子程序嵌套示意图　　(b)转入子程序2时的堆栈

图4.15　子程序嵌套及断点地址存放

1. 调用指令

```
LCALL    addr16          ;PC←PC+3
                         ;SP←SP+1,(SP)← PC7~PC0
                         ;SP←SP+1,(SP)← PC15~PC8
                         ;PC←addr16
ACALL    addr11          ;PC←PC+2
                         ;SP←SP+1,(SP)← PC7~PC0
                         ;SP←SP+1,(SP)← PC15~PC8
                         ;PC10~PC0←addr11
```

第一条指令为长调用指令,指令执行时,先将PC的值加3后得到断点地址压入堆栈,然后把指令中addr16送入PC,转入子程序执行。

第二条指令为绝对调用指令,指令执行过程与LCALL指令类似,先将当前PC的值加2后得到断点地址压入堆栈,然后把指令中addr11送入PC低11位,而PC的高5位不变,这样就生成一个新的目标地址,CPU跳转至该地址执行子程序。

需要注意:

(1)绝对调用指令可实现在2 KB地址范围内转移,跳转的目标地址与ACALL指令的下一条指令必须在同一个2 KB范围内。

(2)对于两条子程序调用指令LCALL和ACALL,在编写汇编程序时,指令后面的操作数常用标号地址(子程序名)表示。

2. 返回指令

```
RET      ;PC15~PC8← (SP),SP←SP-1
         ;PC7~PC0← (SP),SP←SP-1
RETI     ;PC15~PC8← (SP),SP←SP-1
         ;PC7~PC0← (SP),SP←SP-1
```

这两条指令的功能完全相同,都是把堆栈中的断点地址恢复到程序计数器PC中,从而使单片机返回到断点地址处,继续执行原来的程序。

需要注意:

(1)RET 为子程序返回指令,只能用在子程序末尾。

(2)RETI 为中断返回指令,只能用在中断服务程序末尾。机器执行 RETI 指令以后,首先返回原程序的断点地址处执行,其次清除相应中断优先级状态位,以允许单片机响应低优先级的中断请求。

[例 4.6]试利用子程序技术编写程序实现:给存储器中若干个数据块置 1(将 1 写入存储单元)。

解 假设内部 RAM 中有两个数据块,地址范围分别为 20H ~ 2FH 和 30H ~ 3FH,通过程序将 1 写入两个数据块。

程序如下:

```
        ORG   0000H          ;主程序从存储器的首地址开始存放
        MOV   SP,#50H        ;SP←50H
        MOV   R0,#20H        ;R0←20H
        MOV   R2,#16         ;R2←16
        ACALL   SETB1        ;调置 1 子程序
        MOV   R0,#30H        ;R0←30H
        MOV   R2,#16
        ACALL   SETB1        ;调置 1 子程序
        SJMP   $
        ORG   0130H          ;子程序从存储器地址 130H 开始存放
SETB1:  MOV   @R0,#01H       ;(R0)←1
        INC   R0             ;R0←R0 + 1
        DJNZ   R2, SETB1     ;若 R2 - 1≠0,则转 SETB1
        RET                  ;子程序返回
```

4.3.4 比较转移指令

比较转移指令用于对两个数作比较,并根据比较情况进行转移,比较转移指令有 4 条:

```
CJNE   A,#data,rel      ;若 A = data,则 PC←PC + 3
                        ;若 A≠data,则 PC←PC + 3 + rel
                        ;形成 Cy 标志
CJNE   A,direct,rel     ;若 A = (direct)则 PC←PC + 3
                        ;若 A≠(direct),则 PC←PC + 3 + rel
                        ;形成 Cy 标志
```

```
CJNE    Rn,#data,rel        ;若 Rn = data,则 PC←PC + 3
                            ;若 Rn≠data,则 PC←PC + 3 + rel
                            ;形成 Cy 标志
CJNE    @Ri,#data,rel       ;若(Ri) = data,则 PC←PC + 3
                            ;若(Ri)≠data,则 PC←PC + 3 + rel
                            ;形成 Cy 标志
```

第一条指令执行时,单片机先把累加器 A 的值和立即数 data 进行比较。

若两者相等,则程序不发生转移,继续执行原程序,Cy 标志也为零;

若两者不等,则程序发生转移,并且机器根据累加器 A 的值和立即数 data 的大小形成 Cy 标志位状态。形成 Cy 标志位的方法是:

若累加器 A 中的内容大于等于立即数 data,则表示累加器 A 中的内容减去立即数 data 时不需借位,故 Cy = 0;

若累加器 A 中的内容小于立即数 data,则表示累加器 A 中的内容减去立即数 data 时需要借位,故 Cy = 1。

其余三条指令功能与第一条指令类似,只是相比较的两个源操作数不相同而已。

4.3.5　减 1 转移指令

运行该指令时先进行减 1 运算,并保存结果再判断,若运算结果不为零则转移。指令有两条:

```
DJNZ    Rn, rel             ;若 Rn - 1 = 0 则 PC←PC + 2
                            ;若 Rn - 1≠0 则 PC←PC + 2 + rel
DJNZ    direct, rel         ;若(direct) - 1 = 0 则 PC←PC + 3
                            ;若(direct) - 1≠0 则 PC←PC + 3 + rel
```

第一条指令执行时先把 Rn 中的内容减 1,然后判断 Rn 中的内容是否为零。

若 Rn 的值不为零,则程序发生转移;

若 Rn 的值为零,则程序继续执行。第二条指令功能与第一条指令类似,只是被减 1 的操作数在 direct 中。

在 8051 中常用 DJNZ 指令来构造循环结构,用通用寄存器 Rn 作循环变量用以记录循环的次数,实现重复处理。

[**例** 4.7]统计片外 RAM 中地址为 2000H 单元开始的 100 个单元中 0 的个数 N,并将 N 存放于通用寄存器 R7 中。

解　用寄存器 R2 做循环变量,初值为 100;用寄存器 R7 做计数器,初值为 0;用 DPTR 做数据指针访问片外 RAM 单元,用 DJNZ 指令进行循环控制。

程序如下:

```
        MOV     DPTR,#2000H         ;DPTR←2000H
```

```
        MOV    R2,#100          ;R2←100
        MOV    R7,#0            ;R7←0
LOOP:   MOVX   A,@DPTR          ;A← (DPTR)
        CJNE   A,#00,NEXT       ;若 A≠0,则转 NEXT
        INC    R7               ;R7←R7 +1  (R7←N)
NEXT:   INC    DPTR             ;DPTR←DPTR +1
        DJNZ   R2, LOOP         ;若 R2 -1≠0,则转 LOOP
        SJMP   $                ;动态停机
```

4.3.6 空操作指令

空操作指令的功能是只消耗时间,不做任何动作的指令。

```
NOP      ;PC←PC +1
```

这条空操作指令是一个单字节单周期控制指令,执行时仅使程序计数器 PC 的值加1,共消耗1个机器周期的时间,故常用于需要短暂延时的场合。当然也可以连续多次使用,延时时间为机器周期的整数倍。

4.4 输入接口电路应用

1. 指拨开关应用

[**例** 4.8]已知单片机指拨开关应用电路如图 4.16 所示。编写程序实现功能:根据开关的状态控制 LED 发光管的亮灭。

解 由硬件图可知,开关闭合,输入口引脚为低电平,对应输出口 LED 发光管点亮;开关断开,输入口引脚为高电平,对应输出口 LED 发光管熄灭。

程序如下:

```
        ORG   0100H          ;程序从存储器地址 100H 开始存放
START:  MOV   P2, #0FFH      ;设 P2 口为输入口
LOOP:   MOV   A, P2          ;A←P2,读开关状态送 A
        NOP                  ;延时,总线稳定
        MOV   P1, A          ;开关状态送 P1 口,驱动 LED 显示
        NOP                  ;延时,等待总线稳定
        SJMP  LOOP           ;程序跳转到 LOOP
        END
```

2. 按钮开关应用

[**例** 4.9]已知按钮与单片机的连接如图 4.17(a)所示,编程实现如下功能:判断按钮 PB 是否被按下,若按下则处理按键的功能。

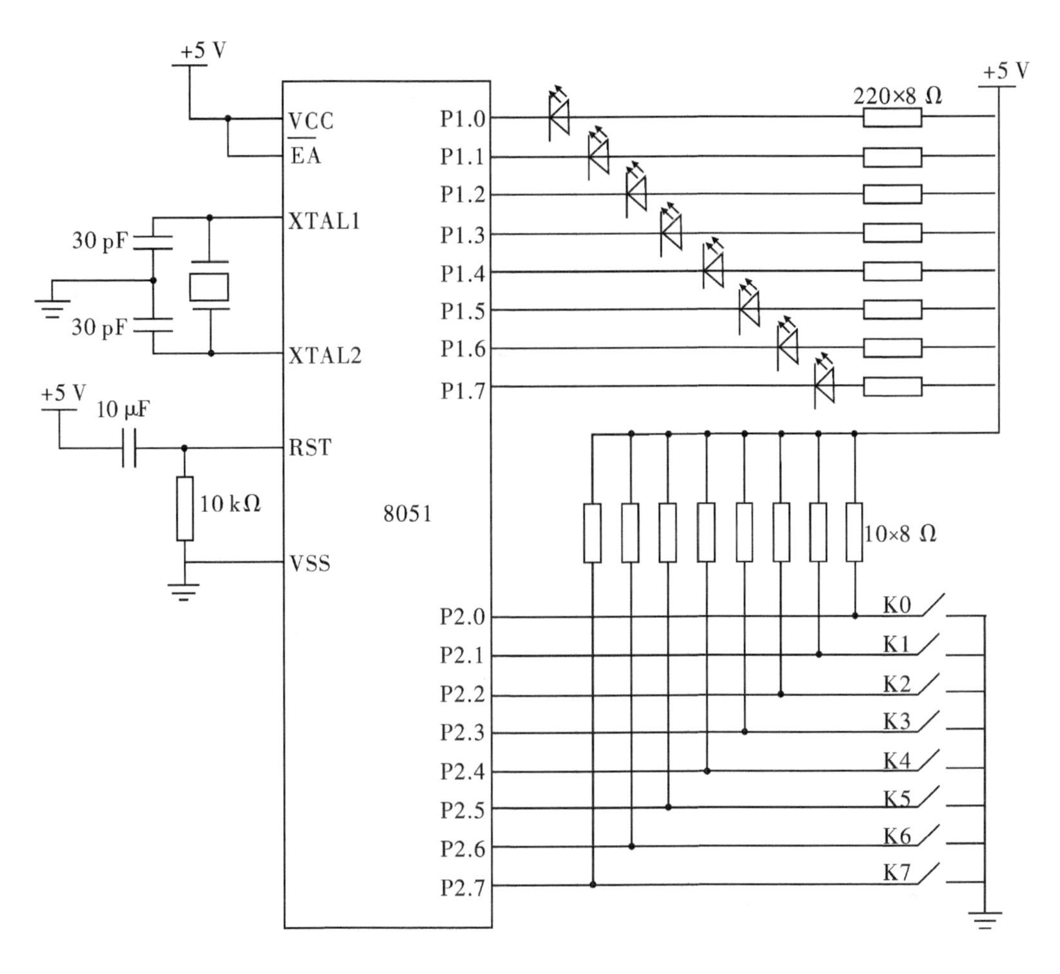

图4.16　指拨开关应用电路

为了判断按钮PB是否被按下,主要考虑按钮的抖动,所以通过延时去干扰,给出参考流程图4.17(b),根据流程图编写代码。

程序如下:

```
            ORG     2020H               ;子程序存放地址
READ_P17:   JB      P1.7, READ_P17      ;判断键按下
            LCALL   DELAY10ms           ;延时10 ms
            JB      P1.7, READ_P17      ;判断键按下
            … …                         ;处理按键功能(略)
WAIT:       JNB     P1.7, WAIT          ;判断键释放
            LCALL   DELAY10ms           ;延时10 ms
            JNB     P1.7, WAIT          ;判断键释放
            RET                         ;子程序退出
DELAY10ms:  … …                         ;延时10 ms程序(略)
```

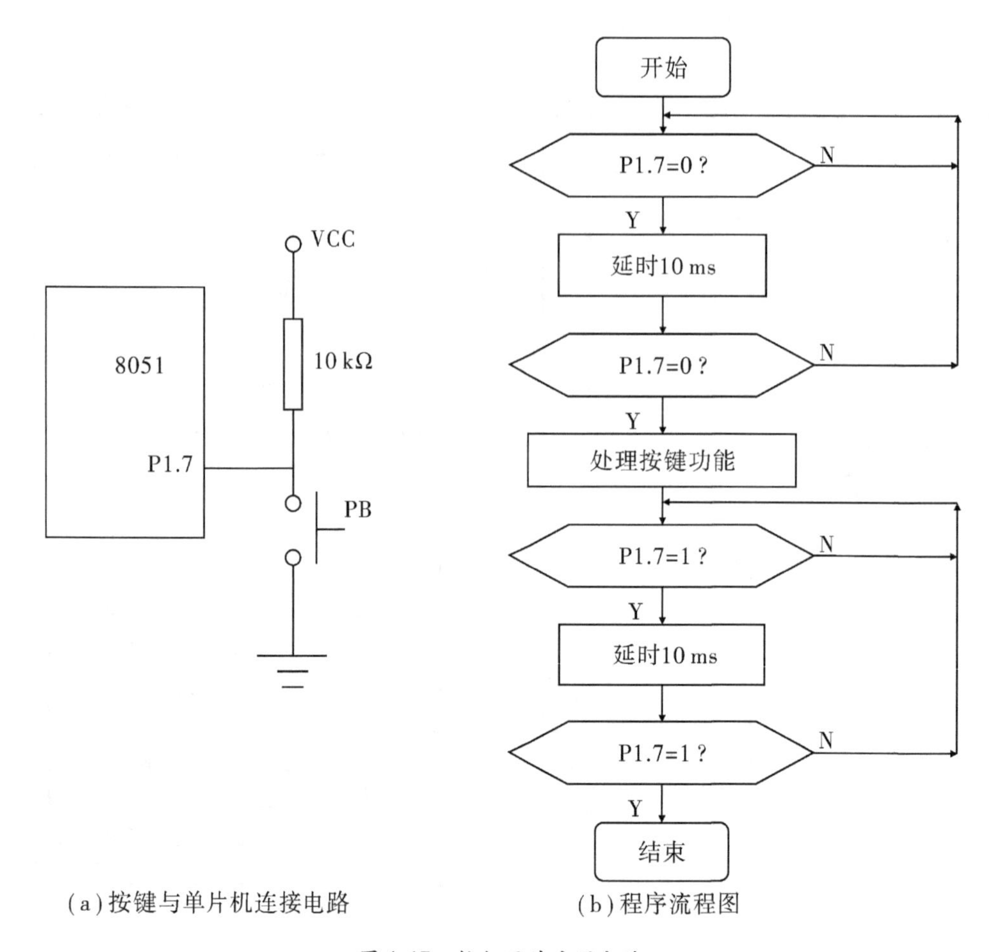

(a)按键与单片机连接电路　　(b)程序流程图

图 4.17　按钮开关应用电路

习题与思考题

4.1　单片机复位后,程序计数器 PC、4 个并行 I/O 口内容是什么?

4.2　单片机时序指什么?与其有关的定时单位有哪些?怎样定义的?

4.3　已知 SP = 70H,试问 MCS - 51 单片机执行存放在外部 ROM 的 2000H 单元开始的一条指令 LCALL　1234H 后堆栈指针 SP 和堆栈中的内容分别是什么?当前 PC 值是多少?如果执行到 RET 指令后,PC 值是多少?

4.4　试编写满足如下条件时能跳到不同分支的程序(设 X 存放在内部 RAM 的 20H 单元,Y 存放在 21H 单元)。

(1)当 A > X 时 Y = 1,当 A = X 时 Y = 0;当 A < X 时 Y = 0FFH。

(2)当 A≤X 时 Y = 1,否则 Y = 0FFH。

4.5　输入接口电路是指什么?它的作用是什么?

4.6　输入数据有哪几种传送方式?各有什么特点?

4.7　按键为什么要去抖动?有哪些方法?

4.8　试设计程序,已知 P2.0 接一按键,当键闭合时引脚输入电平为 0,P1 口接一共阳极数码管,要求每按键一次数码管显示加 1,初始值为 0,显示到 9 后再按一次按键又从 0 开始显示。

第5章　8051单片机常用外部设备应用

在单片机系统中，键盘和显示器是两个很重要的外设。键盘是一组按键的集合，它是最常用的单片机输入设备，是人机会话的一个重要输入工具，操作人员可以通过键盘输入数据、代码和命令，实现简单的人机通信。显示器是最常用的单片机输出设备，通常包括LED数码显示和LCD液晶显示，主要用于显示控制过程和运算结果。

5.1　键盘扫描原理

键盘分为编码键盘和非编码键盘。编码键盘上闭合键的识别由专用的硬件编码器实现，并产生键编码号或键值的称为编码键盘，如计算机键盘。这种键盘使用方便，但硬件电路复杂，常不被微型计算机采用。而非编码键盘依靠软件编程来识别键码，硬件电路简单，在微型计算机中得到了广泛应用。非编码键盘又分为独立键盘和行列式（又称矩阵式）键盘。

5.1.1　键盘组成及特性

键盘是由一组按键开关组成。通常，按键所用开关为机械弹性开关，当开关闭合时，线路导通，开关断开时，线路断开。

在理想状态下，按键引脚电平的变化如图5.1(a)所示。但实际上，由于机械触点的弹性作用，一个按键开关从开始接上至接触稳定要经过数毫秒的抖动时间，抖动时间的长短与按键的机械特性有关，一般为5～10 ms，在这段时间里会连续产生多个脉冲；在断开时也不会一下子断开，按键抖动电压波形如图5.1(b)所示。

5.1.2　按键的去抖动方法

在触点抖动期间检测按键的通与断状态，可能导致判断出错。即按键一次按下或释放被错误地认为是多次操作，这种情况是不允许出现的。为了克服按键触点机械抖动所致的检测误判，必须采取去抖动措施，可从硬件、软件两方面予以考虑。在键数较少时，可采用硬件去抖，而当键数较多时，采用软件去抖。硬件去抖动的方法很多，好多书籍都有介绍，这里不再讨论。通常，单片机中常用软件去抖动法。即在第一次检测到有按键

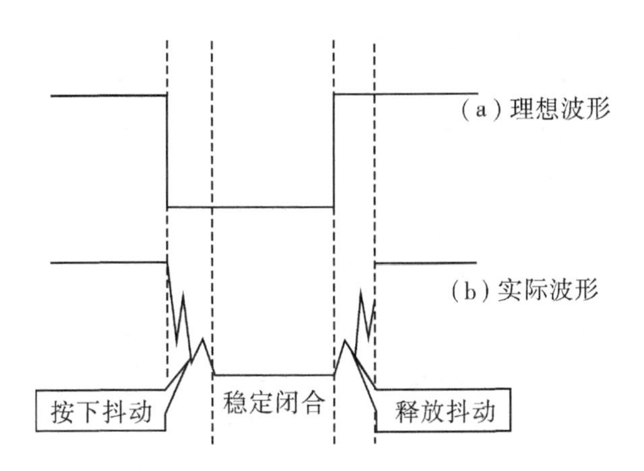

图 5.1　按键被按下时电压变化

被按下时，执行一段延时 10 ~ 20 ms（因机械按键由按下到稳定闭合的时间一般为 5 ~ 10 ms）的子程序后，再确认该键电平是否仍保持为闭合状态电平，如果保持为闭合状态电平就可以确认有键按下，从而消除抖动的影响。

5.1.3　独立式键盘的原理

独立式按键直接用 I/O 口线构成单个按键电路，其特点是每个按键单独占用一条 I/O口线，每个按键的工作不会影响其他 I/O 口线的状态。独立式按键的典型电路如图 5.2 所示。

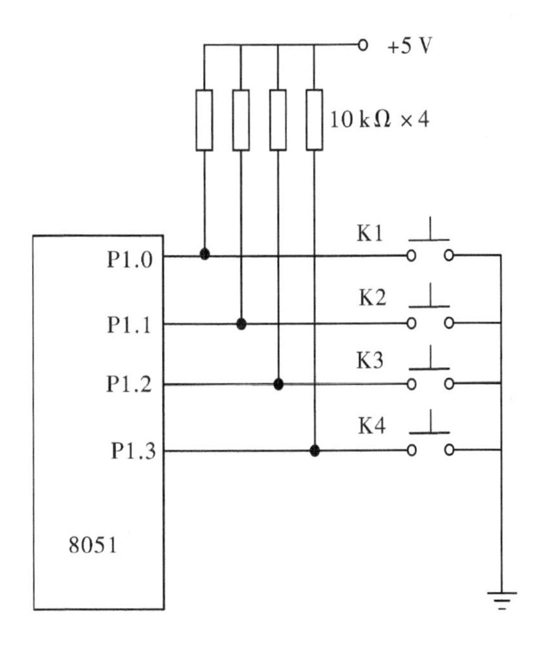

图 5.2　独立按键式键盘的接口电路

独立式按键电路配置灵活，软件结构简单，但每个按键必须占用一条 I/O 口线，因此，在按键较多时，I/O 口线浪费较大，不宜采用。

独立按键式键盘,一根输入线上的按键是否被按下,通过检测输入线上的电平就可以很容易判断哪个按键被按下了。图5.2中判断哪个按键按下的程序为

```
KEY_SCAN:   MOV   P1, #0FFH       ;置 P1 口为输入
            MOV   A, P1           ;读按键状态
            ANL   A, #0FH         ;提取按键状态
            XRL   A, #0FH
            JZ    NO_KEY          ;若 A =0,则转 NO_KEY
            ACALL DEL15ms         ;若有键按下,去抖动
            MOV   A, P1           ;再读按键状态
            ANL   A, #0FH         ;提取按键状态
            XRL   A, #0FH
            JZ    NO_KEY          ;若 A =0,则转 NO_KEY
            JNB   P1.0, A0        ;若 K1 键按下,则转 A0
            JNB   P1.1, A1        ;若 K2 键按下,则转 A1
            JNB   P1.2, A2        ;若 K3 键按下,则转 A2
            JNB   P1.3, A3        ;若 K4 键按下,则转 A3
NO_KEY:     RET                   ;
DEL15ms:    MOV   R7, #30         ;延时 15 ms 子程序
D1:         MOV   R6, #250
            DJNZ  R6, $
            DJNZ  R7, D1
            RET
```

上述判断独立键按下的程序中 A0 ~ A3 表示 4 个按键分别对应的分支程序,在这里省略了。

5.1.4 矩阵式键盘的原理

当键盘中按键数量较多时,为了减少 I/O 口线的占用,通常将按键排列成矩阵形式,如图5.3所示。在矩阵式键盘中,每条水平线和垂直线在交叉处不直接连通,而是通过一个按键加以连接。这样,一个并行口(如 P1 口)可以构成 4 ×4 =16 个按键,比用独立式键盘按键数量多出了一倍,而且线数越多,两种方式的区别就越明显,比如再多加一条线就可以构成20键的键盘,而直接用端口线则只能多出一个键。由此可见,在需要的按键数量比较多时,采用矩阵法来连接键盘是非常合理的。

矩阵式键盘的结构比独立式键盘复杂,识别也要复杂一些,图5.3中,列线通过电阻接电源,并将行线所接的单片机4个I/O口作为输出端,而列线所接的I/O口则作为输入端,当按键没有被按下时,所有的输出端都是高电平,行线输出是高电平表示无键按

下；一旦有键按下，输出端不全为高电平，则输入线就会被拉低，这样，通过读入输入线的状态就可得知是否有键按下。

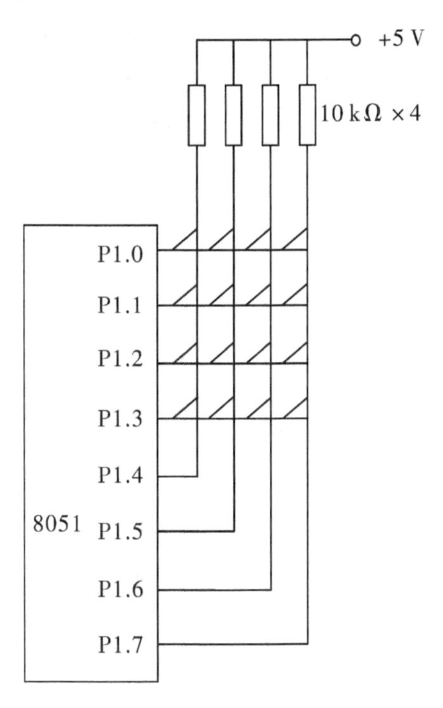

图 5.3　矩阵键盘的接口电路

具体的识别及编程方法如下：

确定矩阵式键盘上任何一个键被按下通常采用行扫描法或者线反转法。行扫描法又称为逐行或列扫描查询法，它是一种最常用的多按键识别方法，这里就以行扫描法为例介绍矩阵式键盘的工作原理。

1）判断键盘中有无键按下

将全部行线 R0 ~ R3 置低电平，然后检测列线的状态，只要有一列的电平为低，则表示键盘中有键被按下，而且闭合的键位于低电平线与 4 根行线相交叉的 4 个按键之中；若所有列线均为高电平则表示键盘中无键按下。

2）判断闭合键所在的位置

在确认有键按下后，即可进入确定具体闭合键的过程。其方法是：依次将行线置为低电平，即在置某根行线为低电平时，其他线为高电平，当确定某根行线为低电平后，再逐行检测各列线的电平状态，若某列为低，则该列线与置为低电平的行线交叉处的按键就是闭合的按键。

以图 5.3 中矩阵式键盘为例，图中，单片机的 P1 口用作键盘 I/O 口，键盘的列线接到 P1 口的高 4 位，键盘的行线接到 P1 口的低 4 位，判断哪个键按下，程序如下：

```
START:    MOV   P1, #0F0H          ;置 P1 高 4 位为输入，低 4 位为输出
          MOV   A,P1               ;读列线状态
```

```
        ANL    A,#0F0H              ;提取列线状态
        XRL    A, #0F0H
        JZ   NO_KEY                 ;若 A =0,则转 NO_KEY
        ACALL   DEL15ms             ;若有键按下,去抖动
        MOV    A,P1                 ;再读列线状态
        ANL    A, #0F0H             ;提取列线状态
        XRL    A, #0F0H
        JZ   NO_KEY                 ;若 A =0,则转 NO_KEY
R_SCAN: MOV    P1, #0FEH            ;第一行扫描
        MOV    A, P1                ;读列线状态
        ANL    A,#0F0H              ;提取列线状态
        CJNE   A, #0F0H,ROW_0       ;按键在第一行,找列
SCAN:   MOV    P1, #0FDH            ;第二行扫描
        MOV    A, P1                ;读列线状态
        ANL    A,#0F0H              ;提取列线状态
        CJNE   A, #0F0H,ROW_1       ;按键在第二行,找列
        MOV    P1, #0FBH            ;第三行扫描
        MOV    A, P1                ;读列线状态
        ANL    A,#0F0H              ;提取列线状态
        CJNE   A, #0F0H,ROW_2       ;按键在第三行,找列
        MOV    P1, #0F7H            ;第四行扫描
        MOV    A, P1                ;读列线状态
        ANL    A,#0F0H              ;提取列线状态
        CJNE   A, #0F0H,ROW_3       ;按键在第四行,找列
        SJMP   NO_KEY               ;无键按下
ROW_0:  MOV    DPTR, #KCODE0        ;第一行按键值地址送 DPTR
        SJMP   CFIND                :找列
ROW_1:  MOV    DPTR, #KCODE1        ;第二行按键值地址送 DPTR
        SJMP   CFIND                :找列
ROW_2:  MOV    DPTR, #KCODE2        ;第三行按键值地址送 DPTR
        SJMP   CFIND                :找列
ROW_3:  MOV    DPTR, #KCODE3        ;第四行按键值地址送 DPTR
CFIND:  JNB   ACC.4,KEY             ;若 ACC.4 =0,键在第一列
        INC   DPTR
        JNB   ACC.5,KEY             ;若 ACC.5 =0,键在第二列
```

```
        INC   DPTR
        JNB   ACC.6,KEY           ;若 ACC.6 =0,键在第三列
        INC   DPTR                ;键在第四列
KEY:    CLR   A
        MOVC  A, @A + DPTR        ;查表求键值显示码送 A
NO_KEY: RET                       ;无键按下返回
DEL15ms: MOV  R7, #30             ;延时 15 ms 子程序
D1:     MOV   R6, #250
        DJNZ  R6, $
        DJNZ  R7, D1
        RET
KCODE0: DB 3FH,06H,5BH,4FH        ;键值显示码表
KCODE1: DB 66H,6DH,7DH,07H
KCODE2: DB 7FH,6FH,77H,7CH
KCODE3: DB 39H,5EH,79H,71H
```

5.2　数码管显示原理

LED 数码管是单片机控制系统中最常见的显示器件之一,一般用来显示处理结果或输入/输出信号的状态。

5.2.1　LED 数码管结构与原理

LED 数码管显示器由 8 个发光二极管中的 7 个长条形发光二极管按 a、b、c、d、e、f、g 顺序组成"8"字形,另一个点形的发光二极管 dp 放在右下方,用来显示小数点用,如图 5.4(a)所示。

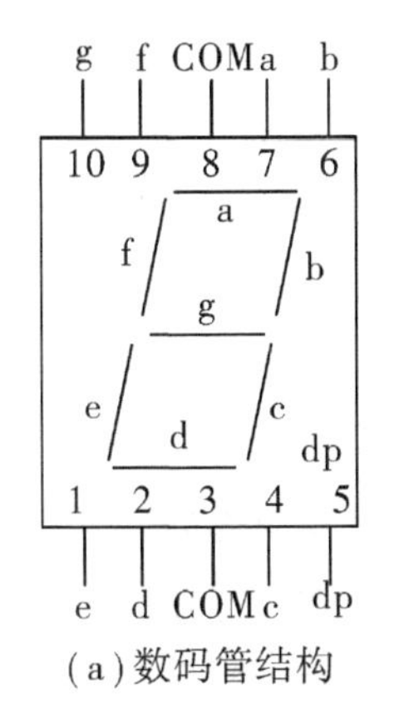

(a)数码管结构

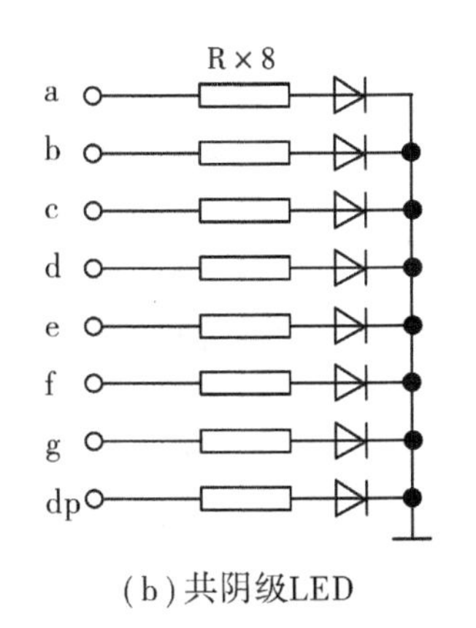

(b)共阴级LED

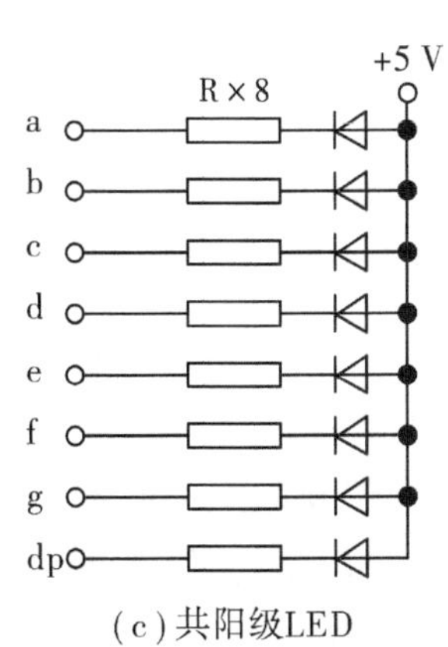

(c)共阳级LED

图 5.4　8 段 LED 数码管

数码管按内部连接方式又分为共阳极数码管和共阴极数码管两种。若8个发光二极管的阴极连在一起接地,就称为共阴极数码管,如图5.4(b)所示;若8个发光二极管的阳极连在一起接电源正极,就称为共阳极数码管,如图5.4(c)所示。

8段LED数码管显示原理很简单,是通过引脚上所加电平的高低来控制发光二极管是否点亮从而显示不同字形。例如,若在共阴LED管的dp、g、f、e、d、c、b、a引脚上分别加上01111111B控制电平(即dp上为0,不亮;其余为TTL高电平,全亮),则LED数码管显示字形"8"。01111111B是按dp、g、f、e、d、c、b、a顺序排列后的二进制编码(0为TTL低电平,1为TTL高电平),通常写成十六进制形式,称为字形码。因此,LED上所显示的字形不同,相应的字形码也不一样。8段共阴极和共阳极字形码如表5.1所示。该表常放在内存中。由于"B"和"8""D"和"0"字形相同,故"B"和"D"均以小写字母"b"和"d"显示。

表5.1 8段LED数码管字形码

显示字符	共阴极字形码	共阳极字形码	显示字符	共阴极字形码	共阳极字形码
0	3FH	C0H	b	7CH	83H
1	06H	F9H	C	39H	C6H
2	5BH	A4H	d	5EH	A1H
3	4FH	B0H	E	79H	86H
4	66H	99H	F	71H	8EH
5	6DH	92H	P	F3H	0CH
6	7DH	82H	空格	00H	FFH
7	07H	F8H	H	76H	89H
8	7FH	80H	·	80H	7FH
9	6FH	90H	–	40H	BFH
A	77H	88H			

5.2.2 LED数码管显示方式

8051对LED数码管的显示控制可以分为静态和动态两种。

1. 静态显示

多位静态显示时,各个LED数码管相互独立,公共端COM接地(共阴极)或接+5 V电源(共阳极),图5.5为4位LED数码管静态显示电路。每个数码管的8个显示字段控制端分别与一个8位并行输出口相连,只要输出口输出字型码,LED数码管就立即显示出相应的字符,并保持到输出口输出新的字型码。

采用静态显示方式,用较小的驱动电流就能得到较高的显示亮度。而且占用 CPU 时间少,编程简单,显示便于监测和控制,但其占用的口线多,硬件电路复杂,成本高,只适用于显示位数较少的场合。

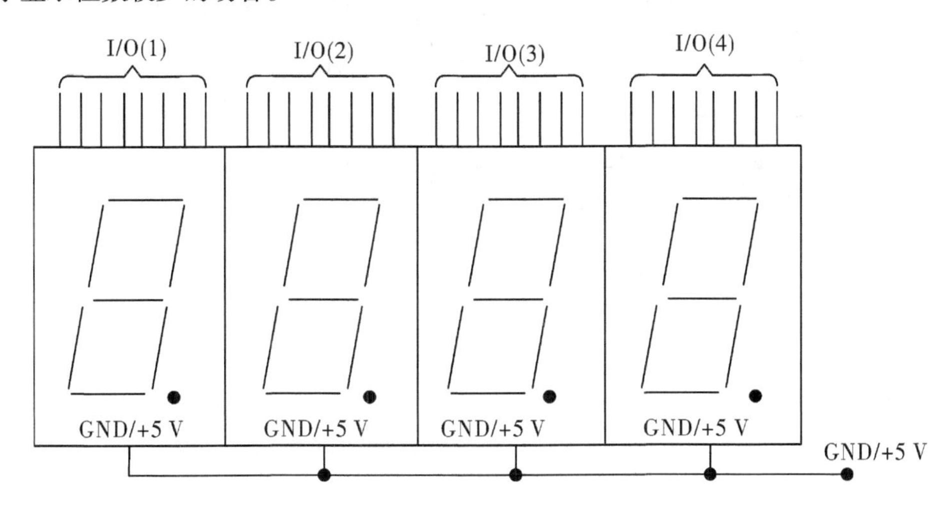

图 5.5　4 位 LED 数码管静态显示电路

以图 5.5 为例,假设 8051 的 P0 口接 I/O(1)、P1 口接 I/O(2)、P2 口接 I/O(3)、P3 口接 I/O(4),共阳极公共端接 +5 V。若显示 8051,程序为

```
MOV   P0, #80H     ;P0 口输出"8"的字形码
MOV   P1,#0C0H     ;P1 口输出"0"的字形码
MOV   P2,#92H      ;P2 口输出"5"的字形码
MOV   P3, #0F9H    ;P3 口输出"1"的字形码
```

2. 动态显示

多位 LED 数码管动态显示方式是各个 LED 数码管一位一位地轮流显示,图 5.6 为 8 位 LED 数码管动态显示电路。在硬件电路上,各个数码管的显示字段控制端并联在一起,由一个 8 位的并行输出口控制;各个 LED 数码管的公共端作为显示位的位选线,由另外的输出口控制。动态显示时,各个数码管分时轮流地被选通,即在某一个时刻只选通一个数码管,并送出相应的字形码,并让该数码管稳定地显示一段短暂时间,在下一时刻选通另一位数码管,再送出相应的字形码显示,并保持显示一段时间,如此循环,即可以在各个数码管上显示需要显示的字符。虽然这些字符是在不同的时刻分别显示,但由于人眼存在视觉暂留效应,只要每位保持显示时间足够短,就可以给人以同时显示的感觉。

采用动态显示方式比较节省 I/O 口,硬件电路简单,但其亮度不如静态显示方式,而且在显示位数较多时,CPU 要依次扫描,占用 CPU 较多的时间。

以图 5.6 为例,假设 8051 的 P1 口接 I/O(1)、P2 口接 I/O(2),共阳极公共端接 +5 V。若依次显示 12345678,则程序为

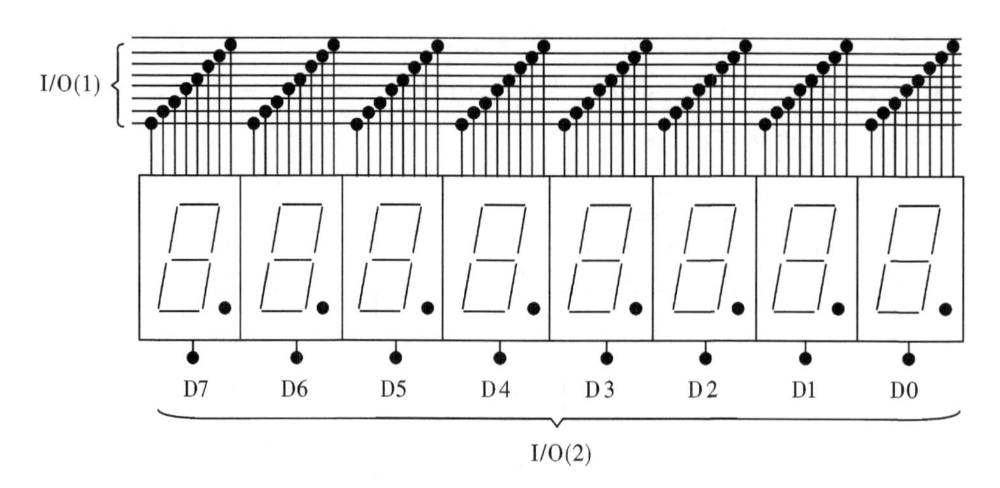

图 5.6　8 位 LED 数码管动态显示电路

```
MOV     P1, #0F9H     ;P1 口输出“1”的字形码
MOV     P2, #01H      ;P2 口输出 D0 位码
ACALL   DELAY         ;延时
MOV     P1,#0A4H      ;P1 口输出“2”的字形码
MOV     P2, #02H      ;P2 口输出 D1 位码
ACALL   DELAY
MOV     P1,#0B0H      ;P1 口输出“3”的字形码
MOV     P2, #04H      ;P2 口输出 D2 位码
ACALL   DELAY
MOV     P1,#99H       ;P1 口输出“4”的字形码
MOV     P2, #08H      ;P2 口输出 D3 位码
ACALL   DELAY
MOV     P1,#92H       ;P1 口输出“5”的字形码
MOV     P2, #10H      ;P2 口输出 D4 位码
ACALL   DELAY
MOV     P1,#82H       ;P1 口输出“6”的字形码
MOV     P2, #20H      ;P2 口输出 D5 位码
ACALL   DELAY
MOV     P1,#0F8H      ;P1 口输出“7”的字形码
MOV     P2, #40H      ;P2 口输出 D6 位码
ACALL   DELAY
MOV     P1,#80H       ;P1 口输出“8”的字形码
MOV     P2, #80H      ;P2 口输出 D7 位码
ACALL   DELAY
```

5.3　液晶显示原理

LCD(Liquid Crystal Display)为液晶显示器,由于 LCD 的控制需要专用的驱动电路,且 LCD 面板的接线需要有一定技巧,加上 LCD 面板结构较脆弱,通常不会单独使用,而是将 LCD 面板、驱动与控制电路组合成一个 LCD 模块(Liquid Crystal Display Module,LCM),如图 5.7 所示。LCM 是一种很省电的显示装置,常被应用在数字或微型计算机控制的系统,作为简易的人机接口。

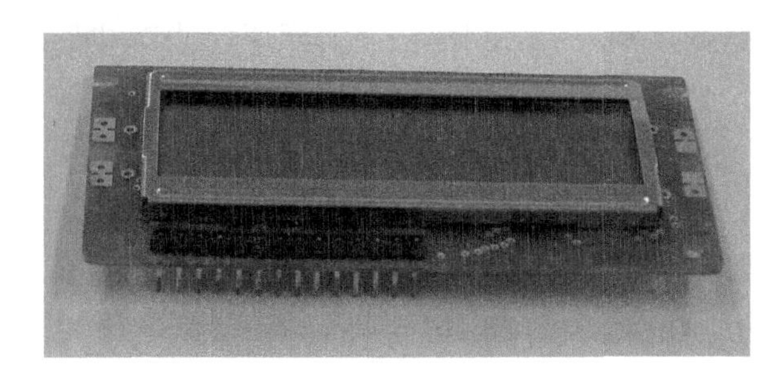

图 5.7　LCD 模块

5.3.1　LCD 模块显示分类

LCD 是一种本身不发光的被动显示器,具有功耗低,显示信息大,寿命长和抗干扰能力强等优点。当前市场上液晶显示器种类繁多,根据显示方式和内容的不同可以分为数显液晶模块、液晶点阵字符模块和点阵图形液晶模块 3 种。

1. 数显液晶模块

数显液晶模块是一种由段型液晶显示元器件与专用的集成电路组装成一体的功能部件,主要用于数字显示,也可用于显示西文字母或某些字符,已广泛用于电子表、计算器和数字仪表中。

2. 液晶点阵字符模块

液晶点阵字符模块是由点阵字符液晶显示元器件和专用的行、列驱动器、控制器及必要的连接件、结构件装配而成,用于显示字母、数字、符号等。它由若干个 5 ×7 或 5 ×10 的点阵组成,每一点阵显示一个字符。广泛应用在各类单片机应用系统中。

3. 点阵图形液晶模块

点阵图形液晶模块是在平板上排列多行或多列,形成矩阵式的晶格点,点的大小可根据显示的清晰度来设计。广泛应用于图形显示,如用于笔记本电脑、彩色电视和游戏机等。

各种型号的液晶通常是按照显示字符的行数或液晶点阵的行、列数来命名的。比如 1602 的意思为每行显示 16 个字符,一共可以显示 2 行;类似的命名还有 0801、0802、1601 等。这类液晶通常都是字符型液晶,即只能显示 ASCII 码字符,如数字、大小写字母及各种符号等。12232 液晶属于图形型液晶，它的意思为液晶由 122 列、32 行组成，即共有 122 ×32 个点来显示各种图形，我们可以通过程序控制这 122 * 32 个点中的任一个点显示或不显示。类似的命名还有 12864、19264、192128、320240 等，根据客户需要，厂家可以设计出任意数组合的点阵液晶。

液晶体积小、功耗低、显示操作简单，但是它有一个致命的弱点，其使用的温度范围很窄，通用型液晶正常工作温度范围为 0 ~ +55 ℃，存储温度范围为 -20 ~ +60 ℃，即使是宽温级液晶，其正常工作温度范围也仅为 -20 ~ +70 ℃，存储温度范围为 -20 ~ +80 ℃，因此，在设计相应产品时，务必要考虑周全，选取合适的液晶。

本文以 1602 液晶显示模块为例说明液晶的显示原理、接口电路及软件编程方法。

5.3.2 LCD 1602 液晶显示模块

1. 接口信号说明

LCD 1602 型液晶采用标准的 16 脚接口如下：

VSS(1 脚)：电源地。

VDD(2 脚)：+5 V 电源。

VO(3 脚)：液晶显示屏明亮度调整输入端，此引脚的电压越低，则显示屏明亮度越高。通常可以利用一个 10 kΩ 可变电阻作为明亮度调整电路。

RS(4 脚)：寄存器选择端，当 RS =0 时，选择指令寄存器；当 RS =1 时，选择数据寄存器。

$R/\overline{W}$(5 脚)：读写控制端，当 $R/\overline{W}=0$ 时，进行写操作；当 $R/\overline{W}=1$ 时，进行读操作。

E(6 脚)：使能端，当 E 为高电平时读取液晶模块的信息，当 E 端由高电平跳变为低电平时，液晶模块执行写操作。

D0 ~ D7(7 ~14 脚)：8 位双向数据线。

BLA(15 脚)：背光电源正极。

BLK(16 脚)：背光电源负极。

2. LCD 1602 的内部结构

LCD 模块种类繁多，以常用的日立公司的控制器 HD44780 所组成的 LCD 模块为例说明。其内部结构如图 5.8 所示。

(1)输入输出缓冲器：所有数据与控制信号都必须通过本单元才能进出 LCD 模块。

(2)指令寄存器(Instruction Register，IR)：指令寄存器是一个 8 位寄存器，其功能是存放微处理器所送入的 LCM 指令、DDRAM 或 CGRAM 的地址。当我们要将数据输入到 DDRAM 或 CGRAM 时，首先将数据放入数据寄存器，再把指令与 DDRAM 或 CGRAM 的地址放入本寄存器，即可将该数据输入到 DDRAM 或 CGRAM 中。同样地，若要读取 DDRAM 或 CGROM 的数据，则将指令与 DDRAM 或 CGRAM 的地址放入本寄存器，即可在数据寄存器中取得该地址的数据。

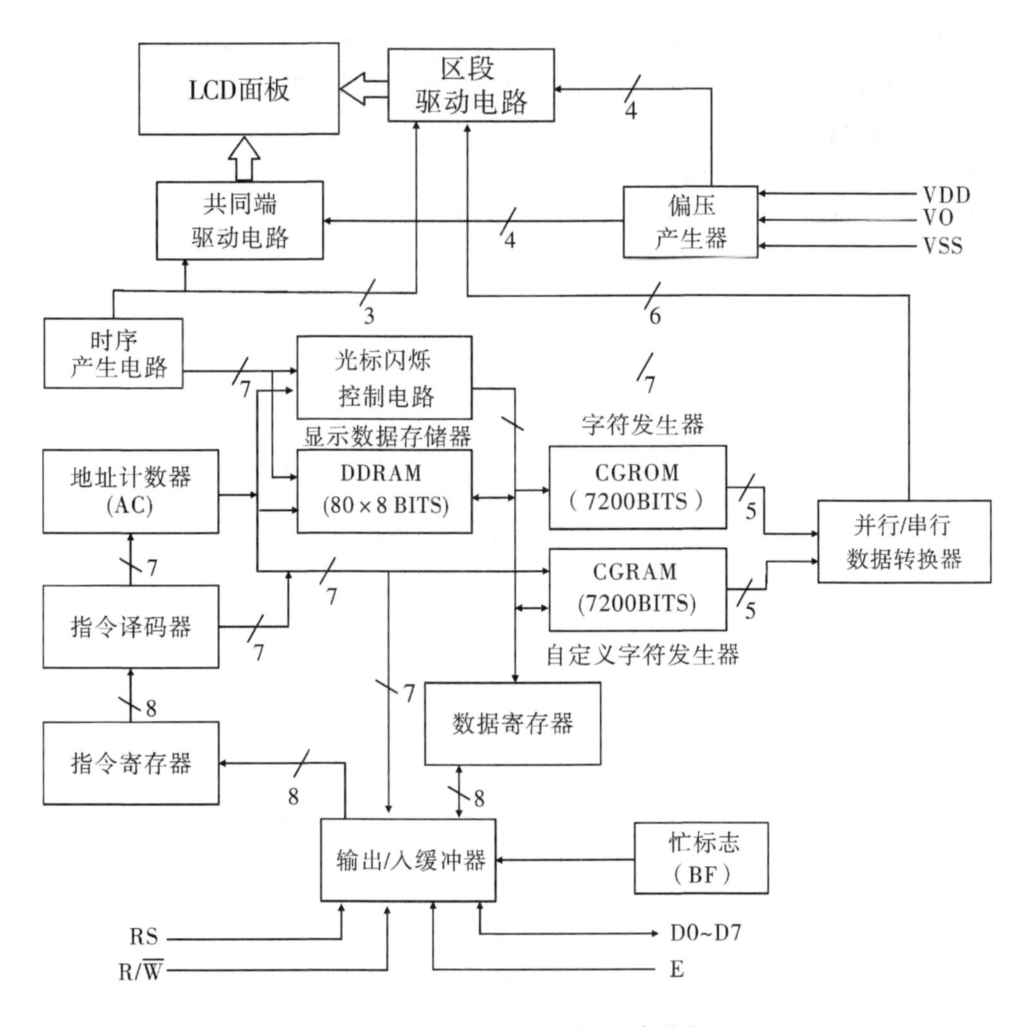

图 5.8　HD44780 LCD 模块内部结构

(3)指令译码器：本寄存器是将指令寄存器里的指令进行译码，以获得所要操作 DDRAM 或 CGRAM 的地址。

(4)数据寄存器(Data Register, DR)：连接 LCM 内部数据总线，DDRAM 或 CGRAM 的数据存取，都需要通过本寄存器。当 CPU 读取数据寄存器内容后，数据寄存器将自动加载下一个地址的内容。因此，若要连续读取 DDRAM 或 CGRAM 的数据，只要指定其起始的地址即可。

(5)地址计数器(Address Counter, AC)：连接 LCM 内部地址总线或对 DDRAM 或 CGRAM 的操作，都需通过 AC 所提供的地址来寻址。当存取 DDRAM 或 CGRAM 时，AC 具有自动增加的功能，当 RS = 0，$R/\overline{W}$ = 1 时，进入读取 AC 内容的状态，AC 里的数据将输出到 D0 ~ D7 数据总线上。

(6)忙标志(Busy Flag, BF)：用以表示 LCM 当时的状态，若 BF = 1，则表示 LCM 处于忙碌状态，无法接收外部指令或数据；若 BF = 0，则可以接收外部指令或数据。

(7)显示数据存储器(Display Data RAM,DDRAM):映像所要显示的数据。实际上,在本存储器里存放的是所要显示数据的 ASCII 码,根据该 ASCII 码地址,即可到 CGROM 里找到该字符的显示编码。

(8)字符发生存储器(Character Generate ROM,CGROM):已经存储了 160 个不同的点阵字符图形,可产生 160 个 5 ×7 字符,如图 5.9 所示。

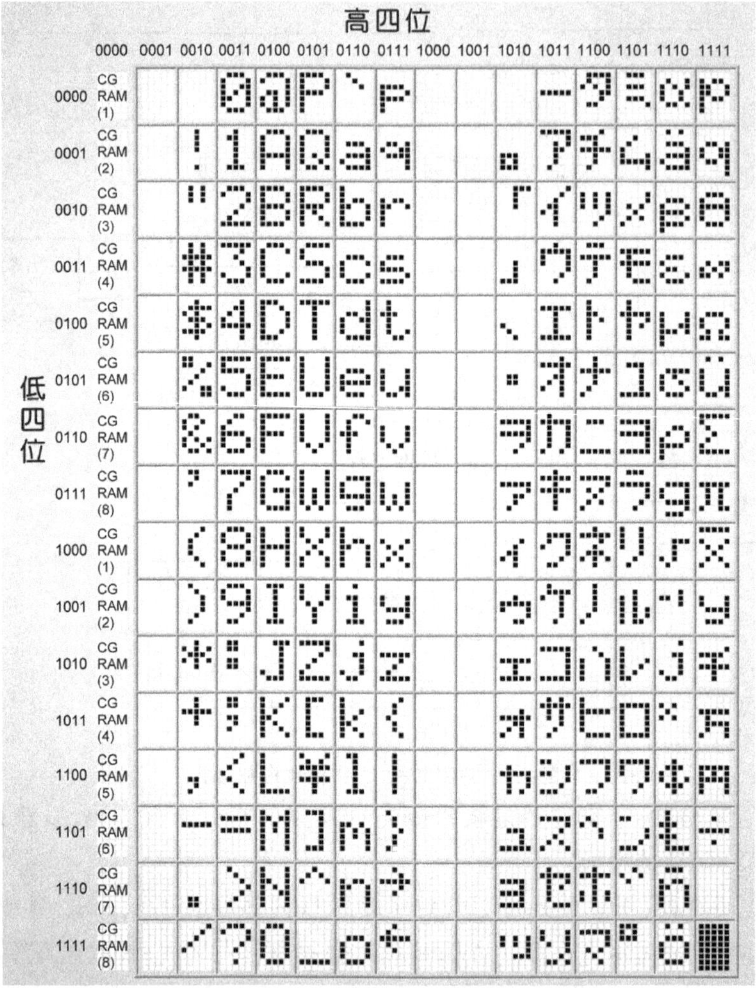

图 5.9 LCD 字符编码表

(9)自定义字符发生存储器 CGRAM:是一个随机存取存储器,可由使用者自定义 8 个 5 ×7 字符。

3. 基本操作时序

DDRAM 为 80B 的存储器,分 2 行,地址分别为 00 ~ 27H,40 ~ 67H,它们实际显示位置的排列顺序与 LCD 的型号有关。LCD 1602 的显示地址与实际显示位置的关系如图 5.10所示。当我们向图 5.10 中的 00 ~ 0F、40 ~ 4F 地址中的任一处写入显示数据时,液晶都可立即显示出来,当写入到 10 ~ 27 或 50 ~ 67 地址处时,必须通过移屏指令将它们移入可显示区域方可正常显示。基本操作时序如表 5.2 所示。

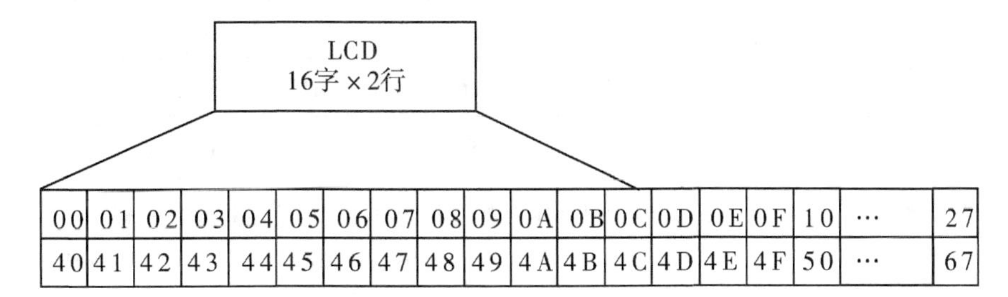

图 5.10　1602 内部 RAM 地址映射图

表 5.2　基本操作时序

状态	输　入	输出
读状态	RS = L, $R/\overline{W}$ = H, E = H	D0 ~ D7 为状态字
读数据	RS = H, $R/\overline{W}$ = H, E = H	无
写指令	RS = L, $R/\overline{W}$ = L, D0 ~ D7 为指令码, E 为高脉冲	D0 ~ D7 为数据
写数据	RS = H, $R/\overline{W}$ = L, D0 ~ D7 为数据, E 为高脉冲	无

4. LCD1602 模块控制指令

LCD1602 共有 11 条指令，如表 5.3 所示。

表 5.3　LCD 指令表

序号	指令功能	控制线		数　据　线							
		RS	$R/\overline{W}$	D7	D6	D5	D4	D3	D2	D1	D0
1	清除显示幕	0	0	0	0	0	0	0	0	0	1
		清除显示幕，并把光标移至左上角									
2	光标回到原点	0	0	0	0	0	0	0	0	1	×
		光标移至左上角，显示内容不变									
3	设定进入模式	0	0	0	0	0	0	0	I	I/D	S
		I/D = 1：地址递增，I/D = 0：地址递减 S = 1：开启显示屏，S = 0：关闭显示屏									
4	显示器开关	0	0	0	0	0	0	I	D	C	B
		D = 1：开启显示幕，D = 0：关闭显示幕 C = 1：开启光标，C = 0：关闭光标 B = 1：光标所在位置的字符闪烁，B = 0：字符不闪烁									

续表

<table>
<tr><th rowspan="2">序号</th><th rowspan="2">指令功能</th><th colspan="2">控制线</th><th colspan="8">数 据 线</th></tr>
<tr><th>RS</th><th>R/$\overline{W}$</th><th>D7</th><th>D6</th><th>D5</th><th>D4</th><th>D3</th><th>D2</th><th>D1</th><th>D0</th></tr>
<tr><td rowspan="2">5</td><td rowspan="2">移位方式</td><td>0</td><td>0</td><td>0</td><td>0</td><td>0</td><td>1</td><td>S/C</td><td>R/L</td><td>×</td><td>×</td></tr>
<tr><td colspan="10">S/C =0、R/L =0:光标左移;S/C =0、R/L =1:光标右移
S/C =1、R/L =0:字符和光标左移;S/C =1、R/L =1:字符和光标右移</td></tr>
<tr><td rowspan="2">6</td><td rowspan="2">功能设定</td><td>0</td><td>0</td><td>0</td><td>0</td><td>1</td><td>DL</td><td>N</td><td>F</td><td>×</td><td>×</td></tr>
<tr><td colspan="10">DL =1:数据长度为 8 位,DL =0;数据长度为 4 位
N =1:双列字,N =0:单列字;F =1:5 ×10 字形,F =0:5 ×7 字形</td></tr>
<tr><td rowspan="2">7</td><td rowspan="2">CGRAM 地址设定</td><td>0</td><td>0</td><td>0</td><td>1</td><td colspan="6">CGRAM 地址</td></tr>
<tr><td colspan="10">将所要操作的 CGRAM 地址放入地址计数器</td></tr>
<tr><td rowspan="2">8</td><td rowspan="2">DDRAM 地址设定</td><td>0</td><td>0</td><td>1</td><td colspan="7">DDRAM 地址</td></tr>
<tr><td colspan="10">将所要操作的 DDRAM 地址放入地址计数器</td></tr>
<tr><td rowspan="2">9</td><td rowspan="2">忙碌标志位 BF</td><td>0</td><td>1</td><td>BF</td><td colspan="7">地址计数器内容</td></tr>
<tr><td colspan="10">读取地址计数器,并查询 LCM 是否忙碌
BF =1 表示 LCM 忙碌,BF =0 表示 LCM 可接受指令或数据</td></tr>
<tr><td rowspan="2">10</td><td rowspan="2">写入数据</td><td>1</td><td>0</td><td colspan="8">写入数据</td></tr>
<tr><td colspan="10">将数据写入 CGRAM 或 DDRAM</td></tr>
<tr><td rowspan="2">11</td><td rowspan="2">读取数据</td><td>1</td><td>1</td><td colspan="8">读取数据</td></tr>
<tr><td colspan="10">读取 CGRAM 或 DDRAM 的数据</td></tr>
</table>

1)清屏指令

RS =0,R/$\overline{W}$ =0 是执行指令写入的操作,而数据总线上的指令为 00000001,其功能为:

清除屏幕,将显示数据存储器 DDRAM 的内容全部写入 20H(即空白);

将光标移至左上角;

使地址计数器 AC 清零。

2)光标复位指令

RS =0,R/$\overline{W}$ =0 是执行指令写入的操作,而数据总线上的指令为 0000001 * ,其功能为:

将光标移至左上角,但 DDRAM 的内容不变;

使地址计数器 AC 清零。

3)设置输入模式指令

RS=0,R/$\overline{W}$=0是执行指令写入的操作,而数据总线上的指令为000001 I/D S,其中的I/D与S位如表5.4所示。

表5.4 I/D与S位的功能

I/D	S	功 能
0	0	显示的字符不动,光标左移,AC-1
0	1	显示的字符右移,光标不动,AC不变
1	0	显示的字符不动,光标右移,AC+1
1	1	显示的字符左移,光标不动,AC不变

4)设置显示屏指令

RS=0,R/$\overline{W}$=0是执行指令写入的操作,而数据总线上的指令为00001 D C B,其中的D C B位如下:

D位为显示屏控制开关位,D=1时可开启显示屏,D=0时则关闭显示屏。

C位为光标控制开关位,C=1时可显示光标,C=0时则不显示光标。

B位为字符闪烁控制开关位,B=1时字符闪烁、B=0时字符不闪烁。

5)设置移位方式指令

RS=0,R/$\overline{W}$=0是执行指令写入的操作,而数据总线上的指令为0001 S/C R/L * *,其中的"*"代表可为0或1,而S/C与R/L位如表5.5所示。

表5.5 S/C与R/L位的功能

S/C	R/L	功 能
0	0	光标左移,AC-1
0	1	光标右移,AC+1
1	0	整个显示屏左移
1	1	整个显示屏右移

6)功能设置指令

RS=0,R/$\overline{W}$=0是执行指令写入的操作,而数据总线上的指令为001 DL N F * *,其中的"*"代表可为0或1,而DL、N与F位如下:

DL位为传送的数据长度设置位,DL=1则采用8位方式的数据传送,DL=0则采用4位方式的数据传送,其中先传送高四位,再传送低四位。

N位为显示行数设置位,N=1时两行显示,N=0时一行显示。

F位为字符设置位,F=1时为5*10点阵字符,F=0时为5×7点阵字符。若显示两行,则不可设置为5×10点阵字符。

7)CGRAM寻址指令

RS = 0, R/$\overline{W}$ = 0 是执行指令写入的操作，而数据总线上的指令为 01 A5A4A3A2A1A0，其中的 A5A4A3A2A1A0 代表所要操作的 CGRAM 地址，紧接于本指令之后，即可将所要输入的数据输入到这个地址。

8）DDRAM 寻址指令

RS = 0, R/$\overline{W}$ = 0 是执行指令写入的操作，而数据总线上的指令为 1A6A5A4A3A2A1A0，其中的 A6A5A4A3A2A1A0 代表所要操作的 DDRAM 地址，紧接于本指令之后，即可将所要输入的数据输入到这个地址。

9）读取忙标志 BF 与地址计数器 AC 指令

RS =0，R/$\overline{W}$ =1 是执行读取的操作，忙碌标志 BF 将放置在数据总线上的 D7 位，地址计数器 AC 内容将放置在数据总线上的 D6 ~ D0 位，分别为 A6A5A4A3A2A1A0。当 BF =1 时表示忙，这时不能接收命令和数据；当 BF =0 时表示不忙，低 7 位为读出的 AC 的地址，值为 0 ~ 127。

10）数据写入指令

RS =1，R/$\overline{W}$ =0 是执行数据写入的操作，在数据总线上的数据将写入前一条指令所指定的 DDRAM 或 CGRAM 地址里。

11）数据读出指令

RS =1，R/$\overline{W}$ =1 是执行读取数据的操作，前一条指令所指定的 DDRAM 或 CGRAM 地址中的数据，将被放置在数据总线上。而读取数据之后，地址计数器将自动加 1，指向下一个地址。

5.4 可编程并行接口芯片

可编程接口芯片允许通过程序来改变它的工作方式和接口功能，可以实现多种形式的数据传输。这类 I/O 接口芯片的种类很多，这里以 Intel 8255 为例说明其功能及编程方法。

8255 是一种 8 位并行 I/O 接口芯片，8255 有 3 个 8 位的并行口 PA、PB、PC，具有 3 种工作方式，其中，PC 口具有按位进行操作的功能。

1. 内部结构和引脚功能

1）内部结构

8255 内部由 4 部分电路组成。它们是 A 口、B 口和 C 口，A 组控制器和 B 组控制器，数据缓冲器及读写控制逻辑，如图 5.11 所示。

①A 口、B 口和 C 口：A 口、B 口和 C 口均为 8 位 I/O 数据口，但结构上略有差别。A 口由一个 8 位数据输出缓冲/锁存器和一个 8 位数据输入缓冲/锁存器组成，B 口和 C 口各由一个 8 位数据输出缓冲/锁存器和一个 8 位数据输入缓冲器（无输入数据锁存器，故 B 口不可在模式 2 下工作）组成。

在使用功能上，A 口、B 口和 C 口三个端口都可与外设相连，分别传送外设的输入/

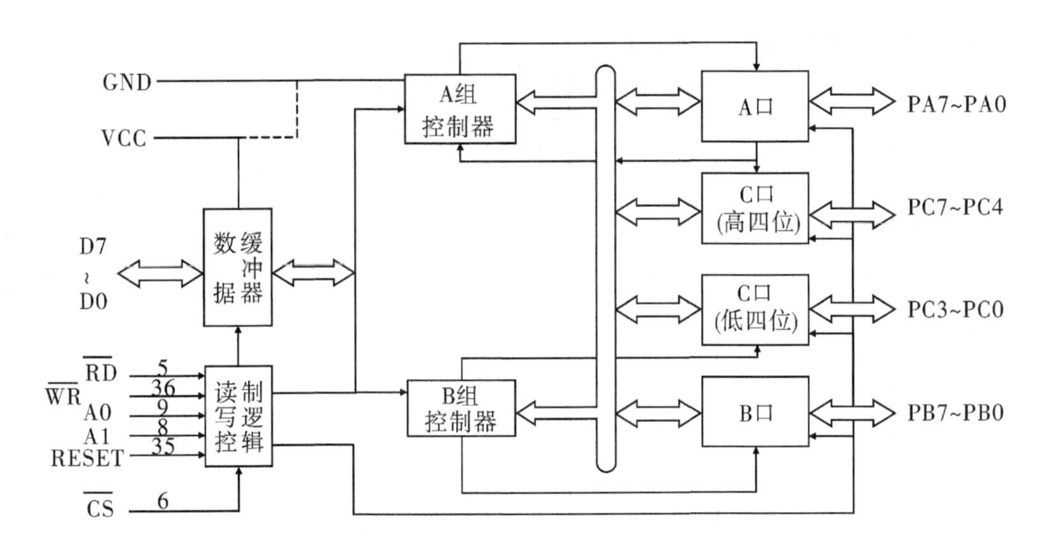

图 5.11 8255 内部结构

输出数据或控制信息。但在 Mode 1 和 Mode 2 方式下,A 口和 B 口常作为数据口,用于传送 I/O 数据;C 口为控制口,高 4 位属于 A 口,传送 A 口上外设的控制/状态信息,低 4 位属于 B 口,传送 B 口所需的控制/状态信息。

②A 组控制器和 B 组控制器:都由控制字寄存器和控制逻辑组成。控制字寄存器接收 CPU 送来的控制字,用于决定 8255 的工作模式,控制逻辑用于对 8255 工作模式的控制。A 组控制字寄存器控制 A 口和 C 口高四位(PC7 ~ PC4),B 组控制器控制 B 口和 C 口低四位(PC3 ~ PC0)。

③数据缓冲器:这是一个双向 8 位缓冲器,用于传送 8051 和 8255 间的控制字、状态字和数据字。

④读写控制逻辑:这部分电路可以接收 8051 送来的读写命令和选口地址,用于控制对 8255 的读写。

2)引脚功能

8255 有 40 条引脚,采用双列直插式封装。

①数据总线(8 条):D7 ~ D0 为数据总线,用于传送 CPU 和 8255 间的数据、命令和状态字。

②控制总线共 6 条。

RESET:复位线,高电平有效。

$\overline{CS}$:片选线,低电平有效。若$\overline{CS}$为高电平,则本 8255 不被选中工作;若$\overline{CS}$为低电平,则 8255 检测到后处于工作状态。

$\overline{RD}$和$\overline{WR}$:$\overline{RD}$为读命令线,$\overline{WR}$为写命令线,皆为低电平有效。若$\overline{RD}$为高电平($\overline{WR}$必为低电平),则本片 8255 处于写状态;若$\overline{RD}$为低电平($\overline{WR}$必为高电平),则所选 8255 处于读状态。

A0 和 A1:地址输入线,用于选中 A 口、B 口、C 口和控制字寄存器中哪一个工作。

上述控制线对 8255 端口和工作方式的选择见表 5.6。

表 5.6 8255 端口和工作状态选择

$\overline{CS}$	A1 A0	$\overline{RD}$	$\overline{WR}$	端口	功能
0	0 0	0	1	A 口	读 A 口
0	0 0	1	0	A 口	写 A 口
0	0 1	0	1	B 口	读 B 口
0	0 1	1	0	B 口	写 B 口
0	1 0	0	1	C 口	读 C 口
0	1 0	1	0	C 口	写 C 口
0	1 1	1	0	控制口	写控制字
1	× ×	×	×	×	总线高阻

③并行 I/O 总线(24 条):这些总线用于与外设相连,共分三组。

PA7 ~ PA0:双向 I/O 总线,PA7 为最高位,用来传送 I/O 数据,可以设定为输入或输出方式,也可设定为输入/输出双向方式,由控制字决定。

PB7 ~ PB0:双向 I/O 总线,PB7 为最高位,用于传送 I/O 数据,可以设定为输入或输出方式,也由控制字决定。

PC7 ~ PC0:双向数据/控制总线,PC7 为最高位,用于传送 I/O 数据或控制/状态信息,可以设定为输入或输出方式,也可设定为控制/状态方式,由控制字决定。若 8255 处于模式 0,则 PC7 ~ PC0 为 I/O 数据总线;若 8255 处于模式 1 或模式 2,则 PC7 ~ PC0 作为控制/状态线(即握手线)用。

④电源线(2 条):VCC 为 +5 V 电源线,允许变化 ±10%;GND 为地线。

2.8255 控制字和状态字

8255 有两个控制字:方式控制字和 C 口单一置复位控制字。用户通过程序可以把这两个控制字送到 8255 的控制字寄存器(AlA0 = 11B),以设定 8255 的工作模式和 C 口各位状态。这两个控制字以 D7 位状态作为标志。

1)方式控制字

8255 的 3 个端口工作于什么模式以及输入还是输出方式是由方式控制字决定的。方式控制字格式如图 5.12 所示。

D7 为控制字标志位。若 D7 =1,则本控制字为方式控制字;若 D7 =0,则本控制字为 C 口单一置复位控制字。

D6 ~ D3 为 A 组控制位。其中,D6 和 D5 为 A 组方式选择位:若 D6D5 =00,则 A 组设定为模式 0;若 D6D5 =01,则 A 组设定为模式 1;若 D6D5 =1 ×(×为任意),则 A 组设定为模式 2。

D4 为 A 口输入/输出控制位：若 D4 = 0，则 PA7 ~ PA0 用于输出数据；若 D4 = 1，则 PA7 ~ PA0 用于输入数据。

D3 为 C 口高 4 位输入/输出控制位：若 D3 = 0，则 PC7 ~ PC4 为输出数据方式；若 D3 = 1，则 PC7 ~ PC4 为输入方式。

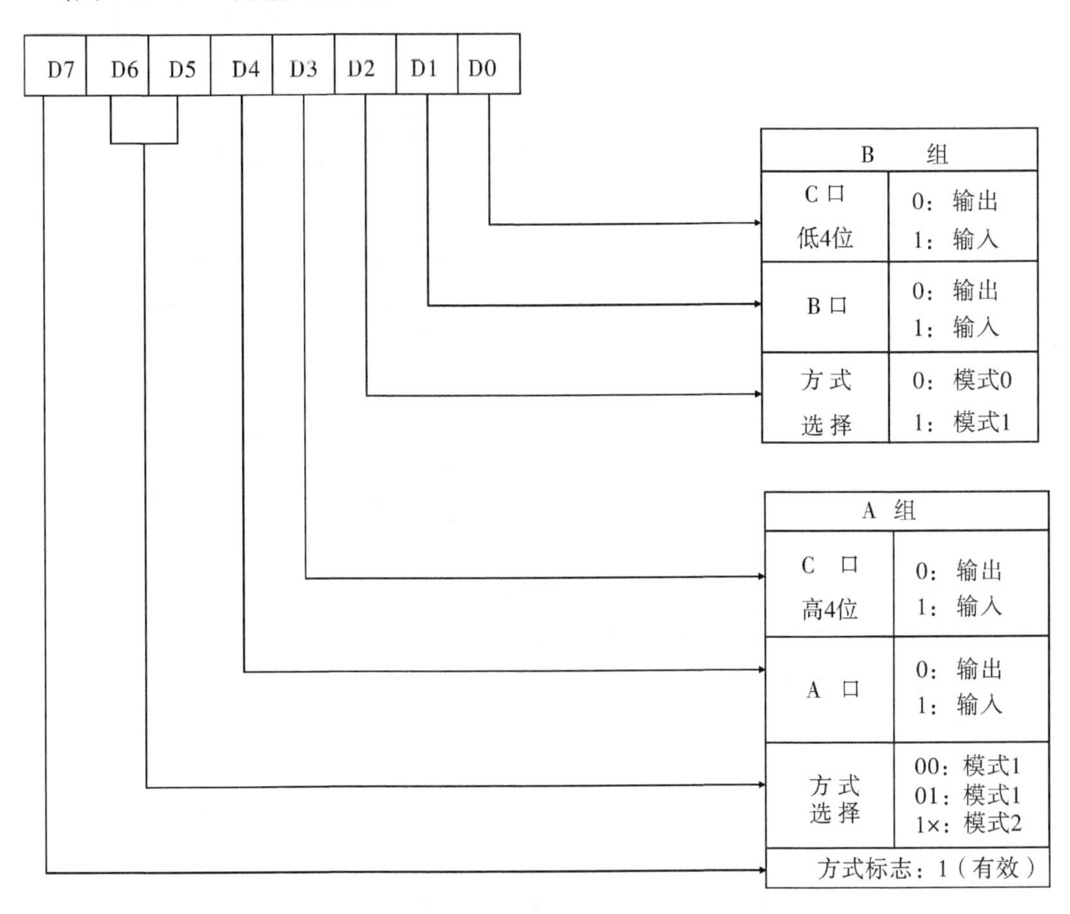

图 5.12　8255 方式控制字格式

D2 ~ D0 为 B 组控制位，其作用和 D6 ~ D3 类似。其中 D2 为方式选择位：若 D2 = 0，则 B 组设定为模式 0；若 D2 = 1，则 B 组设定为模式 1。D1 为 B 口输入/输出控制位：若 D1 = 0，则 PB7 ~ PB0 用于输出数据；若 D1 = 1，则 PB7 ~ PB0 用于输入数据。D0 为 C 口低 4 位输入/输出控制位：若 D0 = 0，则 PC3 ~ PC0 用于输出数据；若 D0 = 1，则 PC3 ~ PC0 用于输入数据。

例如：若 A、B 口工作在模式 0，A 口作为输入口，B 口作为输出口的方式控制字为 90H。

2）C 口单一置复位控制字

本控制字可以使 C 口各位单独置位或复位，以实现某些控制功能，该控制字格式如图 5.13 所示。其中，D7 = 0 是本控制字的特征位，D3 ~ D1 用于控制 PC7 ~ PC0 中哪一位置位或复位,D0 是置位或复位的控制位。

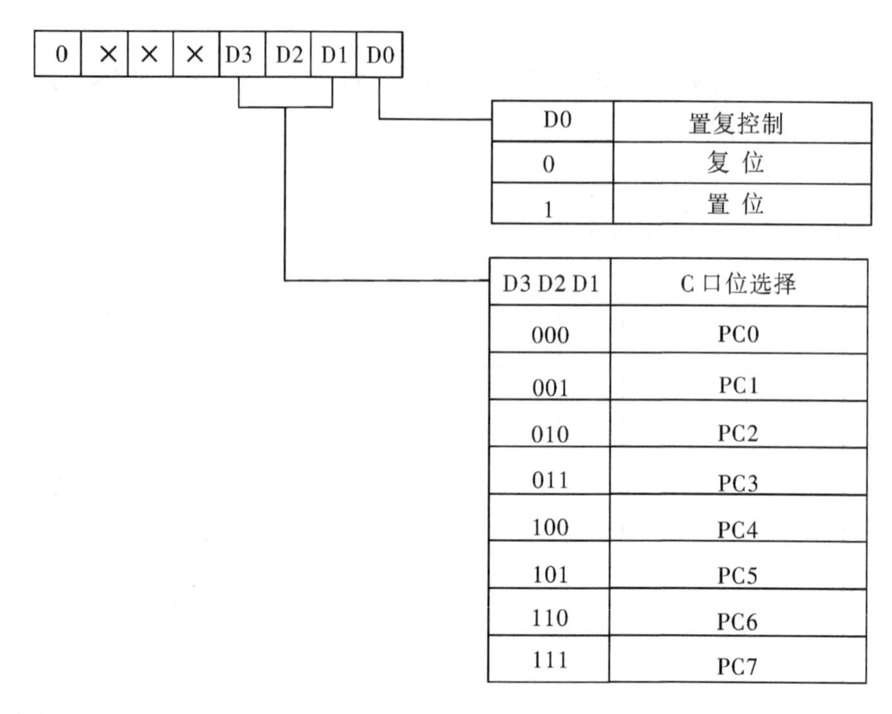

图 5.13 C 口单一置复位控制字格式

例如:已知 8255 的控制字寄存器口地址为 7F03H,若令 PC3 置"1"的程序为

```
MOV    DPTR, #7F03H
MOV    A, #07H
MOVX   @DPTR, A
```

3)8255 状态字

8255 设定为模式 1 和模式 2 时,读 C 口便可读得相应状态字,以便了解 8255 的工作状态。8255 的 A、B 口在模式 1 下定义为输入口时,C 口的状态字格式为

D7	D6	D5	D4	D3	D2	D1	D0
I/O	I/O	IBFA	INTEA	INTRA	INTEB	IBFB	INTRB

其中,低 3 位 D2 ~ D0 为 B 组状态字,高 5 位中的 D5 ~ D3 为 A 组状态字,各位代表的含义如下:

INTRA/ INTRB:A、B 口输入中断请求标志。

IBFA/ IBFB:A、B 口输入缓冲器满标志。

INTEA /INTEB:A、B 口输入中断允许标志。

8255 的 A、B 口在模式 1 下定义为输出口时,C 口的状态字格式为

D7	D6	D5	D4	D3	D2	D1	D0
$\overline{\text{OBFA}}$	INTEA	I/O	I/O	INTRA	INTEB	$\overline{\text{OBFB}}$	INTRB

其中,低 3 位 D2 ~ D0 为 B 组状态字,高 5 位中的 D7 ~ D6、D3 为 A 组状态字,各位代表的含义如下:

INTRA/ INTRB: A、B 口输出中断请求标志。

$\overline{\text{OBFA}}$/ $\overline{\text{OBFB}}$: A、B 口输出缓冲器满标志。

INTEA /INTEB:A、B 口输出中断允许标志。

8255 的 A 口在模式 2 下,C 口的状态字格式为

D7	D6	D5	D4	D3	D2	D1	D0
$\overline{\text{OBFA}}$	INTE1	IBFA	INTE2	INTRA			

其中,低 3 位 D2 ~ D0 由 B 组工作方式确定(B 口无模式 2),高 5 位 D7 ~ D3 为 A 组状态字,各位代表的含义如下:

INTRA:A 口中断请求标志。

IBFA:A 口输入缓冲器满标志。

$\overline{\text{OBFA}}$:A 口输出缓冲器满标志。

INTE1/INTE2:A 口输出/输入中断允许标志。

3. 8255 工作模式

8255 有三种工作模式:模式 0(Mode 0)、模式 1(Mode 1)和模式 2(Mode2),具体采用哪种工作模式由设置方式控制字实现。

1)模式 0

工作模式 0 为基本输入/输出方式,这种工作方式不需要选通信号。8255 的 A 口、B 口和 C 口均可通过方式控制字设定为输入或输出。

2)模式 1

工作模式 1 为选通输入/输出方式,A 口和 B 口皆可独立地设置成这种工作模式。在模式 1 下,8255 的 A 口和 B 口通常用于传送与它们相连的外设的 I/O 数据,C 口用作 A 口和 B 口选通方式下的选通与应答信号,以实现中断方式传送 I/O 数据。C 口的 PC7 ~ PC0 选通与应答引脚是在设计 8255 时规定的,其各引脚含义如表 5.7 所示。表中,标有 I/O 的各引脚仍用作基本输入/输出。

表 5.7　8255 C 口各引脚含义

引　脚	模　式　1		模　式　2
	输入方式	输出方式	双向(输入/输出)方式
PC0	INTRB	INTRB	由 B 口模式决定
PC1	IBFB	$\overline{\text{OBFB}}$	由 B 口模式决定
PC2	$\overline{\text{STBB}}$	$\overline{\text{ACKB}}$	由 B 口模式决定
PC3	INTRA	INTRA	INTRA

续表

引　脚	模　式　1		模　式　2
	输入方式	输出方式	双向(输入/输出)方式
PC4	$\overline{\text{STBA}}$	I/O	$\overline{\text{STBA}}$
PC5	IBFA	I/O	IBFA
PC6	I/O	$\overline{\text{ACKA}}$	$\overline{\text{ACKA}}$
PC7	I/O	$\overline{\text{OBFA}}$	$\overline{\text{OBFA}}$

a)选通输入方式工作原理

A 口和 B 口均可工作于本方式,图 5.14 为 A 口在选通输入方式下工作的示意图。

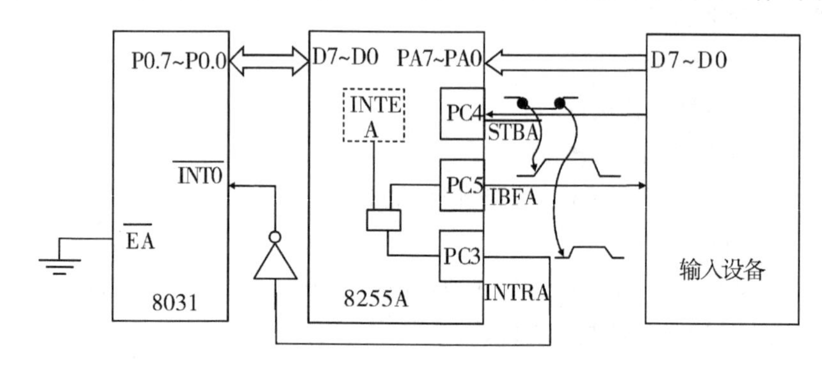

图 5.14　A 口在模式 1 选通输入方式下工作示意图

A 口在模式 1 选通输入方式下的工作过程如下:

①当输入设备输入一个数据并送到 PA7 ~ PA0 上时,输入设备自动在选通输入引脚$\overline{\text{STBA}}$上发送一个低电平选通信号。

②8255 收到$\overline{\text{STBA}}$上的负脉冲后自动做两件事:一是把 PA7 ~ PA0 上的输入数据存入 A 口的输入数据缓冲/锁存器;二是把它内部的输入缓冲器满触发器 Q_{IBFA}置位,使输入缓冲器满输出线 IBFA 变为高电平,以通知输入设备 8255 的 A 口已收到它送来的输入数据。

③8255 同时检测到$\overline{\text{STBA}}$变为高电平、Q_{IBFA}触发器为 1 状态和中断允许触发器 $Q_{INTEA}=1$ 时使 INTRA 变为高电平,向 CPU 发出中断请求。Q_{INTEA}触发器状态可由用户预先通过对 PC4 的单一置复位控制字控制。

④CPU 响应中断后,可以通过中断服务程序从 A 口的“输入数据缓冲/锁存器”读取输入设备送来的输入数。当输入数据被 CPU 读出后,8255 自动撤销 INTRA 上的中断请求,并使 IBFA 变为低电平,以通知输入设备可以送下一个输入数据。

b)选通输出方式工作原理

8255 的 A 口和 B 口均可设定为本工作方式,图 5.15 为 B 口在选通输出方式下工作的示意图。

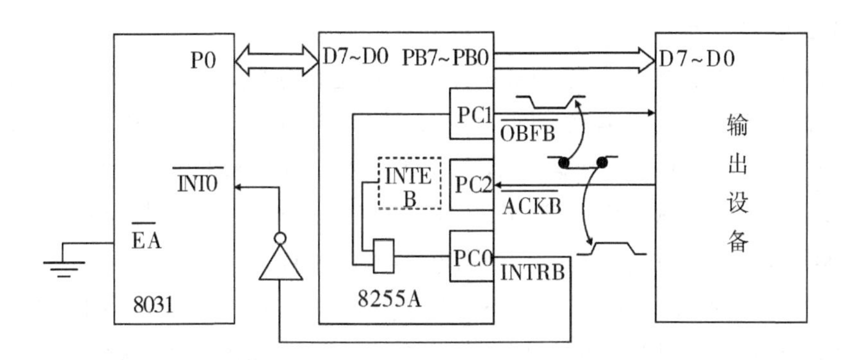

图 5.15　B 口在模式 1 选通输出方式下工作示意图

B 口在模式 1 选通输出方式下的工作过程如下：

①单片机把输出数据送到 B 口的输出数据锁存器，8255 收到后便令输出缓冲器满引脚$\overline{\text{OBFB}}$变为低电平，以通知输出设备输出数据已到达 B 口的 PB7 ~ PB0。

②输出设备收到$\overline{\text{OBFB}}$上的低电平后做两件事：一是从 PB7 ~ PB0 上取走输出数据；二是使$\overline{\text{ACKB}}$引脚变为低电平，以通知 8255 输出设备已收到输出数据。

③8255 从应答输入线$\overline{\text{ACKB}}$上收到低电平后就对$\overline{\text{OBFB}}$、$\overline{\text{ACKB}}$和中断允许触发器Q_{INTEB}状态进行检测，若它们均在高电平，则 INTRB 变为高电平并向 CPU 请求中断。

④CPU 响应$\overline{\text{INT0}}$上的中断请求后便可通过中断服务程序把下一个输出数据送到 B 口的输出数据锁存器，并重复上述过程，完成第二个数据的输出。

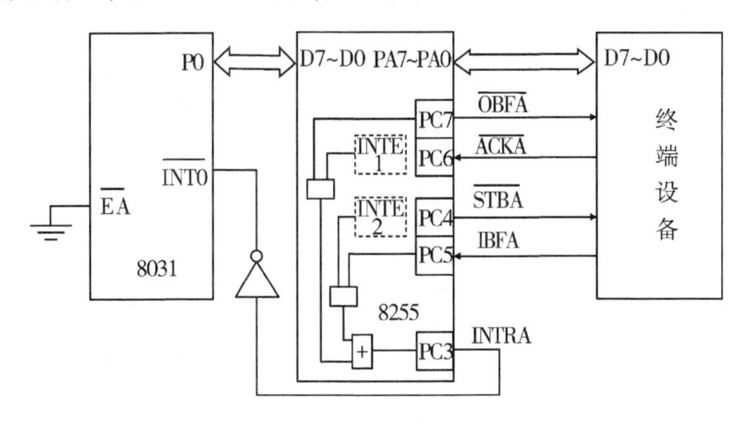

图 5.16　A 口在模式 2 下的工作示意图

3）模式 2

模式 2 只有 A 口才能设定。图 5.16 为模式 2 下的工作过程示意图。在模式 2 下，PA7 ~ PA0 为双向 I/O 总线。当作为输入总线使用时，PA7 ~ PA0 受$\overline{\text{STBA}}$和 IBFA 控制，其工作过程与模式 1 输入方式时相同；当作为输出总线使用时，PA7 ~ PA0 受$\overline{\text{OBFA}}$和$\overline{\text{ACKA}}$控制，其工作过程与模式 1 输出方式时相同。

模式 2 特别适用于像终端一类的外部设备，因为这些外部设备有时需要把键盘上输入的编码信号通过 A 口送给 CPU，有时 CPU 又需要把数据通过 A 口送给终端显示。

4.8051 与 8255 接口

8051 和 8255 的连接很简单，只需一个 8 位地址锁存器即可。图 5.17 是 8255 工作于模式 0 时与 8051 的接口电路。图中 P2.7 接 8255 的片选引脚，P0 口的低 2 位通过 74LS373 锁存器与 8255 的 2 个地址引脚 A1A0 连接。74LS373 是常用的 TTL 地址锁存器，D0 ~ D7 为输入端，Q0 ~ Q7 为输出端，G 端为输入选通端，$\overline{OE}$为输出使能端，$\overline{OE}$为低电平时，Q0 ~ Q7 为正常逻辑状态；$\overline{OE}$为高电平时，Q0 ~ Q7 为高阻态。

G = 1 时，锁存器处于透明工作状态，即锁存器的输出状态跟随输入端的数据变化。

G 由 1 变为 0 时，即出现下降沿时，数据被锁存起来，输出端不再跟随输入端的数据变化，而是一直保持其锁存值不变。

G 端可与单片机的锁存控制信号 ALE 直接相连，在 ALE 的下降沿进行地址锁存。

8255 的读写控制引脚$\overline{RD}$、$\overline{WR}$和 RESET 分别与单片机的$\overline{RD}$、$\overline{WR}$和 RESET 连接。

[例 5.1]已知图 5.17 中，开关 K0 ~ K7 与 8255 的 A 口连接，L0 ~ L7 与 B 口连接。编写根据 K0 ~ K7 的状态控制 L0 ~ L7 的程序。

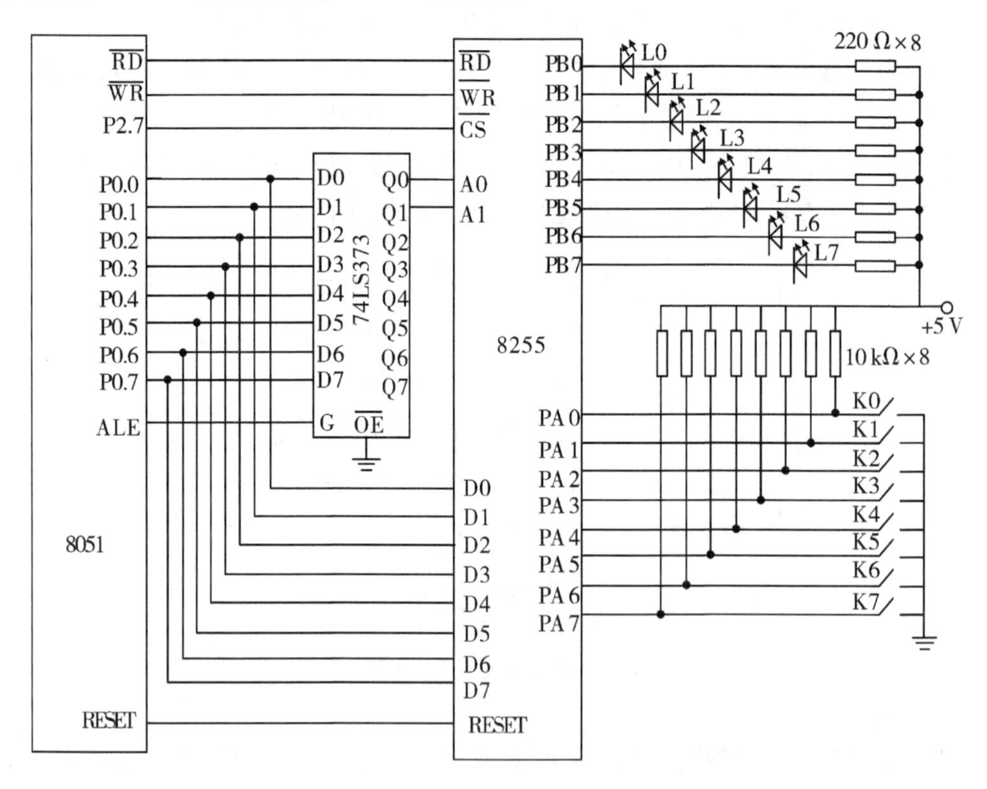

图 5.17 8051 与 8255 的接口电路

解 开关闭合，A 口输入引脚电平为 0，对应 B 口输出驱动 LED 灯亮；反之则灯灭。本例 8255 控制口地址选为 7FFFH，方式控制字为 90H。8255 工作前必须设置方式控制字即 8255 初始化设置。

程序如下：

```
          ORG   0100H
START:    MOV   DPTR, #7FFFH        ;DPTR←8255 控制口地址
          MOV   A, #90H             ;A←工作方式控制字
LOOP:     MOVX  @DPTR, A            ;控制口←控制字,8255 初始化
          MOV   DPTR, #7FFCH        ;DPTR←A 口地址
          MOVX  A, @DPTR            ;读 A 口开关状态
          INC   DPTR                ;数据指针指向 B 口地址
          MOVX  @DPTR, A            ;开关状态送 B 口,驱动 LED 显示
          SJMP  LOOP                ;跳转到 LOOP,继续读开关状态
          END
```

[例 5.2]已知图 5.18 中,字符打印机通过 8255 与单片机连接。编写把 CPU 内部 RAM 从 50H 为起始地址的连续 100 个单元中的数据输出打印的程序。

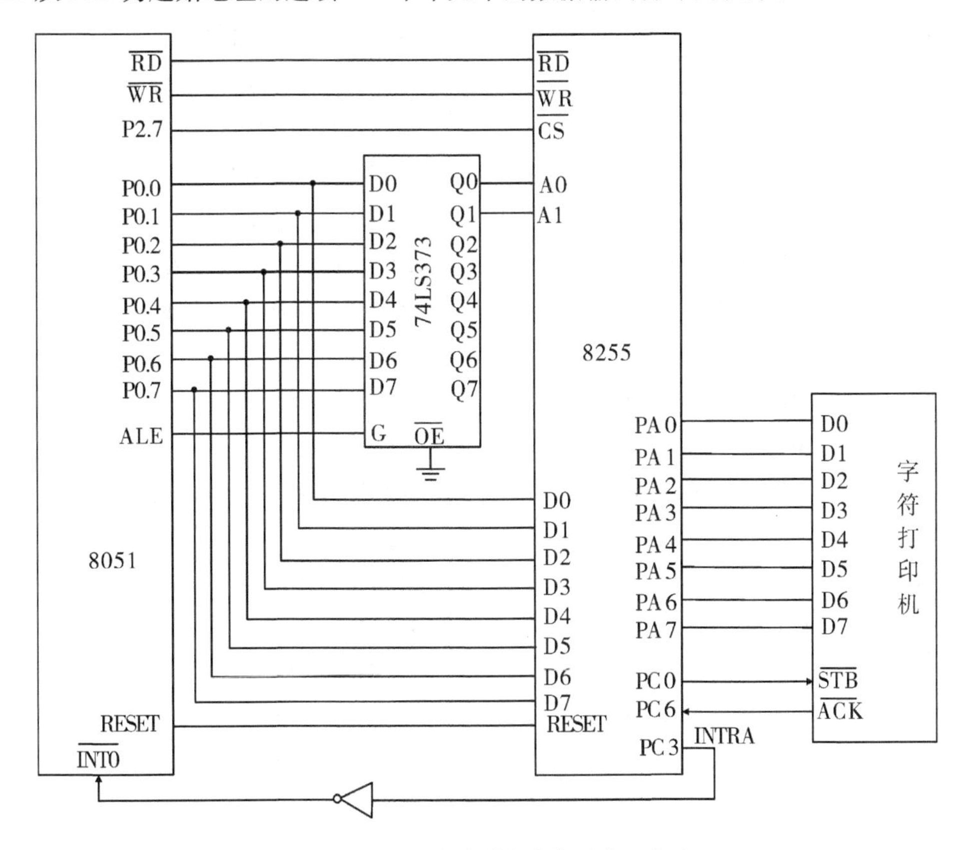

图 5.18　8051 与字符打印机的接口电路

解　本例 8255 A 口工作在模式 1,因 $\overline{\text{OBFA}}$(PC7)引脚上提供的是电平信号,而字符打印机通常需要的选通信号是负脉冲,故不能把 PC7 直接和打印机的 $\overline{\text{STB}}$ 端相接,必须利用 C 口单一置复位控制字产生一个驱动脉冲(例如 PC0 引脚),使打印机工作。

本例工作方式控制字为 A8H,A 口为模式 1 输出,PC0 为输出。程序中对外部中断 0

($\overline{\text{INT0}}$)的设置见第6章8051中断系统。

程序如下：

```
        ORG   0000H
        AJMP  START
        ORG   0003H
        AJMP  PINT0
        ORG   0100H
START:  MOV   SP,#70H
        MOV   DPTR, #7FFFH          ;DPTR←8255控制口地址
        MOV   A, #0A8H              ;A←工作方式控制字
        MOVX  @DPTR, A              ;控制口←控制字,8255初始化
        MOV   IE, #81H              ;开INT0中断
        SETB  IT0                   ;INT0为负边沿触发
        MOV   R0, #50H              ;R0←打印数据起始地址
        MOV   R2, #99               ;R2←中断次数
        MOV   DPTR, #7FFCH          ;DPTR←A口地址
        MOV   A, @R0                ;A←第一个打印数据
        MOVX  @DPTR, A              ;A口←第一个打印数据
        MOV   DPTR, #7FFEH          ;数据指针指向C口地址
        MOV   A, #01H               ;PC0 =1
        MOVX  @DPTR, A
        MOV   A, #00H               ;PC0 =0
        MOVX  @DPTR, A              ;在PC0引脚产生负选通脉冲
        SJMP  $                     ;等待
PINT0:  MOV   DPTR, #7FFCH          ;DPTR←A口地址
        INC   R0                    ;R0←R0 +1
        MOV   A, @R0                ;A←打印数据
        MOVX  @DPTR, A              ;A口←打印数据
        MOV   DPTR, #7FFEH          ;数据指针指向C口地址
        MOV   A, #01H               ;PC0 =1
        MOVX  @DPTR, A
        MOV   A, #00H               ;PC0 =0
        MOVX  @DPTR, A              ;在PC0引脚产生负选通脉冲
        DJNZ  R2, NEXT              ;若未打印完，则NEXT
        CLR   EX0                   ;若打印完，则关INT0中断
```

```
        SJMP   DONE
NEXT:   SETB   EX0              ;开INT0中断
DONE:   RETI                    ;中断返回
        END
```

5.5　算术运算指令

在进行键盘按键识别时可能需要运算指令,下面开始介绍算术运算指令。

8051 单片机算术运算指令有 24 条,可以分为加法、减法、十进制调整指令和乘除法指令。用到的助记符有:ADD、ADDC、INC、SUBB、DEC、MUL、DIV 和 DA。

在这类指令中,大多数指令在运算前都要用到累加器 A 来存放一个操作数,运算后结果存放在累加器 A 中。

注意:除了 INC 和 DEC 指令外,其余指令均能影响标志位。

1. 加法指令

加法指令有不带 Cy 的加法指令、带 Cy 的加法指令和加 1 指令三种。

1)不带 Cy 的加法指令 ADD

```
ADD    A,#data     ;A←A + data
ADD    A,Rn        ;A←A + Rn
ADD    A,direct    ;A←A + (direct)
ADD    A,@Ri       ;A←A + (Ri)
```

指令的功能是把源操作数和累加器 A 中的操作数相加,运算后结果存放在累加器 A 中。这些指令的功能正如指令注释段符号所示。

在使用中应注意以下 4 个问题:

①参加运算的两个操作数必须是 8 位二进制数,操作结果也是一个 8 位二进制数,且对 PSW 中所有标志位产生影响。

②用户既可以根据编程需要把参加运算的两个操作数看作是无符号数(0 ~ 255),也可以把它们看作是带符号数。若看作是带符号数,则通常采用补码形式(- 128 ~ + 127)。例如,若把二进制数 11010011B 看作是无符号数,则该数的十进制值为 211;若把它看作是一个带符号补码数,则它的十进制值为 - 45。

③ 不论把这两个参加运算的操作数看作是无符号数还是带符号数,计算机总是按照带符号数法则运算,并产生 PSW 中的标志位。

④ 若将参加运算的两个操作数看作无符号数,则应根据 Cy 判断结果操作数是否溢出;若将参加运算的两个操作数看作带符号数,则运算结果是否溢出应判断 OV 标志位。

2)带进位 Cy 的加法指令 ADDC

```
ADDC    A,#data    ;A←A + data + Cy
```

```
ADDC    A,Rn        ;A←A + Rn + Cy
ADDC    A,direct    ;A←A + (direct) + Cy
ADDC    A,@Ri       ;A←A + (Ri) + Cy
```

这 4 条指令可以使指令中规定的源操作数、累加器 A 中的操作数与 Cy 中的值相加，并把操作结果保留在累加器 A 中。这里 Cy 中的值是指令执行前的 Cy 值，不是指令执行中形成的 Cy 值。PSW 中其他各标志位状态变化和不带 Cy 加法指令相同。

在 8051 单片机中，常用 ADD 和 ADDC 配合使用来实现多字节加法运算。

[例 5.3] 已知：A = 85H，R0 = 30H，(30H) = 11H，(31H) = FFH，Cy = 1，试问 CPU 执行如下指令后累加器 A 中的值是多少？

(1) ADDC　A,R0 (2) ADDC　A,@R0 (3) ADDC　A,31H (4) ADDC　A,#85H

解

(1) A = B6H；(2) A = 97H；(3) A = 85 H；(4) A = 0BH。

(3) 加 1 指令 INC

加 1 指令有 5 条：

```
INC    A          ;A←A +1
INC    Rn         ;Rn←Rn + 1
INC    direct     ;direct←(direct) + 1
INC    @Ri        ;(Ri)←(Ri) + 1
INC    DPTR       ;DPTR←DPTR + 1
```

INC 指令实现把指令后面的操作数中内容加 1，前面 4 条是对字节处理，最后一条是对 16 位的数据指针 DPTR 加 1。INC 指令除了 INC A 要影响 P 标志位外，其他指令对标志位都没有影响。

[例 5.4] 已知两个 16 位无符号数 $X + Y$ 相加，X 存放在 21H 和 20H 中，Y 存放在 31H 和 30H 中，高 8 位在前，低 8 位在后，结果存放于 34H、33H 和 32H 中，假设 Cy = 0。

解

程序如下：

```
MOV    R0,#20H      ;R0←20H
MOV    R1,#30H      ;R1←30H
MOV    A,@R0        ;A←(20H)
ADD    A,@R1        ;A←A + (30H)
MOV    32H,A        ;(32H)←A
INC    R0           ;R0←R0 + 1
INC    R1           ;R1←R1 + 1
MOV    A,@R0        ;A←(21H)
ADDC   A,@R1        ;A←A + (31H) + Cy
```

```
MOV   33H,A          ;(33H)←A
MOV   A,#0           ;A←0
ADDC  A,#0           ;A←A + Cy
MOV   34H,A          ;(34H)←A
```

2. 减法指令

减法指令有带 Cy 减法指令和减 1 指令两种。

1)带 Cy 减法指令

```
SUBB  A,Rn           ;A←A - Rn - Cy
SUBB  A,direct       ;A←A - (direct) - Cy
SUBB  A,@Ri          ;A←A - (Ri) - Cy
SUBB A,#data         ;A←A - data - Cy
```

这 4 条指令的功能是把累加器 A 中操作数减去源地址所指的操作数以及指令执行前的 Cy 值,并把结果保留在累加器 A 中。指令的这一功能正如指令注释字段所标明的那样。

在 8051 单片机中,无论相减的两数是无符号数还是带符号数,减法操作总是按带符号二进制数进行,并能对 PSW 中各标志位产生影响。产生各标志位的法则是,若最高位在减法时有借位,则 Cy = 1,否则 Cy = 0;若低 4 位在减法时向高 4 位有借位,则 AC = 1,否则 AC = 0;若减法时最高位有借位而次高位无借位或最高位无借位而次高位有借位,则 OV = 1,否则 OV = 0;奇偶校验标志位 P 和加法时的取值相同。

在 8051 指令中,没有不带 Cy 的减法指令,只有带 Cy 的减法指令。对于不带 Cy 的减法指令,使用中只能通过带 Cy 的减法指令来替代,即预先将 Cy 清零就符合条件。

[**例** 5.5]已知:A = 52H,R0 = 30H,(30H) = 11H,(31H) = FFH,Cy = 1,试问 CPU 执行如下指令后累加器 A 中的值是多少?

(1)SUBB　A,R0 (2)SUBB　A,@R0 (3)SUBB　A,31H (4)SUBB　A,#0A1H

解

(1)A = 21H;(2)A = 40H;(3)A = 52 H;(4)A = B0H。

2)减 1 指令

```
DEC   A              ;A←A - 1
DEC   Rn             ;Rn←Rn - 1
DEC   direct         ;direct←(direct) - 1
DEC   @Ri            ;(Ri)←(Ri) - 1
```

这 4 条指令可以使指令中源地址所指 RAM 单元中的内容减 1。与加 1 指令一样,8051 的减 1 指令也不影响 PSW 标志位状态,只是第一条减 1 指令对奇偶校验标志位 P 有影响。

3. 乘法指令和除法指令

```
MUL   AB   ;A × B = BA
```

```
DIV    AB   ;A ÷ B = A…B
```

乘法指令功能是把累加器 A 和寄存器 B 中的两个 8 位无符号乘数相乘,并把积的高 8 位放入 B 寄存器中,低 8 位放入累加器 A 中。指令长度 1 字节,执行时间 4 个机器周期。

指令执行后将影响 Cy、OV 和 P 标志。乘法指令执行后,进位标志 Cy 清 0;对于溢出标志 OV,当积大于 255 时(即 B 中不为 0),OV 置 1;否则,OV 清 0;奇偶标志 P 仍按累加器 A 中 1 的奇偶性来确定。

除法指令将累加器 A 中的无符号数作被除数,B 寄存器中的无符号数作除数,相除后的结果,商存于累加器 A 中,余数存于 B 寄存器中。

指令执行后也将影响 Cy、OV 和 P 标志,一般情况下 Cy 和 OV 都为 0,只有当 B 寄存器中的除数为 0 时,Cy 和 OV 才被置为 1,而奇偶标志 P 仍按累加器 A 中 1 的奇偶性来确定。

[例 5.6]已知 R2 中有一个 8 位二进制数,编写把它转换为 3 位 BCD 数的程序。其中百位 BCD 数放在 20H 单元,十位 BCD 数放在 21H 单元,个位 BCD 数放在 22H 单元。

解 二进制数除以 100 得到的商即为百位 BCD 数,接着将余数除以 10 得到的商和余数即为十位和个位 BCD 数。

程序如下:

```
ORG   0200H
MOV   A, R2          ;A←R2
MOV   B, #100        ;B←100
DIV   AB             ;A ÷ B = A…B
MOV   R0, #20H       ;R0←20H
MOV   @R0, A         ;(20H)←百位 BCD 数
MOV   A, B           ;A←余数
MOV   B, #10         ;B←10
DIV   AB             ;A ÷ B = A…B
INC   R0             ;R0←R0 + 1
MOV @R0, A           ;(21H)←十位 BCD 数
INC   R0             ;R0←R0 + 1
MOV   @R0, B         ;(22H)←个位 BCD 数
SJMP  $              ;动态停机
END
```

4. 十进制调整指令

在 8051 单片机中,十进制调整指令只有一条,用于对 BCD 数相加结果进行调整,指令格式为

```
DA    A
```

它只能用在 ADD 或 ADDC 指令的后面,对存于累加器 A 中的结果进行调整,使之得到正确的十进制结果。通过该指令可实现两位十进制 BCD 码数的加法运算。它的调整先后过程如下:

(1)若累加器 A 的低 4 位为十六进制数的 A ~ F 或辅助进位标志 AC 为 1,则累加器 A 中的低 4 位加 0110(6)调整。

(2)第一步调整以后,若累加器 A 的高 4 位为十六进制数的 A ~ F 或进位标志 Cy 为 1,则累加器 A 中的高 4 位加 0110(6)调整。

第二步调整后如 Cy 有进位,该进位可看作为结果十进制数的最高位(百位)。

[例 5.7]已知 R3 中有十进制数 58,在 R2 中有十进制数 85,用十进制运算,运算的结果放于 R5 中。

解

```
MOV     A,R3
ADD     A,R2
DA      A
MOV     R5,A
```

二进制加法和十进制调整过程如图 5.19 所示。

```
   01011000B
 + 10000101B
 -----------
   11011101B
        0110B   —— 低四位>9,加6调整
 -----------
   11100011B
   0110         —— 高四位>9, 加6调整
 -----------
  101000011B
```

图 5.19　二进制加法和十进制调整过程

调整后,R5 =43,Cy =1,即运算结果为 143。

5.6　人机交互方法及电路应用

5.6.1　8051 单片机与键盘接口及应用

8051 单片机与键盘接口简单,可以直接利用单片机的 I/O 口与键盘连接。

[例 5.8]独立式键盘控制 LED 灯接口电路如图 5.20 所示。其中,按 K1 键实现 8 个 LED 灯左移;按 K2 键实现 8 个 LED 灯右移;按 K3 键实现左面 4 个 LED 灯和右面 4 个 LED 灯交替闪烁;按 K4 键实现 8 个 LED 灯闪烁。假设每次只有一个键按下。

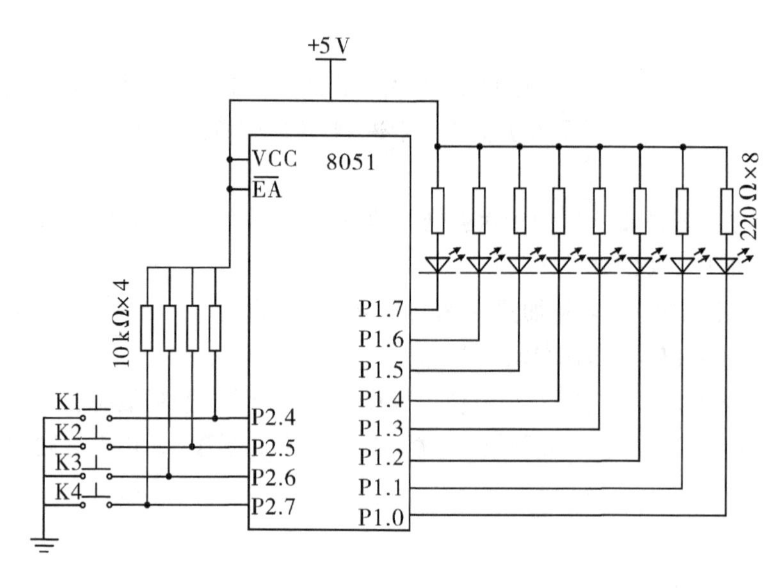

图 5.20 独立式键盘控制灯接口电路

解 P2 口高四位作为输入引脚接四个独立按键,CPU 不断查询引脚的状态确定是否有键按下,根据电路,若哪个键按下,则对应引脚电平为 0,程序设计流程如图 5.21 所示。

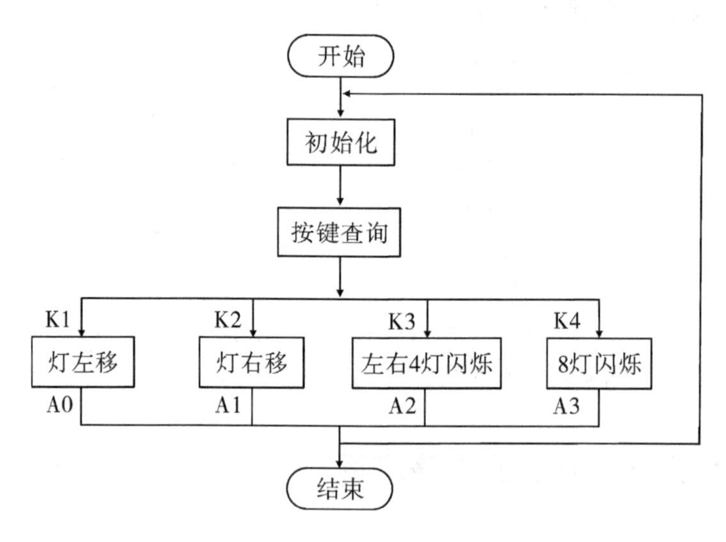

图 5.21 独立式键盘控制灯移动程序流程

程序如下:

```
        ORG     0100H
MAIN:   MOV     SP,#70H
START:  MOV     P1, #0FFH       ;设置 P1 口初始状态
        MOV     P2, #0FFH       ;置 P2 口为输入
LOOP:   MOV     A, P2           ;读按键状态
```

```
        ANL     A, #0F0H        ;提取按键状态
        XRL     A, #0F0H
        JZ      LOOP            ;若 A =0,无键按下
        ACALL   DEL15ms         ;若有键按下,去抖动
        MOV     A, P2           ;再读按键状态
        ANL     A, #0F0H        ;提取按键状态
        XRL     A, #0F0H
        JZ      LOOP            ;无键按下继续查询
        JNB     P2.4, A0        ;若 K1 键按下,则转 A0
        JNB     P2.5, A1        ;若 K2 键按下,则转 A1
        JNB     P2.6, A2        ;若 K3 键按下,则转 A2
        JNB     P2.7, A3        ;若 K4 键按下,则转 A3
        SJMP    LOOP            ;无键按下继续查询
A0:     MOV     R2, #8          ;设置左移位数
        MOV     A,#0FEH         ;设置左移初值
LEF:    MOV     P1, A           ;输出至 P1
        ACALL   DELAY           ;调延时 0.1 s 子程序
        RL      A               ;左移一位
        DJNZ    R2, LEF         ;若 R2 -1≠0,则 LEF
        SJMP    START           ;跳转,重新查询
A1:     MOV     R3,  #8         ;设置右移位数
        MOV     A,#7FH
RIG:    MOV     P1, A           ;输出至 P1
        LCALL   DELAY           ;调延时 0.1 s 子程序
        RR      A               ;右移一位
        DJNZ    R3, RIG         ; 若 R3 -1≠0,则 RIG
        SJMP    START
A2:     MOV     R4, #10         ;设闪烁 5 次
        MOV     A,#0FH          ;设置初值
LOOP1:  MOV     P1,A            ;输出
        LCALL   DELAY           ;调延时 0.1 s 子程序
        CPL     A               ;取反
        DJNZ    R4,LOOP1        ;若 R4 -1≠0,则 LOOP1
        SJMP    START
A3:     MOV     R1, #10         ;设闪烁 5 次
```

```
            MOV     A, #00H         ;设置初值
LOOP2:      MOV     P1, A           ;输出
            LCALL   DELAY           ;调延时0.1 s子程序
            CPL     A               ;取反
            DJNZ    R1,LOOP2        ;若R1-1≠0,则LOOP2
            SJMP    START
DEL15ms:    MOV     R7, #30         ;延时15 ms子程序
D1:         MOV     R6, #250
            DJNZ    R6, $
            DJNZ    R7, D1
            RET
DELAY:      MOV     R5, #200        ;延时0.1 s子程序
DLY:        MOV     R6, #250
            DJNZ    R6, $
            DJNZ    R5, DLY
            RET
            END
```

[例5.9]4×4矩阵式键盘、LED数码管与单片机接口电路如图5.22所示。其中,P1口的高4位接键盘的列线,P1口的低4位接键盘的行线;P2口接共阴极数码管。要求设计实现按下键值在数码管显示出来的程序。

解 采用行扫描法确定具体哪个键按下,再经查表得出显示码从P2口输出。程序设计流程如图5.23所示。

程序如下:

```
            ORG     0100H
MAIN:       MOV     SP,#70H
START:      MOV     P2, #00H        ;数码管显示初始化
SCAN:       MOV     P1, #0F0H       ;置P1高4位为输入,低4位为输出
LOOP:       MOV     A,P1            ;读列线状态
            ANL     A,#0F0H         ;提取列线状态
            XRL     A, #0F0H
            JZ      LOOP            ;若A=0,无键按下
            ACALL   DEL15ms         ;若有键按下,去抖动
            MOV     A,P1            ;再读列线状态
            ANL     A, #0F0H        ;提取列线状态
            XRL     A, #0F0H
            JZ      LOOP            ;无键按下继续查询
```

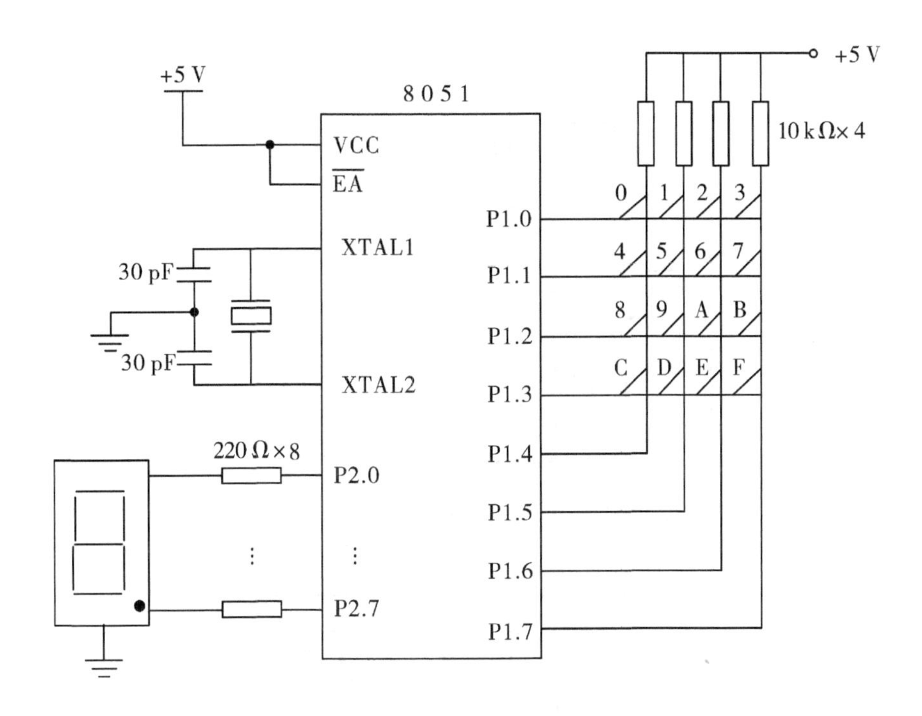

图 5.22 矩阵式键盘数码显示接口电路

```
R_SCAN: MOV   P1, #11111110B       ;第一行扫描
        MOV   A, P1                ;读列线状态
        ANL   A,#0F0H              ;提取列线状态
        CJNE  A, #0F0H,ROW_0       ;按键在第一行,找列
        MOV   P1, #11111101B       ;第二行扫描
        MOV   A, P1                ;读列线状态
        ANL   A,#0F0H              ;提取列线状态
        CJNE  A, #0F0H,ROW_1       ;按键在第二行,找列
        MOV   P1, #11111011B       ;第三行扫描
        MOV   A, P1                ;读列线状态
        ANL   A,#0F0H              ;提取列线状态
        CJNE  A, #0F0H,ROW_2       ;按键在第三行,找列
        MOV   P1, #11110111B       ;第四行扫描
        MOV   A, P1                ;读列线状态
        ANL   A,#0F0H              ;提取列线状态
        CJNE  A, #0F0H,ROW_3       ;按键在第四行,找列
        AJMP  LOOP                 ;无键按下,继续查询
ROW_0:  MOV   DPTR, #KCODE0        ;第一行按键起始地址送 DPTR
        AJMP  CFIND                :找列
ROW_1:  MOV   DPTR, #KCODE1        ;第二行按键起始地址送 DPTR
```

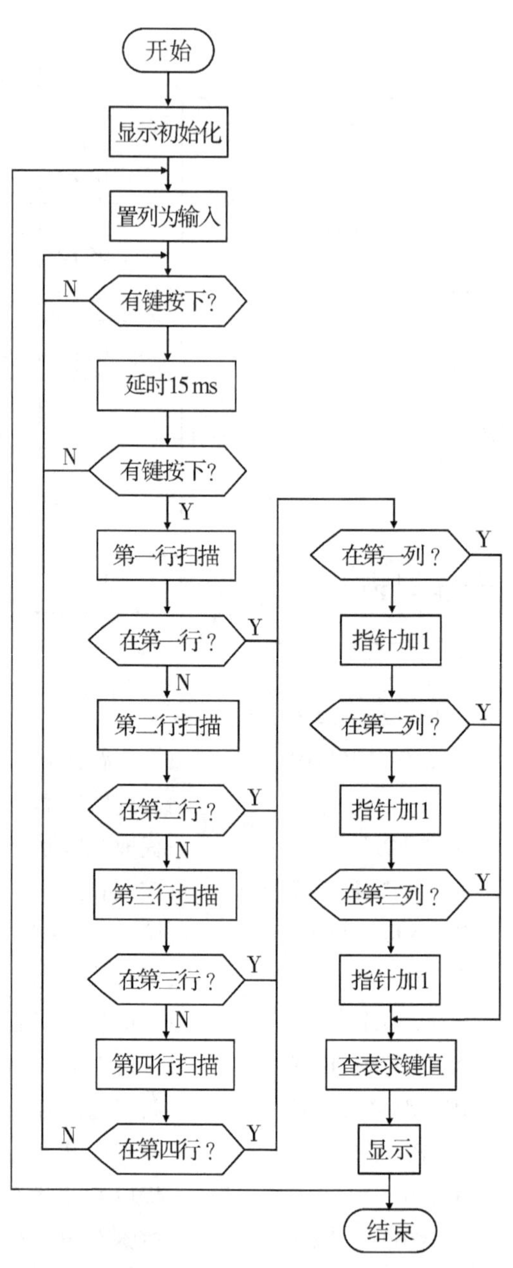

图 5.23　矩阵式键盘数码显示程序流程

```
        AJMP   CFIND          ;找列
ROW_2:  MOV    DPTR, #KCODE2  ;第三行按键起始地址送 DPTR
        AJMP   CFIND          ;找列
ROW_3:  MOV    DPTR, #KCODE3  ;第四行按键起始地址送 DPTR
CFIND:  JNB    ACC.4,KEY      ;若 ACC.4 =0,键在第一列
        INC    DPTR           ;键不在第一列,指针加 1
        JNB    ACC.5,KEY      ;若 ACC.5 =0,键在第二列
```

```
            INC     DPTR             ;键不在第二列,指针加1
            JNB     ACC.6,KEY        ;若ACC.6=0,键在第三列
            INC     DPTR             ;键不在第三列,指针加1
KEY:        CLR     A                ;累加器清零
            MOVC    A, @A+DPTR       ;查表求键值显示码送A
            MOV     P2, A            ;显示键值
            AJMP    SCAN             ;返回主程序开始
DEL15ms:    MOV     R7, #30          ;延时15 ms子程序
D1:         MOV     R6, #250
            DJNZ    R6,
            DJNZ    R7, D1
            RET
KCODE0:     DB 3FH,06H,5BH,4FH       ;第一行键值显示码表
KCODE1:     DB 66H,6DH,7DH,07H       ;第二行键值显示码表
KCODE2:     DB 7FH,6FH,77H,7CH       ;第三行键值显示码表
KCODE3:     DB 39H,5EH,79H,71H       ;第四行键值显示码表
            END
```

5.6.2　8051单片机与LED数码管接口及应用

为了减少硬件开销,提高系统可靠性并降低成本,单片机控制系统通常采用动态显示方式。动态显示时,对于每一个LED数码管来说,每隔一段时间才被点亮一次,因此,数码管的亮度一方面与导通电流有关,另一方面也与点亮时间和间隔时间有关。调整电流和时间参数,可以实现亮度较高且稳定的显示效果。因此,在进行硬件设计时,应考虑提升输出接口的驱动能力;在进行软件设计时,应选择适当的循环间隔时间和数码管的点亮时间。一般情况下,把扫描频率限制在60 Hz以上,即在16 ms之内扫描一周,才不会闪烁。若为4位数码管的扫描,其每位数的工作周期为固定式负载的四分之一,其亮度约为固定式负载的四分之一;若为8位数码管的扫描,那工作周期只剩下固定式负载的八分之一,那么亮度就更小。如何提高亮度,可以从以下两方面考虑:一是降低限流电阻值。对于4位数码管的扫描,可以使用75～150 Ω的限流电阻,其电流将限制在22～44 mA。若整个扫描周期为16 ms,则每位数码管约4 ms点亮;对于8位数码管的扫描,可以使用50～75 Ω的限流电阻,其电流将限制在44～66 mA。若整个扫描周期为16 ms,则每位数码管约2 ms点亮。二是选用高亮度的LED数码管模块。

图5.24为8051单片机与6位LED数码管模块的接口电路。图中,A口输出字形码,B口输出位码,数码管为共阴极结构。为了得到较好的显示亮度,在电路中采用了同相缓冲器74LS07用于提高A口的驱动能力;B口采用反相器驱动数码管的公共端。

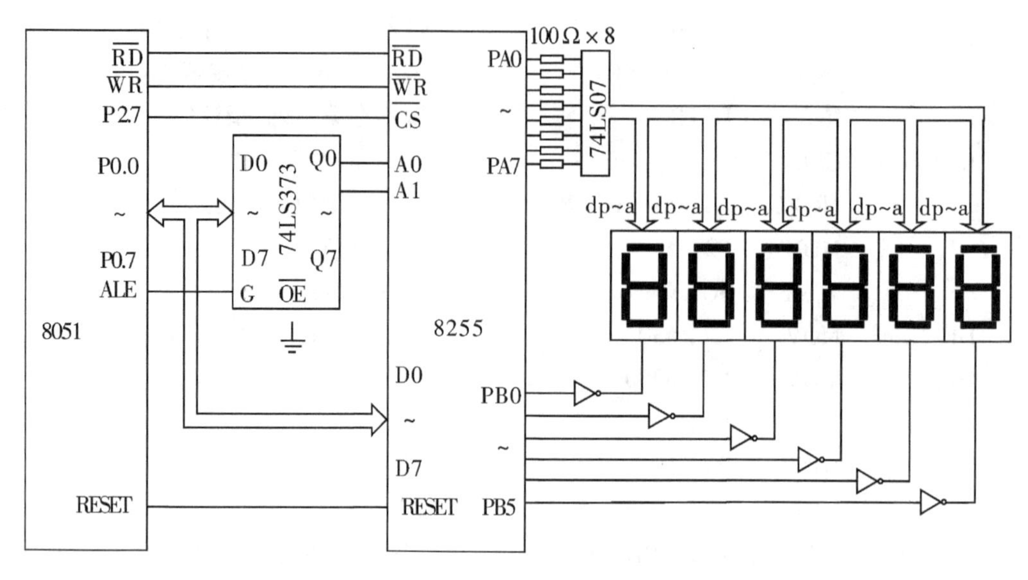

图 5.24　8051 与 6 位 LED 数码管接口电路

[例 5.10]根据图 5.24,编写从左向右动态显示 6 位十进制数的子程序。已知要显示的数存放在内部 RAM 50H ~55H 中。

解　8255 的 PA、PB 口工作于基本输入输出方式,PA 口地址选为 7FFCH,则 PB 口地址为 7FFDH,控制口地址为 7FFFH。字形码通过查表得到,位码开始值为 00000001B。

程序如下:

```
        ORG    0100H
        MOV    SP,#70H
        MOV    DPTR, #7FFFH      ;DPTR←控制口地址
        MOV    A, #80H           ;A←方式控制字
        MOVX   @DPTR, A          ;控制口←方式控制字
        MOV    R0, #50H          ;R0←显示缓冲区起始地址
        MOV    R2, #01H          ;R2←位码开始值
NEXT:   MOV    A, @R0            ;取待显示的数
        ADD    A, #18            ;对 A 进行地址修正
        MOVC   A, @A + PC        ;查表取待显示数的字形码
        MOV    DPTR, #7FFCH      ;DPTR←A 口地址
        MOVX   @DPTR, A          ;字形码送 A 口
        INC    DPTR              ;DPTR←DPTR +1,B 口地址
        MOV    A, R2             ;A←位码
        MOVX   @DPTR, A          ;位码送 B 口
        ACALL  DELAY             ;延时 2 ms
        INC    R0                ;修正显示缓冲区指针
```

```
        RL   A                          ;位码左移一位
        MOV  R2, A                      ;位码存放 R2
        JB   ACC.6, DONE                ;若六位显示完,则返回
        AJMP NEXT                       ;若未显示完,则继续显示下一位
DONE:   RET
LEDSEG: DB   3FH,06H,5BH,4FH            ;0~9 字形码表
        DB   66H,6DH,7DH
        DB   07H,7FH,6FH
DELAY:  MOV  R6, #4                     ;延时 2 ms 程序
LD1:    MOV  R7, #250
        DJNZ R7, $
        DJNZ R6, LD1
        RET
        END
```

5.6.3　8051 单片机与 LCD1602 接口及应用

LCD1602 显示器在使用之前需进行初始化设置,初始化可在复位后完成,LCD1602 初始化设置如下:

(1)功能设置。功能设置包括设置数据位数,显示行数和字形大小。

(2)清除显示屏。

(3)开关显示屏。

(4)设置输入模式。

初始化后就可用 LCD 进行显示,显示时应根据显示的位置先定位,即设置当前显示数据存储器 DDRAM 的地址,再向当前显示数据存储器 DDRAM 写入要显示的内容,如果连续显示,则可连续写入显示的内容。由于 LCD 是外部设备,处理速度比 CPU 的速度慢,向 LCD 写入命令到完成功能需要一定的时间,在这个过程中,LCD 处于忙状态,不能向 LCD 写入新的内容。LCD 是否处于忙状态可通过读忙标志命令来了解。另外,由于 LCD 执行命令的时间基本固定,而且比较短,因此,也可以通过延时等待命令完成后再写入下一条命令。

LCD1602 与 8051 接口电路如图 5.25 所示。

[例 5.11]LCD 循环显示字符串。

解　首先在第一行显示“Hello”,2 s 后在第二行显示“Welcome to LCD”,再过 2 s 后第一行改为“Nice to meet you”,再过 2 s 后将第二行改为“Good luck”。

为了增加程序的可读性,可在程序开头采用 EQU 和 BIT 伪指令定义字符。

EQU(Equate)是赋值伪指令,其格式为

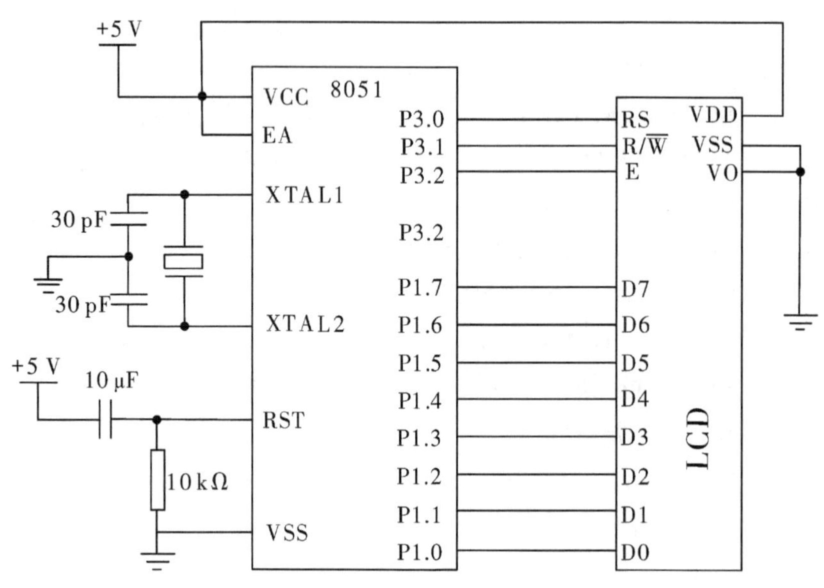

图 5.25 LCD1602 与 8051 接口

字符名称　EQU　数据或汇编符号

其功能是将一个数据或特定的汇编符号赋给其左边的字符名称。

BIT 是位赋值伪指令，其格式为

字符名称　BIT　位地址

其功能是将位地址赋给其左边的字符名称。

采用伪指令定义字符后，若需要修改参数，则只需在前面修改，不必到程序中一个个替换。

程序如下：

```
             RS     BIT   P3.0          ;RS 为 P3.0
             R/W    BIT   P3.1          ;R/W为 P3.1
             E      BIT   P3.2          ;E 为 P3.2
             LCD    EQU   P1            ;LCD 为 P1
             ORG    0H
             AJMP   START
             ORG    0100H
START:       MOV    SP,#70H
             MOV    A,#00111000B        ;设置为 8 位、2 行、5 ×7 字符
             ACALL  WR_INST
             MOV    A,#00001000B        ;关闭显示屏
             ACALL  WR_INST
             MOV    A,#00000001B        ;清除显示屏
             ACALL  WR_INST
```

```
            MOV   A,#00001111B      ;开启显示屏、光标、字符闪烁
            ACALL  WR_INST          ;
            MOV   A,#00000110B      ;设置光标右移,AC+1
            ACALL  WR_INST
LOOP:       MOV   A,#10000000B      ; 设置第一行起始地址
            ACALL  WR_INST
            MOV   DPTR, #LINE1      ;指向第一行显示数据
            MOV     R0, #6
            ACALL  DISP_LCD         ;显示第一行
            ACALL  DELAY            ;延时 2 s
            MOV   A,#11000000B      ; 设置第二行起始地址
            ACALL  WR_INST
            MOV   DPTR, #LINE2      ;指向第二行显示数据
            MOV     R0, #14
            ACALL  DISP_LCD         ;显示第二行
            ACALL  DELAY            ;延时 2 s
            MOV   A,#10000000B      ; 设置第一行起始地址
            ACALL WR_INST
            MOV   DPTR, #LINE3      ;指向第一行显示数据
            MOV     R0, #6
            ACALL  DISP_LCD         ;显示第一行
            ACALL  DELAY            ;延时 2 s
            MOV   A,#11000000B      ; 设置第二行起始地址
            ACALL  WR_INST
            MOV   DPTR, #LINE4      ;指向第二行显示数据
            MOV     R0, #14
            ACALL  DISP_LCD         ;显示第二行
            ACALL  DELAY            ;延时 2 s
            AJMP  LOOP
WR_INST:    ACALL  CHECK_BF
            CLR   RS
            CLR   R/W̄
            SETB   E
            MOV     LCD, A
            CLR E
```

```
              RET
CHECK_BF:     PUSH   A
BUSY:         CLR    RS
              SETB   R/W̄
              SETB   E
              MOV      A, LCD
              CLR    E
              JB   ACC.7,BUSY
              ACALL   DELAY
              POP   A
              RET
DISP_LCD:     MOV   R1,#0
NEXT:         MOV   A,R1
              MOVC   A,@A+DPTR
              ACALL   WR_DATA
              INC   R1
              DJNZ   R0, NEXT
              RET
WR_DATA:      ACALL   CHECK_BF
              SETB   RS
              CLR   R/W̄
              SETB   E
              MOV   LCD,A
              CLR   E
              RET
DELAY:        MOV   R5,#100          ;延时2 s
D1:           MOV   R6,#100
D2:           MOV   R7,#100
              DJNZ   R7, $
              DJNZ   R6,D2
              DJNZ   R5,D1
              RET
LINE1:        DB      'Hello'
LINE2:        DB      'Welcome to LCD'
LINE3:        DB      'Nice to meet you'
```

```
LINE4:      DB    'Good luck'
            END
```

习题与思考题

5.1　按键为什么要去抖动？有哪些方法能够去抖动？

5.2　简述图 5.3 中采用列扫描法的矩阵式键盘工作原理。

5.3　LED 数码管有几种显示方式？各优缺点是什么？

5.4　LCD1602 共有多少条指令？简述功能设定指令。

5.5　8255 口地址的选择由哪两条地址线决定？如何选择？

5.6　已知 8255 的控制字寄存器口地址为 7F03H，编写令 PC6 先置“1”后置“0”的程序。

5.7　8255 有几种工作模式？各有什么特点？

5.8　例 5.1 所示电路，如将 A、B 口接线对调。程序如何修改？

5.9　设 X 和 Y 均为 8 位无符号二进制数，分别存放在内部 RAM 的 50H 和 51H 单元，试编写能完成如下操作的程序，并且把结果 Z（设 $Z<255$）送到内部 RAM 的 52H 单元。

（1）$Z=2X+3Y$。

（2）$Z=5X-2Y$。

5.10　已知在内部 RAM 的 30H 和 31H 单元中分别存储两个 BCD 码表示的十进制数 19 和 53，求两个数之和，并把结果存到 32H 单元。

5.11　试设计程序实现下面功能，已知 P2.0 接一按键，当键闭合时引脚输入电平为 0，P1 口接一共阳极数码管，要求每按键一次数码管显示加 1，初始值为 0，显示到 9 后再按一次按键又从 0 开始显示。

5.12　已知 P2 口低四位接矩阵式键盘行线，P1 口接列线，如何识别 4×8 键盘的键值？假设 32 个键值对应 00H ~ 1FH。

5.13　例 5.10 中，若要从右向左动态显示 6 位十进制数，怎样修改程序？

5.14　简述 LCD1602 初始化设置步骤。

5.15　例 5.11 中，若要在第 1 行第 2 个位置开始显示字符串“Hello!”，怎样修改程序？

第6章　8051单片机中断应用

中断是现代计算机必须具备的重要功能，也是计算机发展史上的一个重要里程碑。中断技术是计算机中一个很重要的技术，它既与硬件有关，又与软件有关，正是因为有了"中断"功能才使计算机的工作更加灵活、更加高效。因此，建立准确的中断概念并灵活掌握中断技术是学好本门课程的关键问题之一。中断是什么？如何使用中断？这些就是本章要回答的问题。

6.1　8051单片机中断概述

6.1.1　中断的定义和作用

下面通过一位办公秘书的工作场景引入中断的概念。

周三上午，一名秘书正在编辑一篇文档，9:00整，突然电话铃响起，这时秘书会立刻放下正在编辑的文档，接听电话，在通话过程中可能做相应的笔录，结束通话后再接着处理还没有编辑完的文档。

在上述的工作场景中，接听电话打断了编辑文档这件事，从计算机的角度可以理解为：接听电话相对于编辑文档这件事来说就是中断。

1. 中断的定义

中断是指计算机暂时停止原程序的执行，而为外部设备服务（执行中断服务程序），并在服务完成后自动返回，继续原程序的执行过程。中断由中断源产生，中断源在需要CPU帮助时可以向CPU提出"中断请求"。"中断请求"通常是一种电信号，CPU一旦检测到这个电信号便自动跳转，开始执行该中断源的中断服务程序，并在执行完成后自动返回原程序继续执行，而且中断源不同，中断服务程序的功能也不同。因此，中断又可定义为CPU自动执行中断服务程序并返回原程序继续执行的过程。

2. 中断的作用

1）可以提高CPU的工作效率

CPU有了中断功能就可以通过分时操作启动多个外设同时工作，并对它们进行统一管理。CPU执行程序员在主程序中安排的有关指令，可以使各外设与它并行工作，而且任何一个外设在工作完成后(例如,打印完第一个数的打印机)都可以通过中断得到满意服务(例如,给打印机送第二个需要打印的数)。因此,CPU在与外设交换信息时通过中断就可以避免不必要的等待与查询,从而大大提高了它的工作效率。

2)可以提高数据的处理时效

在实时控制系统中,被控系统的实时参量,超限数据和故障信息等要求计算机实时采集,进行处理和分析判断,以便对系统实施正确的调节与控制。因此,计算机对实时数据的处理时效常常是被控系统的生命,是影响产品质量和系统安全的关键。CPU有了中断功能,系统的失常和故障就可以通过中断立刻通知CPU,使它可以迅速采集实时数据和故障信息,并对系统做出应急处理。

6.1.2　8051单片机的中断源

中断源是指引起中断原因的设备或部件,或发出中断请求信号的源泉。弄清中断源设备可有助于正确理解中断概念,这也是灵活运用CPU中断功能的重要方面。MCS-51单片机是一种多中断源的单片机,以8051为例,有两个外部中断源、两个定时中断源和一个串行口中断源。

1.外部设备中断源

两个外部中断源为外部中断0和外部中断1,相应的中断请求信号输入端是$\overline{INT0}$(P3.2)和$\overline{INT1}$(P3.3)。

外部中断请求$\overline{INT0}$和$\overline{INT1}$有两种触发方式,即电平触发方式和负边沿触发方式。

在每个机器周期的S5P2,CPU检测$\overline{INT0}$和$\overline{INT1}$上的信号。对于电平触发方式,若检测到低电平即为有效的中断请求。对于负边沿触发方式要检测两次,若前一次为高电平,后一次为低电平,则表示检测到了负跳变的有效中断请求信号。为了保证检测的可靠性,低电平或高电平的宽度至少要保持一个机器周期即12个振荡周期。

2.定时溢出中断源

两个定时溢出中断源为定时溢出中断T0和定时溢出中断T1,定时中断发生在单片机内部。定时中断是为满足定时或计数的需要而设置的,在单片机内部有两个定时/计数器,以计数的方法来实现定时或计数的功能。当发生计数溢出(全1变0)时,表明定时时间到或计数值已满。这时就以计数溢出信号作为中断请求,去置位一个溢出标志位,作为单片机接收中断请求的标志位。

3.串行口中断源

串行口中断源是为串行数据传送的需要而设置的。每当串行口接收或发送完成一个字节的串行数据时,由硬件使TI或RI置位,作为串行口中断请求标志,即产生一个串行口中断请求。该请求在单片机内部自动发生。

6.1.3　中断嵌套

8051单片机共有5个中断源,在同一时刻,CPU只能响应一个中断源的中断请求,因此系统规定了5个中断源的中断优先级,以便CPU先响应中断优先级高的中断请求,然后再逐次响应中断优先级次高的中断请求。

当CPU响应某一中断请求,执行相应的中断服务程序时,若有优先权级别更高的中断源发出中断请求,则CPU中止正在执行的中断服务程序,转去响应级别更高的中断请求,在执行完级别更高的中断服务程序后,再继续执行被中止的中断服务程序,这个过程称为中断嵌套,其示意图如图6.1所示。如果向CPU发出新的中断请求的中断源的优先权级别与正在处理的中断源同级或更低时,则CPU就先不响应这个中断请求,直至正在处理的中断服务程序执行完成以后才去处理新的中断请求。

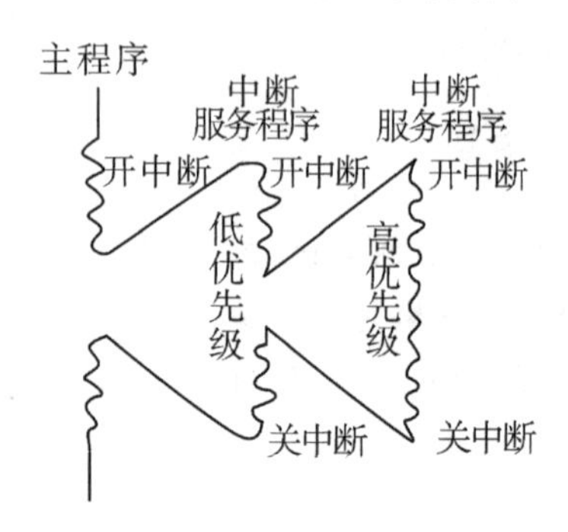

图6.1 中断嵌套示意图

6.1.4 中断系统功能

中断系统是指能够实现中断功能的那部分硬件电路和软件程序。对于MCS-51单片机,大部分中断电路都是集成在芯片内部的,只有与$\overline{INT0}$和$\overline{INT1}$中断输入线连接的中断请求信号产生电路,才分散在各中断源电路或接口芯片电路里。

中断系统一般具有如下功能:

1. 进行中断优先权排队

通常,系统中有多个中断源,有时会出现两个或多个中断源同时提出中断请求,这就要求计算机既能区分各个中断源的请求,又能确定首先为哪一个中断源服务。为了解决这一问题,通常给各个中断源规定了优先级别,称为优先权。当两个或者两个以上的中断源同时提出中断请求时,计算机首先为优先权最高的中断源服务,再响应级别较低的中断源。计算机按中断源级别高低逐次响应的过程称为优先级排队。这个过程可以通过硬件电路来实现,也可以通过程序查询来实现。

2. 实现中断嵌套

CPU实现中断嵌套的先决条件是CPU要有可屏蔽中断功能,其次要有能对中断进行控制的指令。CPU的中断嵌套功能可以使它在响应某一中断源中断请求的同时,再去响应更高中断优先权的中断请求。这就要求CPU暂时停止原中断服务程序的执行,等处理完这个更高中断优先权的中断请求后再来响应。例如:某单片机电台监测系统正在响应打印中断时巧遇目标电台开始发报。若监测系统不能暂时终止打印机的打印中断,而去嵌套响应捕捉目标电台信号的中断,那就会贻误战机,造成无法弥补的损失。

3. 自动响应中断及返回

当某一个中断源发出中断请求时,CPU 能决定是否响应这个中断请求(当 CPU 正在执行更急、更重要的工作时,可以暂时不响应中断)。若允许响应这个中断请求,CPU 必须将正在执行的指令执行完毕后,再把断点处的 PC 值(即下一条将要执行的指令地址)压入堆栈保存下来,这称为保护断点,这是计算机自动执行的。同时用户自己编程时,也要把有关的寄存器内容和标志位的状态压入堆栈,这称为保护现场。完成保护断点和保护现场的工作后即可执行中断服务程序,执行完毕,需要恢复现场,在中断服务程序末尾加返回指令 RETI,这个过程由用户编程。RETI 指令的功能是恢复 PC 值(即恢复断点),使 CPU 返回断点,继续执行主程序。中断响应及返回示意图如图 6.2 所示。

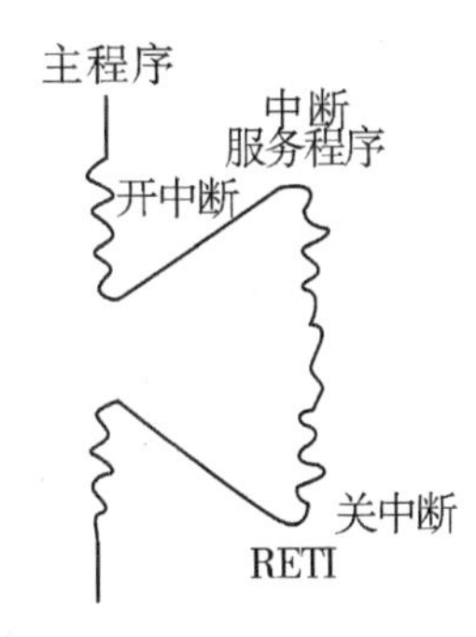

图 6.2　中断响应及返回示意图

6.2　逻辑运算及移位指令

在对中断优先级的判断处理过程中需要运用逻辑运算,下面介绍 8051 单片机的逻辑运算及移位指令。

在这类指令中,大多数指令在运算前都要用累加器 A 来存放一个操作数,运算的结果也存放在累加器 A 中。这类指令包括逻辑运算和移位指令 2 类,共 24 条。

6.2.1　逻辑操作指令

逻辑操作指令有 20 条,可以对两个 8 位二进制数进行与、或、非和异或等逻辑运算,常用来对数据进行逻辑处理,使之适合于传送、存储和输出打印等。在这类指令中,除以累加器 A 为目标寄存器的指令外,其余指令均不会改变 PSW 中的任何标志位。

1. 逻辑与指令

```
ANL   A,#data        ;A←A∧data
ANL   A,Rn           ;A←A∧Rn
ANL   A,direct       ;A←A∧(direct)
ANL   A,@Ri          ;A←A∧(Ri)
```

ANL　direct,A　　　　　　;direct←(direct) ∧ A

ANL　direct,#data　　　　;direct←(direct) ∧ data

这组指令前 4 条是以累加器 A 为目标操作数的逻辑与指令,其功能是把累加器 A 和源操作数按位进行逻辑与操作,并把操作结果送回累加器 A;后 2 条是以 direct 为目标地址的逻辑与指令,其功能是把 direct 中的目的操作数和源操作数按位进行逻辑与操作,并把操作结果送入 direct 目标单元。

[**例 6.1**]已知:A = 55H,R0 = 30H,(30H) = AAH,(31H) = CCH,试问 CPU 执行如下指令后累加器 A 和 31H 中的值是多少?

(1)ANL　A,R0 (2)ANL　A,@R0 (3)ANL　31H ,A (4)ANL　31H,#0A1H

解

(1)A = 10H;(2)A = 00H;(3)(31H) = 44H;(4)(31H) = 80H。

[**例 6.2**]已知在 R0 的低 4 位存储一位十六进制数 X (在 0 ~ F 之间),编写程序实现下面功能:把 X 转换成相应的 ASCII 码形式,并将转换结果送入 R2 中。

解　本例利用 ANL 指令将 R0 高 4 位屏蔽,则 R0 低 4 位即为所查表的项数,根据查表指令查出对应项数的 ASCII 码。ASCII 码表可以采用下面 2 种形式给出:若 ASTAB = 1000H,则在单片机程序存储器地址为 1000H 开始依次存储 0 ~ F 的 ASCII 码表指令为

ASTAB:DB “0123456789ABCDEF” 或

ASTAB:DB ‘0’,‘1’,‘2’,‘3’,‘4’,‘5’,‘6’,‘7’,‘8’,‘9’

　　　DB‘A’,‘B’,‘C’,‘D’,‘E’,‘F’。

程序如下:

```
        ORG   0100H
        MOV   DPTR, #ASTAB        ;DPTR←ASTAB
        MOV   A, R0               ;A←R0
        ANL   A, #0FH             ;屏蔽高四位
        MOVC  A, @A + DPTR        ;A←(A + DPTR),查表
        MOV   R2, A               ;R2←A
ASTAB:  DB    "0123456789ABCDEF"  ;建立 0 ~ F ASCII 码表
        END
```

2. 逻辑或指令

ORL　A,#data　　　　;A←A ∨ data

ORL　A,Rn　　　　　;A←A ∨ Rn

ORL　A,direct　　　;A←A ∨ (direct)

ORL　A,@Ri　　　　;A←A ∨ (Ri)

ORL　direct,A　　　;direct←(direct) ∨ A

ORL　direct,#data　;direct←(direct) ∨ data

这组指令和逻辑与指令类似，只是指令所执行的操作是逻辑或。逻辑或指令可以用于对某个存储单元或累加器A中的数据进行变换，使其中的某些位变为“1”而其余位不变。

[例6.3]已知：A=55H，R0=30H，(30H)=AAH，(31H)=CCH，试问CPU执行如下指令后累加器A和31H中的值是多少？

(1)ORL　A,R0 (2)ORL　A,@R0 (3)ORL　31H ,A (4)ORL　31H,#0A1H

解

(1)A=75H；(2)A=FFH；(3)(31H)=DDH；(4)(31H)=EDH。

3. 逻辑异或指令

```
XRL   A,#data          ;A←A⊕data
XRL   A,Rn             ;A←A⊕Rn
XRL   A,direct         ;A←A⊕(direct)
XRL   A,@Ri            ;A←A⊕(Ri)
XRL   direct,A         ;direct←(direct)⊕A
XRL   direct,#data     ;direct←(direct)⊕data
```

这组指令和前两组指令类似，只是指令所进行的操作是逻辑异或。逻辑异或指令也可以用来对某个存储单元或累加器A中的数据进行变换，使其中某些位取反而其余位保持不变。

[例6.4]已知：A=55H，R0=30H，(30H)=AAH，(31H)=CCH，试问CPU执行如下指令后累加器A和31H中的值是多少？

(1)XRL　A,R0　(2)XRL　A,@R0　(3)XRL　31H ,A　(4)XRL　31H,#0A1H

解

(1)A=65H；(2)A=FFH；(3)(31H)=99H；(4)(31H)=6DH。

[例6.5]写出完成下列功能的指令段。

(1)对累加器A中的高5位清0，其余位不变。

(2)对累加器A中的低3位置1，其余位不变。

(3)对累加器A中的高4位取反，其余位不变。

解

```
(1)  ANL   A,#00000111B
(2)  ORL   A,#00000111B
(3)  XRL   A,#11110000B
```

4. 累加器清零和取反指令

CLR　A；A←0

CPL　A；A←$\overline{A}$

这两条指令均为单字节单周期指令，在程序设计中非常有用。

[例6.6]已知在内部RAM内，从30H单元开始连续存放10个无符号数，编写程序

实现如下功能:将这 10 个数进行累加,并将累加和存放到 31H 单元,假设累加和不超过 255。

解 首先需要对累加器 A 清零。

程序如下:

```
        ORG   0100H
        MOV   R0, #30H        ;R0←30H
        MOV   R2, #10         ;R2←10
        CLR   A               ;A←0
LOOP:   ADD   A, @R0          ;A←A + (R0)
        INC   R0              ;R0←R0 + 1
        DJNZ  R2, LOOP        ;若 R2 - 1≠0,则转 LOOP
        MOV   31H, A          ;(31H)←A,存累加和
        SJMP  $               ;动态停机
        END
```

6.2.2 循环移位指令

8051 单片机有 4 条对累加器 A 的循环移位指令,用于对累加器 A 中的内容按位移动。4 条移位指令分别如下:

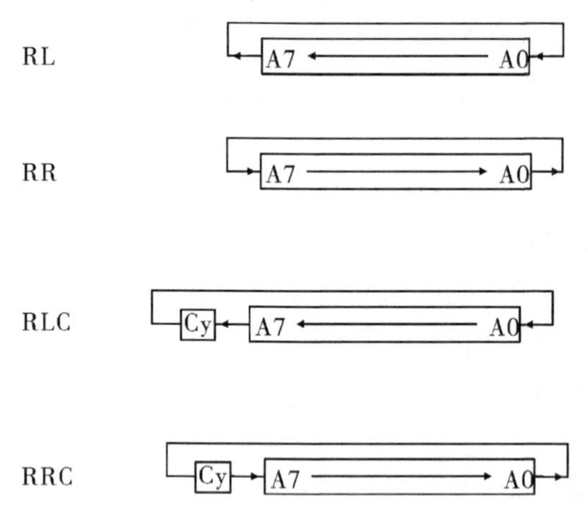

这 4 条指令功能如指令右边注释所示。前两条指令是在累加器 A 中进行循环左移或右移,每次移一位,执行后不影响 PSW 中的标志位;后两条是带 Cy 标志位一起进行循环左移或右移,执行后影响 PSW 中的 Cy 和 P 标志位。

[**例** 6.7]已知累加器 A 中的内容为 11000101B(197),试问执行下列指令后,累加器 A 和 Cy 中的内容是什么?

(1)CLR C

RLC A

(2)CLR　C

　RRC　A

解

(1)A =10001010B(138),Cy =1;(2)A =01100010B(98),Cy =1。

由本题可知:左环移如果最低位补 0,相当于该数乘 2;右环移如果最高位补 0,相当于该数除 2。

6.3　8051 单片机的中断系统

MCS -51 单片机的中断系统主要由几个与中断有关的特殊功能寄存器、中断入口、顺序查询逻辑电路等组成。

6.3.1　8051 单片机的中断源和中断标志

在 MCS -51 单片机中,单片机类型不同其中断源个数和中断标志位也有差别。例如,8031 单片机、8051 单片机和 8751 单片机有 5 级中断;8032 单片机、8052 单片机和 8752 单片机有 6 级中断。现以 8051 单片机的 5 级中断为例进行介绍。

1. 中断源

8051 单片机的 5 级中断分为外部中断 0、定时器 T0 溢出中断、外部中断 1、定时器 T1 溢出中断和串行口中断。

1)外部中断源

8051 单片机有 $\overline{INT0}$ 和 $\overline{INT1}$ 两条外部中断请求输入线,用于输入两个外部中断源的中断请求信号,并允许外部中断源以低电平或负边沿两种中断触发方式输入中断请求信号。8051 单片机究竟工作于哪种中断触发方式,可由用户通过对定时器控制寄存器 TCON 的 IT0 和 IT1 位状态的设定来选取(见图 6.3)。8051 单片机在每个机器周期的 S5P2 时对 $\overline{INT0}/\overline{INT1}$ 线上的中断请求信号进行一次检测,检测方式和中断触发方式的选取有关。若 8051 单片机设定为边沿触发方式(IT0 =1 或 IT1 =1),则 CPU 需要两次检测 $\overline{INT0}/\overline{INT1}$ 线上的电平方能确定其中断请求是否有效,即前一次检测为高电平且后一次检测为低电平时,$\overline{INT0}/\overline{INT1}$ 线上的中断请求才有效。因此,8051 单片机检测 $\overline{INT0}/\overline{INT1}$ 上负边沿中断请求的时刻不一定恰好是其上中断请求信号发生负跳变的时刻,但两者之间最多不会相差一个机器周期时间。

2)定时器溢出中断源

定时器溢出中断由 8051 单片机内部定时器中断源产生,属于内部中断。8051 单片机内部有两个 16 位定时器/计数器,由内部定时脉冲(系统时钟脉冲经 12 分频后作计数脉冲)或 T0/T1 引脚上输入的外部输入脉冲计数。定时器 T0/T1 在定时脉冲作用下从全“1”变为全“0”时可以自动向 CPU 提出溢出中断请求,以表明定时器 T0 或 T1 的定时时间已到。定时器 T0/T1 的定时时间可由用户通过程序设定，以便 CPU 在定时器溢出中断服务程序内进行计时。

3）串行口中断源

串行口中断由 8051 单片机内部串行口中断源产生，也是一种内部中断。串行口中断分为发送中断和接收中断两种，在串行口进行发送/接收数据时，每当串行口发送/接收完一个字节的串行数据时，串行口电路自动使串行口控制寄存器 SCON 中的 RI 或 TI 中断标志位置位（见图 6.4），并自动向 CPU 发出串行口中断请求，CPU 响应串行口中断后便立即转移至中断入口地址，开始串行口中断服务程序的执行。因此，只要在串行口中断服务程序中安排一段对 SCON 中的 RI 和 TI 中断标志位的状态进行判断的程序，便可区分串行口发生了接收中断请求还是发送中断请求。

2. 中断标志

8051 单片机在每个机器周期的 S5P2 时检测（或接收）外部（或内部）中断源发来的中断请求信号，先使相应中断标志位置位，然后便在下个机器周期检测这些中断标志位状态，以决定是否响应该中断。8051 单片机中断标志位集中安排在定时器控制寄存器 TCON 和串行口控制器 SCON 中，由于它们对于 8051 单片机中断初始化关系密切，应熟悉或记住它们。

1）定时器控制寄存器 TCON

TCON 各位定义如图 6.3 所示。各位含义如下：

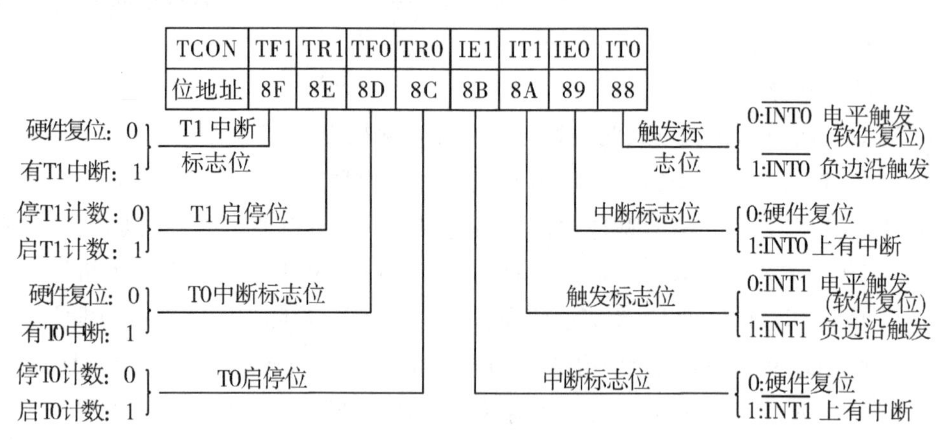

图 6.3　TCON 各位定义

a）IT0 和 IT1

IT0 为$\overline{INT0}$中断触发方式控制位，位地址是 88H。IT0 状态可由用户通过程序设定：若是 IT0 = 0，则$\overline{INT0}$上中断请求信号的触发方式为电平触发（即低电平引起中断）；若 IT0 = 1，则$\overline{INT0}$设定为负边沿触发方式（即由负边沿引起中断），IT1 的功能和 IT0 相同，区别仅在于被设定的外部中断触发方式不是$\overline{INT0}$而是$\overline{INT1}$，位地址为 8AH。

b）IE0 和 IE1

IE0 为外部中断$\overline{INT0}$中断请求标志位，位地址是 89H。当 CPU 在每个机器周期的

S5P2 时检测到$\overline{\text{INT0}}$上的中断请求有效时，IE0 由硬件自动置位；当 CPU 响应$\overline{\text{INT0}}$上的中断请求后进入相应中断服务程序时，IE0 被自动复位。IE1 为外部中断$\overline{\text{INT1}}$的中断请求标志位，位地址为 8BH，其作用和 IE0 相同。

c）TR0 和 TR1

TR0 为定时器 T0 的启停控制位，位地址为 8CH。TR0 状态可由用户通过程序设定：若使 TR0 = 1，则定时器 T0 立即开始计数；若 TR0 = 0，则定时器 T0 停止计数。TR1 为定时器 T1 的启停控制位，位地址为 8EH，其作用和 TR0 相同。

d）TF0 和 TF1

TF0 为定时器 T0 溢出中断标志位，位地址为 8DH；TF1 为定时器 T1 的溢出中断标志位，位地址为 8FH。

2）串行口控制寄存器 SCON

SCON 各位定义如图 6.4 所示。图中，TI 和 RI 两位分别为串行口发送中断标志位和接收中断标志位，其余各位用于串行口方式设定和串行口发送/接收控制。

TI 为串行口发送中断标志位，位地址为 99H。在串行口发送完一个字节数据时，串行口电路向 CPU 发出串行口中断请求的同时也使 TI 置位，但它在 CPU 响应串行口中断后是不能由硬件复位的，故用户应在串行口中断服务程序中通过指令来使它复位。

RI 为串行口接收中断标志位，位地址为 98H。在串行口接收到一个字节串行数据时，串行口电路向 CPU 发出串行口中断请求的同时也使 RI 置位，表示串行口已产生了接收中断。RI 也应由用户在中断服务程序中通过软件复位。

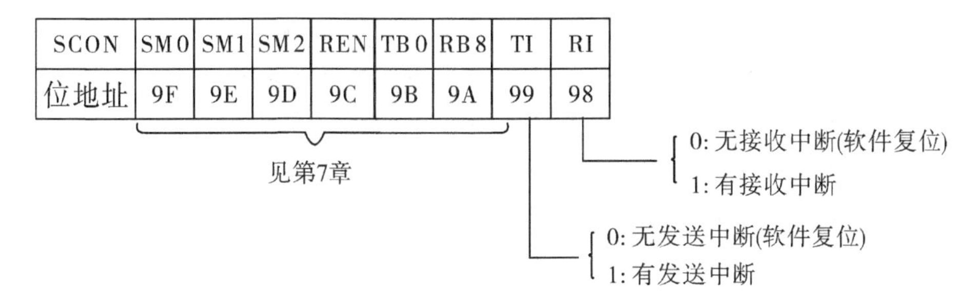

SCON	SM0	SM1	SM2	REN	TB8	RB8	TI	RI
位地址	9F	9E	9D	9C	9B	9A	99	98

图 6.4　SCON 各位定义

6.3.2　8051 单片机对中断请求的控制

1. 对中断允许的控制

8051 单片机没有专门的开中断和关中断指令，中断的开放和关闭是通过中断允许寄存器 IE 进行两级控制。所谓两级控制是指由一个中断允许总控位 EA，配合各中断源的允许控制位共同实现对中断请求的控制。这些中断允许控制位集成在中断允许寄存器 IE 中，如图 6.5 所示。

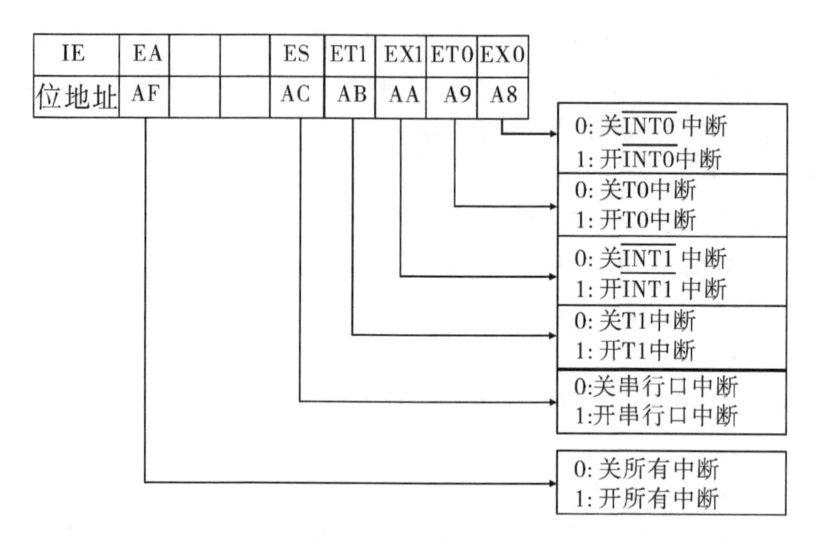

图 6.5 IE 各位定义

现在对 IE 各位的含义和作用分析如下：

①EA：为允许中断总控位，位地址为 AFH。EA 的状态可由用户通过程序设定：若使 EA＝0，则 MCS－51 的所有中断源的中断请求均被禁止（屏蔽）；若使 EA＝1，则 MCS－51 所有中断源的中断请求均被允许，但它们最终是否能被 CPU 响应还取决于 IE 中相应中断源的中断允许控制位状态。

②EX0 和 EX1：EX0 为$\overline{\text{INT0}}$中断请求控制位，位地址是 A8H。EX0 状态由用户通过程序设定：若 EX0＝0，则$\overline{\text{INT0}}$上的中断请求被禁止；若 EX0＝1，则$\overline{\text{INT0}}$上的中断请求被允许，但 CPU 最终能否响应$\overline{\text{INT0}}$上的中断请求还要看允许中断总控位 EA 是否为“1”状态。EX1 为$\overline{\text{INT1}}$中断请求允许控制位，位地址为 AAH，其作用和 EX0 相同。

③ET0 和 ET1：ET0 为定时器 T0 的溢出中断允许控制位，位地址是 A9H，ET0 状态由用户通过程序设定：若 ET0＝0，则定时器 T0 的溢出中断被禁止；若 ET0＝1，则定时器 T0 的溢出中断被允许，但 CPU 最终是否响应该中断请求还要看允许中断总控位 EA 是否处于“1”状态。

④ES：ES 为串行口中断允许控制位，位地址是 ABH；ES 状态由用户通过程序设定：若 ES＝0，则串行口中断被禁止；若 ES＝1，则串行口中断被允许，但 CPU 最终是否能响应这一中断还取决于中断允许总控位 EA 的状态。

IE 的单元地址是 A8H，各控制位（位地址为 A8H～AFH）也可以进行位寻址，故我们既可以用字节传送指令，也可以用位操作指令来对各个中断请求加以控制。例如：可以采用如下字节传送指令来允许定时器 T0 的溢出中断。

```
MOV    IE,#82H
```

若改用位操作指令，则需采用如下两条指令：

```
SETB    EA
SETB    ET0
```

由于单片机复位后，IE 内容为 00H，CPU 处于禁止所有中断的状态。因此，在 MCS－51 单片机复位以后，用户必须通过主程序中的指令来允许所需中断，以便中断请求来到时能被 CPU 所响应。

2. 对中断优先级的控制

MCS－51 单片机对中断优先级的控制比较简单，所有中断都可设定为高、低两个中断优先级，以便 CPU 对所有中断实现两级中断嵌套。在响应中断时，CPU 先响应高优先级中断，然后再响应低优先级中断。每个中断的中断优先级均可通过程序来设定，由中断优先级寄存器 IP 统一管理，如图 6.6 所示。

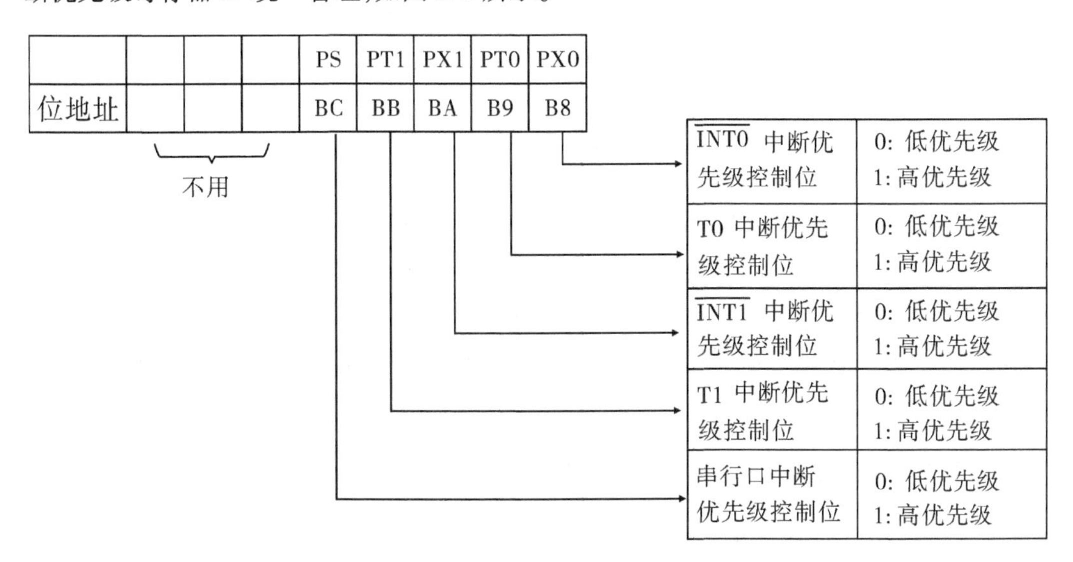

图 6.6　IP 各位定义

现在对 IP 各位的定义说明如下：

①PX0 和 PX1：PX0 是 $\overline{INT0}$ 中断优先级控制位，位地址为 B8H。PX0 的状态可由用户通过程序设定：若 PX0 = 0，则 $\overline{INT0}$ 中断被定义为低中断优先级；若 PX0 = 1，则 $\overline{INT0}$ 中断被定义为高中断优先级。PX1 是 $\overline{INT1}$ 中断优先级控制位，位地址是 BAH，其作用和 PX0 相同。

②PT0 和 PT1：PT0 成为定时器 T0 的溢出中断控制位，位地址是 B9H。PT0 状态可由用户通过程序设定：若 PT0 = 0，则定时器 T0 被定义为低中断优先级；若 PT0 = 1，则定时器 T0 被定义为高中断优先级。PT1 为定时器 T1 的溢出中断控制位，位地址是 BBH。PT1 的功能和 PT0 相同。

③PS：PS 为串行口中断控制位，位地址是 BCH。PS 状态也由用户通过程序设定：若 PS = 0，则串行口中断定义为低中断优先级；若 PS = 1，则串行口中断定义为高中断优先级。

IP 也是 8051 CPU 的 21 个特殊功能寄存器之一，各位状态均可由用户通过程序设定，以便对各中断源的优先级进行控制。8051 共有 5 个中断源，但中断优先级只有高低两级。因此,8051 在工作过程中必然会有两个或两个以上中断源处于同一中断优先级(或者为高中断优先级,或者为低中断优先级)。若出现这种情况,MCS－51 单片机内部中断系统对各中断源的中断优先级有统一规定,在出现同级中断请求时就按表 6.1 所列顺序来响应中断。

表 6.1　8051 各中断源中断优先级顺序

中断源	中断标志	优先级顺序
$\overline{INT0}$	IE0	高
定时器 T0	TF0	↓
$\overline{INT1}$	IE1	↓
定时器 T1	TF1	↓
串行口中断	TI 或 RI	低

MCS－51 单片机有了这个中断优先级的顺序功能就可以同时处理两个或两个以上中断源的中断请求。例如,若$\overline{INT0}$和$\overline{INT1}$同时设定为高中断优先级(PX0 = 1 和 PX1 = 1),其余中断设定为低中断优先级(PT0 = 0,PT1 = 0 和 PS = 0),则当$\overline{INT0}$和$\overline{INT1}$同时请求中断时,MCS－51 就会根据默认优先级顺序,先处理完$\overline{INT0}$的中断请求,再自动转去处理$\overline{INT1}$的中断请求。

6.3.3　8051 单片机对中断的响应

8051 响应中断时需要满足如下条件之一:

(1)若 CPU 处在非响应中断状态且相应中断是允许的,则 MCS－51 在执行完现行指令后就会自动响应来自某中断源的中断请求。

(2)若 CPU 正处在响应某一中断请求状态时,又来了新的优先级更高的中断请求,则 MCS－51 便会立即响应并实现中断嵌套;若新来的中断优先级比正在服务的优先级低,则 CPU 必须等到现有中断服务完成以后才会自动响应新来的中断请求。

(3)若 CPU 正处在执行 RETI 或任何访问 IE/IP 指令(如 SETB EA)的时刻,则 MCS－51单片机必须等待执行完下条指令后才响应该中断请求。

在满足上述三个条件之一的基础上,MCS－51 单片机均可响应新的中断请求。在响应新中断请求时。MCS－51 单片机的中断系统先把该中断请求锁存在各自的中断标志位中,然后在下个机器周期内,按照 IP 和表 6.1 的中断优先级顺序查询中断标志位状态,并完成中断优先级排队。在下个机器周期的 S1 状态时,MCS－51 单片机开始响应最高优先级中断。在响应中断的三个机器周期里,MCS－51 单片机必须做以下三件事:

①把当前程序计数器 PC 中的内容(断点地址)压入堆栈,以便执行到中断服务程序末尾的 RETI 指令时,按此地址返回原程序执行。

②关闭中断,以防止在响应中断期间受其他中断的干扰。

③根据中断源入口地址(如表 6.2 所示)跳转(即自动执行一条长转移指令),开始执行相应中断服务程序。

表 6.2　8051 中断入口表

中断源	中断服务程序入口
$\overline{\text{INT0}}$	0003H
定时器 T0	000BH
$\overline{\text{INT1}}$	0013H
定时器 T1	001BH
串行口中断	0023H

由表 6.2 可知:8051 的五个中断源的入口地址之间彼此相差 8 个存储单元,这 8 个存储单元用来存放中断服务程序的指令码,由于存储单元少,通常难以存放。为了解决这一问题,用户常在 8 个中断入口地址处存放一条三字节的长转移指令。CPU 执行这条长转移指令,便可跳转至相应中断服务程序的存储区,开始执行。例如,若定时器 T0 中断服务程序起始地址为 0100H 单元,而定时器 T0 的中断服务程序入口为 000BH,则在 000BH 处进行如下安排,指令执行后便可转入 0100H 处执行中断服务程序。

```
ORG     000BH
LJMP    0100H
```

中断服务程序是专门为外部设备或其他内部中断源处理而设计的程序段,其结尾必须是中断返回指令 RETI。RETI 是中断处理结束的标志,它告诉 CPU 这个中断处理过程已经结束,然后从堆栈中取出断点地址送给程序计数器 PC,使程序返回到断点处继续向下执行。

8051 单片机 CPU 的中断响应过程可用图 6.7 描述。

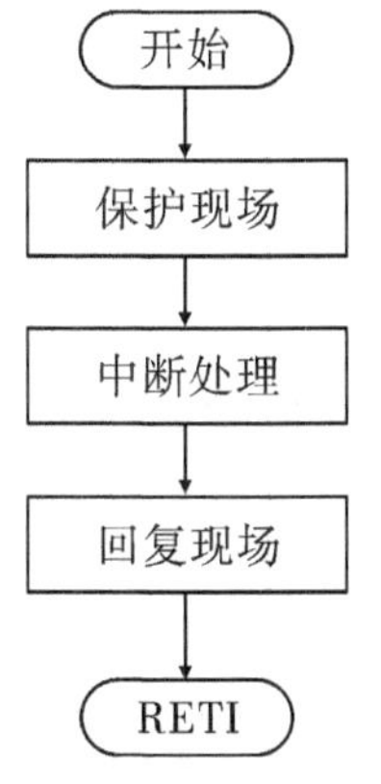

图 6.7　8051 单片机中断响应过程

在使用 MCS-51 单片机中断技术时,应注意以下两个方面:

(1)中断查询在每个机器周期是重复进行的,在中断查询时,中断系统查询中断标志位的状态是在前一个机器周期的 S5 的 P2 节拍采样,如果某个中断源的中断标志位被置1,但因中断响应条件的原因没有被响应,当中断响应条件具备时,该中断标志位并非为1,那么,这个中断请求将不会被 CPU 响应。换句话说,当一个中断标志位被置 1,但没有被 CPU 响应,这个中断标志位是不会被保持的。在每一个机器周期总是查询上一个机器周期新采样得到的中断标志位。

(2)子程序返回指令 RET 也可以使中断处理程序返回到断点处,但是,它不能告知CPU 中断处理已经结束。因此,CPU 依然处于中断处理的状态。如果是处理高优先级中断,CPU 只响应一次中断,而且屏蔽其他所有的中断请求。

6.3.4 8051 单片机对中断的响应时间

在实时控制系统中,为了满足控制速度要求,需要弄清 CPU 响应中断所需的时间。响应中断的时间有最短和最长之分。

响应中断的最短时间需要三个机器周期。这三个机器周期的分配是:第一机器周期用于查询中断标志状态(设中断标志已建立且 CPU 正处在一条指令的最后一个机器周期);第二和第三个机器周期用于保护断点、关 CPU 中断和自动转入执行一条长转移指令。因此,8051 从响应中断到开始执行中断入口地址处的指令为止,最短需要三个机器周期。

若 CPU 在执行 RETI(或访问 IE/IP)指令的第一个机器周期过程中,查询到有了某中断源的中断请求(设该中断源的中断是开放的),则 MCS - 51 需要再执行一条指令才会响应这个中断请求。在这种情况下,CPU 响应中断的时间最长,共需 8 个机器周期。这 8 个机器周期的分配为:执行 RETI(或访问 IE/IP)指令需要另加一个机器周期(CPU 需要在这类指令的第一个机器周期查询该中断请求的存在);执行 RETI(或访问 IE/1P)指令的下一条指令最长需要 4 个机器周期;响应中断到转入该中断入口地址需要 3 个机器周期。

一般情况下,MCS - 51 响应中断的时间在 3 ~8 个机器周期之间。当然,若 CPU 正在进行同级或更高级中断服务(执行它们的中断服务程序)时,则新中断请求的响应需要等待的时间就无法预估。中断响应的时间在一般情况下可不予考虑,但在某些精确定时控制场合,就需要根据上述情况对定时器的时间常数初值做出某种调整。

6.3.5 8051 单片机对中断请求的撤除

在中断请求被响应前,中断源发出的中断请求是由 CPU 锁存在 TCON 和 SCON 的相应中断标志位中的。一旦某个中断请求得到响应,CPU 必须把它的相应中断标志位复位成“0”状态。否则,8051 单片机就会因中断标志未能得到及时撤除而重复响应同一中断请求,这是绝对不允许的。

8051 单片机有五个中断源,但实际上只分属于三种中断类型。这三种中断类型是:外部中断、定时器溢出中断和串行口中断。对于这三种中断类型的中断请求,其撤除方法是不相同的。现对它们分述如下：

1. 定时器溢出中断请求的撤除

TF0和TF1是定时器溢出中断标志位，它们因定时器溢出中断的中断请求的产生而置位，因定时器溢出中断得到响应而自动复位成“0”状态。因此，定时器溢出中断源的中断请求是自动撤除的，用户不必专门为它们撤除。

2. 串行口中断请求的撤除

TI和RI是串行口中断的标志位，中断系统不能自动将它们撤除，这是因为MCS-51进入串行口中断服务程序后，经常需要对它们进行检测，以判定串行口发生了接收中断还是发送中断。为了防止CPU再次响应这类中断，用户应在中断服务程序的适当位置处通过如下指令将它们撤除。

```
CLR   TI      ;撤除发送中断
CLR   RI      ;撤除接收中断
```

若采用字节型指令，则也可采用如下指令：

```
ANL   SCON,#0FCH      ;撤出发送和接收中断
```

3. 外部中断请求的撤除

外部中断请求有两种触发方式；电平触发和负边沿触发。对于这两种不同的中断触发方式，8051单片机撤除它们的中断请求的方法是不相同的。

在负边沿触发方式下，外部中断标志IE0或IE1是依靠CPU检测$\overline{\text{INT0}}$或$\overline{\text{INT1}}$上的触发电平状态而置位的。因此，芯片设计者使CPU在响应中断时自动复位IE0或IE1就可撤除$\overline{\text{INT0}}$或$\overline{\text{INT1}}$上的中断请求，因为外部中断源在得到CPU的中断服务时是不可能在$\overline{\text{INT0}}$或$\overline{\text{INT1}}$上再次产生负边沿，从而使相应中断标志位IE0或IE1置位。

在电平触发方式下，外部中断标志IE0或IE1是依靠CPU两次检测$\overline{\text{INT0}}$或$\overline{\text{INT1}}$上的低电平而置位的。尽管CPU响应中断时相应中断标志IE0或IE1能自动复位成“0”状态，但若外部中断源不能及时撤除在$\overline{\text{INT0}}$或$\overline{\text{INT1}}$上的低电平，就会再次使已经变“0”的中断标志IE0或IE1置位，这是绝对不能允许的。因此，电平触发型外部中断请求的撤除必须使$\overline{\text{INT0}}$或$\overline{\text{INT1}}$上的低电平随着对应中断被CPU响应而变为高电平。关于撤除电路可参考相关的数字电路的设计手册。

6.4　8051单片机中断的应用

中断控制实质上就是用软件对4个与中断有关的寄存器TCON、SCON、IE和IP进行设置，即中断初始化，设置好这些特殊功能寄存器后，CPU就会按照用户期望的要求对中断源进行管理和控制。在8051单片机中，中断初始化步骤为：

(1)开总中断和相应中断源的中断，也就是允许中断。

此步骤是对中断允许寄存器IE进行设置，如开外部中断0($\overline{\text{INT0}}$)中断，指令为

MOV　IE,#81H 或采用两条位操作指令(见第 7 章)

SETB　EA

SETB　EX0

(2)设定相应中断源的中断优先级,也可以采取系统默认状态。

此步骤是对中断优先级寄存器 IP 进行设置,如果对外部中断 1($\overline{\text{INT1}}$)设置为高优先级中断,其指令为

MOV　IP,#84H 或采用位操作指令 SETB　PX1。

若系统只使用一个中断源,对 IP 的设置可省略,若系统使用多个中断源,则需对 IP 进行设置,若未设置则系统会按 CPU 默认的优先级顺序响应中断请求。

(3)若为外部中断,则应规定中断的触发方式,电平触发还是负边沿触发。

此步骤是对定时器控制寄存器 TCON 中的 IT0 和 IT1 这两个标志位进行设置。IT0 是针对外部中断 0($\overline{\text{INT0}}$)的触发方式设置,IT1 是针对外部中断 1($\overline{\text{INT1}}$)的触发方式设置,如设置外部中断 0($\overline{\text{INT0}}$)为负边沿触发方式,指令为

MOV　TCON,#01H 或采用位操作指令 SETB　IT0

6.4.1　外部中断源的应用

单片机应用系统需要处理大量的输入信号,考虑应用系统对输入信号状态变化的反应快慢程度(不管应用系统对输入信号的查询速度有多么迅速,其平均响应时间总是大于中断技术的响应时间)及输入信号状态变化的最小持续时间(如果信号触发频率接近指令周期频率的 1/10,最好采用中断方法,因查询时需要采用较小的查询循环),对这些信号处理通常采用中断方法实现。

[**例 6.8**]　试写出$\overline{\text{INT1}}$为负边沿触发和高中断优先级的中断初始化程序。

解　(1)采用位操作指令:

```
SETB    EA
SETB    EX1          ;开INT1中断
SETB    PX1          ;使INT1为高优先级
SETB    IT1          ;使INT1为负边沿触发
```

(2)采用字节指令:

```
MOV   IE,# 84H       ;开INT1中断
MOV   IP,# 04H       ;使INT1为高优先级
MOV   TCON,#04H      ;使INT1为负边沿触发
```

[**例 6.9**]已知 P3.2 ($\overline{\text{INT0}}$)引脚接一单次脉冲信号源,如果有中断请求,则 CPU 使 P1.0 引脚电平取反。电路如图 6.8 所示。

解

程序如下:

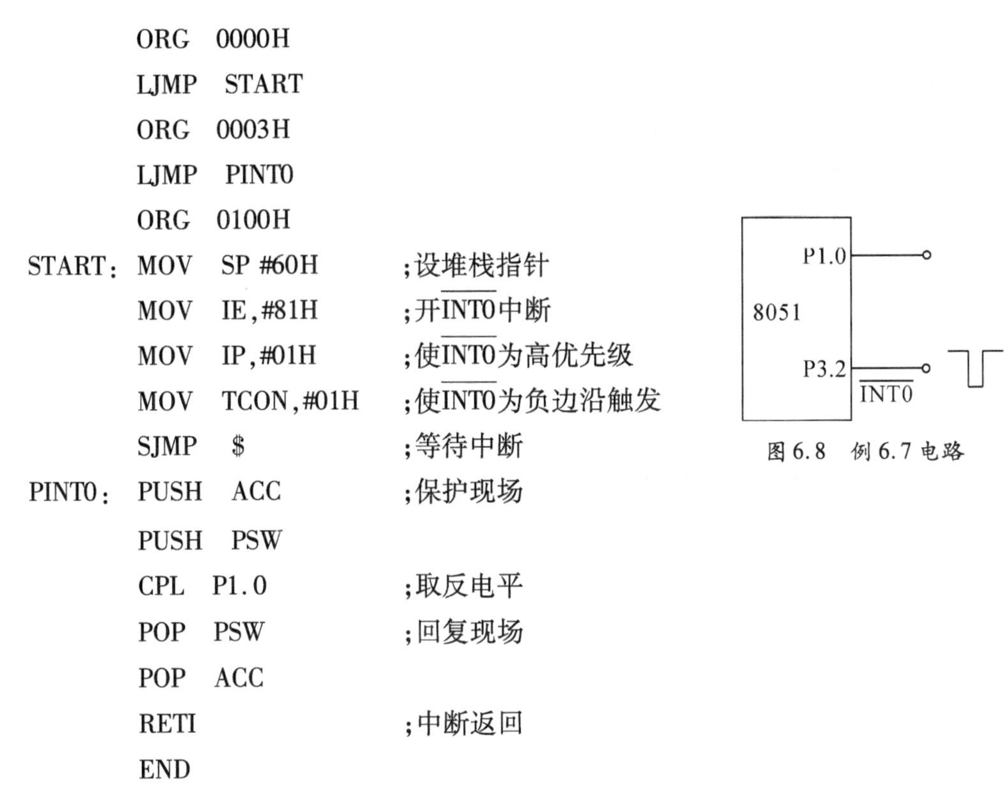


```
         ORG   0000H
         LJMP  START
         ORG   0003H
         LJMP  PINT0
         ORG   0100H
START:   MOV   SP #60H        ;设堆栈指针
         MOV   IE,#81H        ;开INT0中断
         MOV   IP,#01H        ;使INT0为高优先级
         MOV   TCON,#01H      ;使INT0为负边沿触发
         SJMP  $              ;等待中断
PINT0:   PUSH  ACC            ;保护现场
         PUSH  PSW
         CPL   P1.0           ;取反电平
         POP   PSW            ;回复现场
         POP   ACC
         RETI                 ;中断返回
         END
```

图 6.8 例 6.7 电路

[**例 6.10**] 已知单片机中断应用电路如图 6.9 所示。主程序实现从 L0 开始的单灯左移,当 PB0 按下,系统进入中断状态,中断服务程序实现 8 灯闪烁,闪烁 10 次后返回,恢复中断前的状态。

解

程序如下:

```
        ORG      0000H
        LJMP     MAIN           ;转移到主程序
        ORG      0003H          ;外部中断 0 程序入口
        LJMP     P_INT0
        ORG      0100H
MAIN:   MOV      SP,  #70H      ;设置堆栈指针
        MOV      TCON, #01H     ;设INT0为负边沿触发
        MOV      IE, #81H       ;开INT0中断
        MOV      A, #0FEH       ;显示控制码初值
NEXT:   MOV      P1,A           ;输出显示
        ACALL    DLY            ;延时 0.1 s
        RL       A              ;产生下 1 个显示控制码
        AJMP     NEXT
```

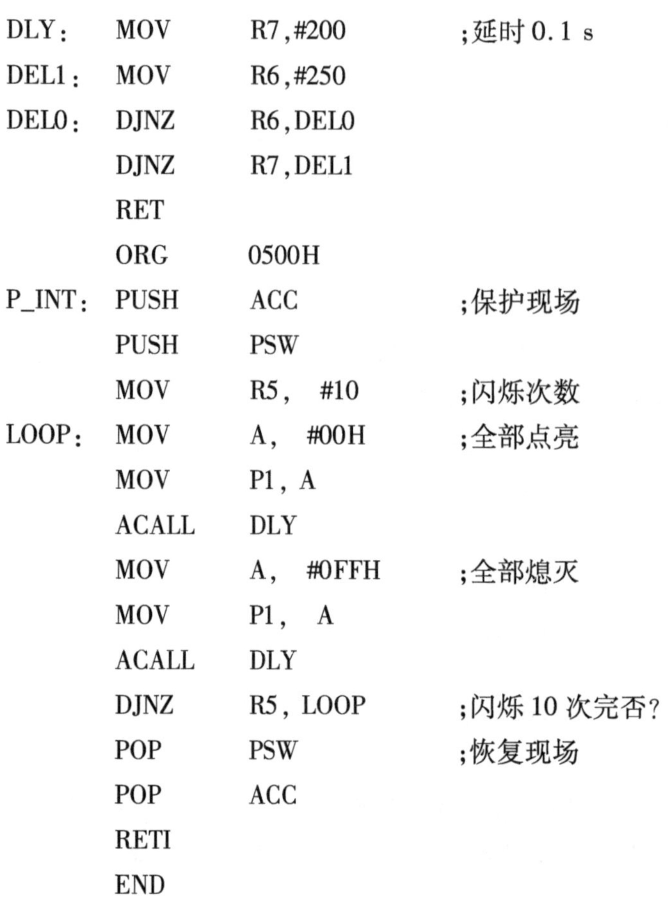

```
DLY：   MOV     R7,#200        ;延时 0.1 s
DEL1：  MOV     R6,#250
DEL0：  DJNZ    R6,DEL0
        DJNZ    R7,DEL1
        RET
        ORG     0500H
P_INT： PUSH    ACC            ;保护现场
        PUSH    PSW
        MOV     R5,  #10       ;闪烁次数
LOOP：  MOV     A,  #00H       ;全部点亮
        MOV     P1, A
        ACALL   DLY
        MOV     A,  #0FFH      ;全部熄灭
        MOV     P1,  A
        ACALL   DLY
        DJNZ    R5, LOOP       ;闪烁 10 次完否?
        POP     PSW            ;恢复现场
        POP     ACC
        RETI
        END
```

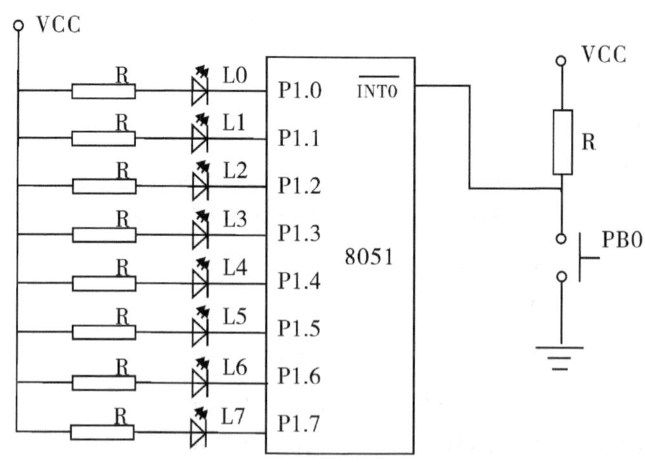

图 6.9　单个外部中断源应用电路

[例 6.11]已知单片机中断应用电路如图 6.10 所示。要求实现下面操作：

(1)主程序实现从 L0、L1 开始的 2 灯左移。

(2)当 PB0 按下时，系统进入中断状态，中断服务程序实现 8 灯灭，之后从 L0 开始逐个点亮并保持，直至全部点亮，然后全灭，上述过程重复 5 次后返回，恢复中断前的状态。

(3)当 PB1 按下时,系统进入中断状态,中断服务程序实现 8 灯闪烁 10 次返回,恢复中断前的状态。

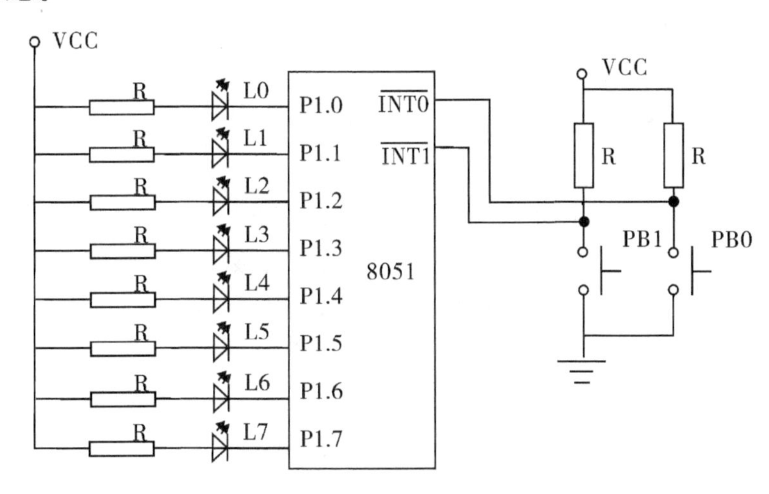

图 6.10　两个外部中断源应用电路

解　PB0 和 PB1 具有相同的中断优先级,当 PB0、PB1 同时按下时,优先响应 PB0 的中断请求。

解

程序如下:

```
        ORG     0000H
        LJMP    MAIN
        ORG     0003H           ;外部中断 0 程序入口
        LJMP    PINT0
        ORG     0013H           ;外部中断 1 程序入口
        LJMP    PINT1
        ORG     0100H
MAIN:   MOV     SP,   #60H
        MOV     TCON,  #05H     ;设INT0和INT1为负边沿触发
        MOV     IE,   #85H      ;开INT0和INT1中断
        MOV     A,   #0FCH      ; 显示控制码初值
CONT:   MOV     P1,   A         ;输出显示
        ACALL   DELAY           ;延时
        RL      A               ;显示控制码左移 1 位
        RL      A
        SJMP    CONT
DELAY:  MOV     R5,   #200      ;延时 0.1 s
DEL1:   MOV     R6,   #250
```

```
DEL0:      DJNZ   R6, DEL0
           DJNZ   R5, DEL1
           RET
           ORG  0500H
PINT0:     PUSH   ACC           ;保护现场
           PUSH   PSW
           SETB   RS0           ;切换工作寄存器组
           MOV    R1, #05       ;设置循环次数
CONT1:     MOV    A,  #0FFH     ;产生显示控制码
           MOV    P1, A         ;8 灯全灭
           ACALL  DELAY         ;延时
           MOV    R2,  #0FEH    ;显示控制码初值
CONT2:     MOV    A,  R2        ;取显示控制码
           MOV    P1,  A        ;输出显示
           ACALL  DELAY         ;延时
           RL     A             ;显示码左移 1 位
           ANL    A,  #0FEH
           MOV    R2,  A        ;显示码暂存
           JNZ    CONT2
           DJNZ   R1,  CONT1    ;该模式显示完否?
           POP    PSW           ;恢复现场
           POP    ACC
           RETI
           ORG    0800H
PINT1:     PUSH   ACC           ;保护现场
           PUSH   PSW
           SETB   RS1           ;切换工作寄存器组
           CLR    RS0
           MOV    R1,  #10
CONT3:     CLR    A             ;产生显示控制码
           MOV    P1, A         ;输出显示
           ACALL  DELAY         ;延时
           CPL    A
           MOV    P1,  A        ;输出显示
           ACALL  DELAY         ;延时
```

```
        DJNZ    R1,   CONT3    ;循环控制
        POP     PSW
        POP     ACC
        RETI
        END
```

[例 6.12]已知单片机中断应用电路如图 6.10 所示。要求实现下面操作：

(1)主程序实现从 L0、L1 开始的 2 灯左移。

(2)当 PB0 按下时，系统进入中断状态，中断服务程序实现 8 灯灭，之后从 L0 开始逐个点亮并保持，直至全部点亮，然后全灭，上述过程重复 5 次后返回，恢复中断前的状态。

(3)当 PB1 按下时，系统进入中断状态，无论在(1)(2)哪种方式下，中断服务程序实现 8 灯闪烁 10 次返回，恢复中断前的状态。

解　设置 PB1 为中断高优先级，当 PB0、PB1 同时按下时，优先响应 PB1 的中断请求。

程序如下：

```
        ORG     0000H
        LJMP    MAIN
        ORG     0003H           ;外部中断 0 程序入口
        LJMP    PINT0
        ORG     0013H           ;外部中断 1 程序入口
        LJMP    PINT1
        ORG     0100H
MAIN:   MOV     SP,   #60H
        MOV     TCON, #05H      ;设INT0和INT1为负边沿触发
        MOV     IE,   #85H      ;开INT0和INT1中断
        MOV     IP,#04H         ;设INT1高优先级
        MOV     A,   #0FCH      ;显示控制码初值
CONT:   MOV     P1,   A         ;输出显示
        ACALL   DELAY           ;延时
        RL      A               ;显示控制码左移 1 位
        RL      A
        SJMP    CONT
DELAY:  MOV     R5,   #200      ;延时 0.1 s
DEL1:   MOV     R6,   #250
DEL0:   DJNZ    R6, DEL0
        DJNZ    R5, DEL1
```

```
        RET
        ORG     0500H
PINT0:  PUSH    ACC             ;保护现场
        PUSH    PSW
        SETB    RS0             ;切换工作寄存器组
        MOV     R1, #05         ;设置循环次数
CONT1:  MOV     A,  #0FFH       ;产生显示控制码
        MOV     P1, A           ;8 灯全灭
        ACALL   DELAY           ;延时
        MOV     R2,  #0FEH      ;显示控制码初值
CONT2:  MOV     A,  R2          ;取显示控制码
        MOV     P1,  A          ;输出显示
        ACALL   DELAY           ;延时
        RL      A               ;显示码左移 1 位
        ANL     A,  #0FEH
        MOV     R2,  A          ;显示码暂存
        JNZ     CONT2
        DJNZ    R1,  CONT1      ;该模式显示完否?
        POP     PSW             ;恢复现场
        POP     ACC
        RETI
        ORG     0800H
PINT1:  PUSH    ACC             ;保护现场
        PUSH    PSW
        SETB    RS1             ;切换工作寄存器组
        CLR     RS0
        MOV     R1,  #10
CONT3:  CLR     A               ;产生显示控制码
        MOV     P1, A           ;输出显示
        ACALL   DELAY           ;延时
        CPL     A
        MOV     P1,  A          ;输出显示
        ACALL   DELAY           ;延时
        DJNZ    R1,  CONT3      ;循环控制
        POP     PSW
```

```
        POP     ACC
        RETI
        END
```

6.4.2 外部中断源的扩展应用

在实际的系统设计过程中，对于多于 2 个以上的外部中断源，会经常采取中断和查询相结合的方法来处理。

利用两条外部中断输入线（$\overline{\text{INT0}}$和$\overline{\text{INT1}}$引脚），每一条中断输入线可以通过逻辑或的关系连接多个外部中断源，同时，利用并行输入端口作为多个中断源的识别线，其电路原理如图 6.11 所示。

［**例** 6.13］根据图 6.11 所示电路，现有 4 个扩展的外部中断源 EXINT0 ~ EXINT3，且中断优先级依次由高到低，试编写中断服务程序。

若 4 个扩展的外部中断源 EXINT0 ~ EXINT3 都是电平触发方式（高电平有效），由图可知，4 个外部扩展中断源通过 4 输入或非门再与$\overline{\text{INT0}}$（P3.2）相连。4 个外部扩展中断源中，若有一个或几个出现高电平，则或非门输出为 0，使$\overline{\text{INT0}}$脚为低电平，从而发出中断请求。

CPU 执行中断服务程序时，先依次查询并行输入端口 P1 的 4 个引脚（P1.0 ~ P1.3）对应的扩展中断源输入状态，然后，跳转到相应的中断服务程序，4 个扩展中断源的优先级顺序由软件查询顺序来保证，即最先查询优先级最高的 EXINT0，最后查询优先级最低的 EXINT3。

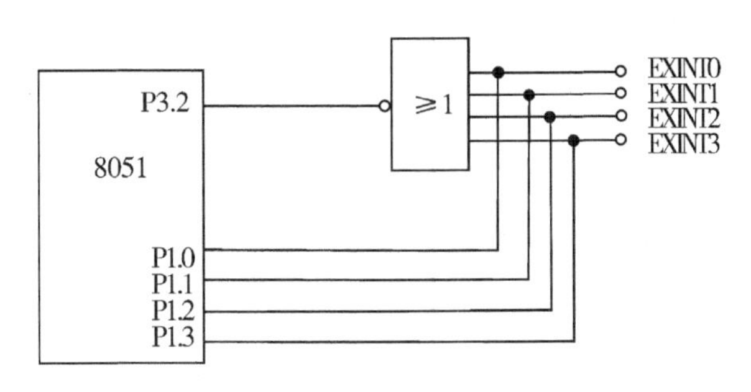

图 6.11　外部中断 0 扩展应用电路

中断服务程序如下：

```
        ORG     0003H           ;外部中断 0 入口
        AJMP    INT0            ;转向中断服务程序入口
INT0:   PUSH    PSW             ;保护现场
        PUSH    ACC
        JB      P1.0,EXT0       ;中断源查询并转相应中断服务程序
        JB      P1.1,EXT1
        JB      P1.2,EXT2
```

```
        JB      P1.3,EXT3
EXIT:   POP     ACC         ;恢复现场
        POP     PSW
        RETI
EXT0:                       ;EXINT0 中断服务程序
        AJMP EXIT
EXT1:                       ;EXINT1 中断服务程序
        AJMP EXIT
EXT2:                       ;EXINT2 中断服务程序
        AJMP EXIT
EXT3:                       ;EXINT3 中断服务程序
        AJMP EXIT
```

同样,外部中断1($\overline{\text{INT1}}$)也可作相应的扩展。

习题与思考题

6.1 什么叫中断？中断有什么作用？

6.2 8051单片机有几个中断源？特点是什么？

6.3 8051单片机有几个外部中断源？怎样向CPU发出中断请求？

6.4 什么叫中断嵌套？什么叫中断系统？中断系统的功能是什么？

6.5 IE和IP各位定义是什么？试写出允许T0高优先级的定时器溢出中断程序。

6.6 试写出8051中断源从高到低的优先级顺序。

6.7 试写出8051的五个中断源的入口地址(从高到低优先级顺序)。

6.8 试编写能完成下列操作的程序。

(1)使20H单元中数的高两位变“0”,其余位不变。

(2)使20H单元中数的低两位变“1”,其余位不变。

(3)使20H单元中数的高两位变反,其余位不变。

(4)使20H单元中数的所有位变反。

6.9 指出下列指令执行后的操作结果。

(1)
```
MOV   A,#83H
ANL   A,# 0FH
MOV   20H,#34H
ORL   20H,A
SWAP  A
RL    A
```

(2)
```
MOV   A,#77H
MOV   DPTR, #2000H
CPL   A
MOVX  @DPTR,A
ANL   A,#89H
RR A
```

6.10 试写出$\overline{\text{INT0}}$为电平触发方式的中断初始化程序。

6.11　已知P3.2($\overline{INT0}$)引脚接一单次脉冲信号源,如果有中断请求,则R0加1,当R0计满100个数时停止计数。

6.12　如图6.10所示电路,要求实现下面操作:

(1)主程序实现8灯闪烁。

(2)当PB0按下时,系统进入中断状态,中断服务程序实现从L0开始的单灯左移,左移3个循环(从最左边到最右边为一个循环)后,恢复中断前的状态。

(3)当PB1按下时,系统进入中断状态,中断服务程序实现从L7开始的单灯右移,右移3个循环(从最右边到最左边为一个循环)后,恢复中断前的状态。

第7章　8051单片机定时器/计数器应用

在单片机应用技术中,往往需要定时检查某个参数,或按一定时间间隔来进行某种控制;有时还需要根据某种事件的计数结果进行控制,这就需要单片机具有定时和计数功能。单片机内部的定时器/计数器正是为此而设计的。

定时功能虽然可以用延时程序来实现,但这样做是以降低CPU的工作效率为代价的,定时器则不影响CPU的效率。由于单片机片内集成了硬件定时器/计数器,这样就简化了应用系统的设计。

7.1　8051单片机的定时器/计数器

7.1.1　定时器的结构和控制

1.定时器/计数器的结构

8051单片机内部带有2个16位二进制数的定时器/计数器T0和T1。T0由两个8位二进制数的特殊功能寄存器TH0和TL0构成,其中,TL0为T0的低8位,TH0为T0的高8位;T1由两个8位二进制数的特殊功能寄存器TH1和TL1构成,其中,TL1为T1的低8位,TH1为T1的高8位。其逻辑结构如图7.1所示。

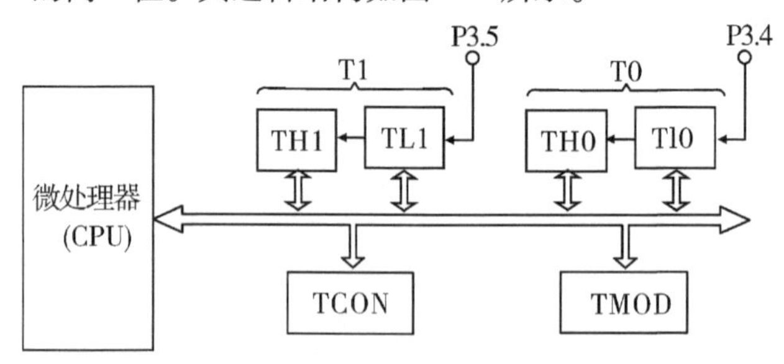

图7.1　定时器/计数器逻辑结构

TMOD为二进制8位的方式控制寄存器,用于控制和确定T0/ T1的功能和工作方式。TCON为二进制8位可位寻址的控制寄存器,用于控制T0/ T1的启动与停止计数及指示T0/ T1的计满溢出状态。T0和T1都是加法计数器,每输入一个计数脉冲,计数器加1,当加到计数器为全1时,再输入一个计数脉冲,就使计数器发生溢出,溢出时, 计数器回零,并置位 TCON 中的 TF0 或 TF1,以表示定时时间到或计数值已满。

2. 定时器/计数器的控制

8051 单片机对内部定时器/计数器的控制主要是通过 TMOD 和 TCON 两个特殊功能寄存器实现的。以 T0 为例,其控制逻辑如图 7.2 所示。

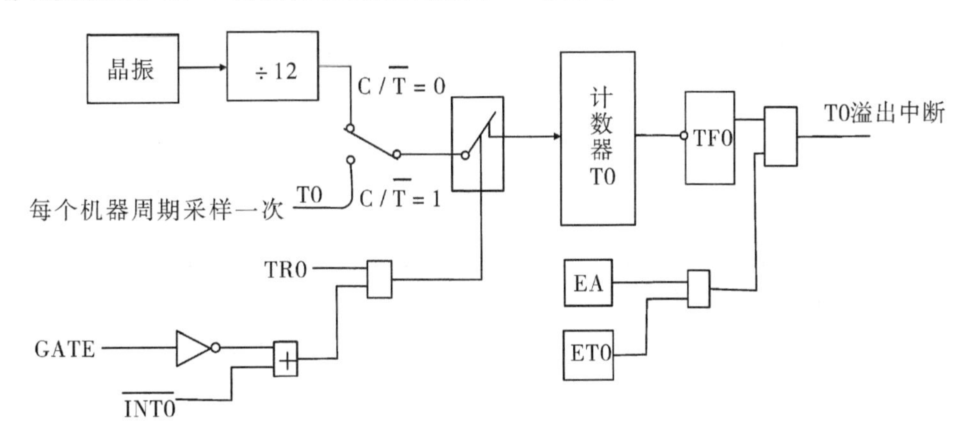

图 7.2　定时器/计数器 T0 控制逻辑

1)定时器方式寄存器 TMOD

定时器方式寄存器 TMOD 的地址为 89 H,CPU 不能采用位寻址指令对各位进行操作,只可以采用字节传送指令来设置 TMOD 中各位的状态。它的低四位是对定时器/计数器 T0 进行设置,高四位是对定时器/计数器 T1 进行设置。TMOD 中各位定义如表 7.1 所示。

表 7.1　TMOD 中各位的定义

D7	D6	D5	D4	D3	D2	D1	D0
GATE	C/$\overline{T}$	M1	M0	GATE	C/$\overline{T}$	M1	M0

GATE:门控位。

当 GATE=1 时,只有$\overline{INT0}$或$\overline{INT1}$引脚为高电平且 TR0 或 TR1 置 1 时,相应的定时器/计数器才被选通工作;当 GATE=0,则只要 TR0 或 TR1 置 1,定时器/计数器就被选通,而不管$\overline{INT0}$或$\overline{INT1}$的电平是高还是低。

C/$\overline{T}$:定时/计数功能选择位。

当 C/$\overline{T}$=0 时,设置为定时器方式,计数脉冲为晶振频率的十二分之一;当 C/$\overline{T}$=1 时,设置为计数器方式,计数脉冲来自单片机 T0(P3.4)或 T1(P3.5)的输入引脚。CPU 在每个机器周期内对 T0(或 T1)检测一次,但只有在前一次检测为 1 和后一次检测为 0 时才会使计数器加 1。因此,计数器不是由外部时钟负边沿触发,而是在两次检测到负跳变存在时才进行计数的。由于两次检测需要 24 个时钟脉冲,故 T0 线上输入脉冲的“0”或“1”的持续时间不能少于一个机器周期。通常,T0 或 T1 输入线上的计数脉冲频率总小于 100 kHz。

M1、M0:工作方式选择位。2位可形成4种编码,对应于4种工作方式,如表7.2所示。

表7.2 定时器/计数器工作方式

工作方式	计 数 器 功 能
方式0	13位计数器
方式1	16位计数器
方式2	自动重装初值的8位计数器
方式3	T0为两个8位独立计数器,T1为无中断重装8位计数器

2)定时器控制寄存器TCON

定时器控制寄存器TCON的地址为88H,D7~D0位的位地址为8FH~88H。CPU既能采用位寻址指令对各位进行操作,也可以采用字节传送指令来设置TCON中各位的状态。TCON中各位定义如表7.3所示。

表7.3 TCON中各位的定义

D7	D6	D5	D4	D3	D2	D1	D0
TF1	TR1	TF0	TR0	IE1	IT1	IE0	IT0
8FH	8EH	8DH	8CH	8BH	8AH	89H	88H

TF1:定时器/计数器T1溢出标志位。

当定时器/计数器T1计满溢出时,由硬件自动置1。TF1也是定时器/计数器T1溢出中断标志位,当TF1=1时,说明T1计满溢出,向CPU请求中断。TF1由软件清零;如果使用中断方式实现定时或计数,CPU响应中断时由硬件自动清零。

TR1:定时器/计数器T1启停控制位。

当TR1=1时,若GATE=0,定时器/计数器T1启动计数,若GATE=1,定时器/计数器T1的启动与否还取决于$\overline{INT1}$引脚输入信号的状态,只有当$\overline{INT1}$引脚输入信号为高电平时,定时器/计数器T1才启动计数。当TR1=0时,定时器/计数器T1停止计数。

TF0和TR0:定时器/计数器T0溢出标志位和启停控制位,其功能和操作情况与定时器/计数器T1类同。

7.1.2 定时器/计数器的工作方式

定时器/计数器T0/T1有四种工作方式,具体选择哪种工作方式是与其实现功能有关的。四种方式TH/TL排列格式如图7.3所示。

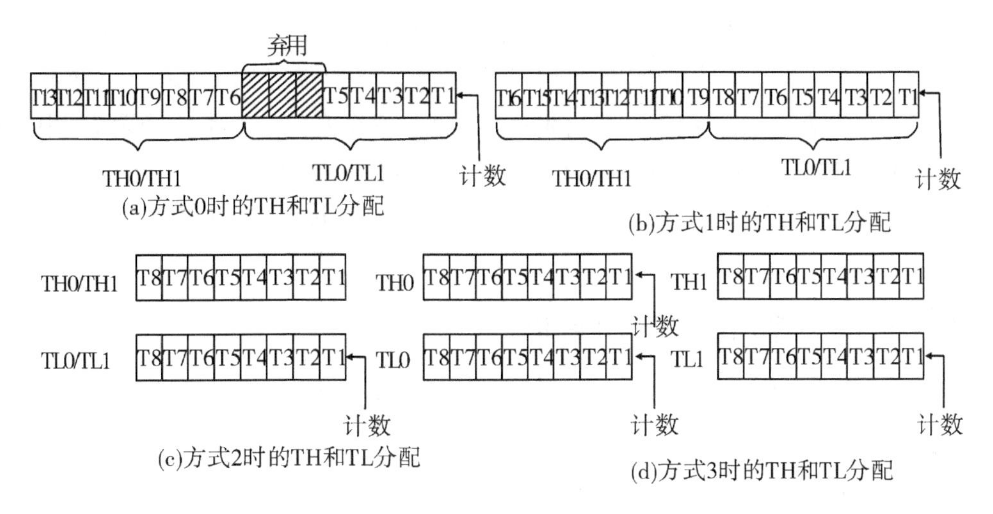

图 7.3　定时器/计数器四种方式 TH/TL 排列格式

1. 方式 0

在方式 0 下,定时器/计数器是按 13 位加 1 计数器工作,这 13 位由 TH 中的高 8 位和 TL 中的低 5 位组成,其中 TL 中的高 3 位是不用的。

在定时器/计数器启动工作前,CPU 先要为它装入方式控制字,以设定其工作方式,然后再为它装入定时器/计数器初值,并通过指令启动其工作。13 位计数器按加 1 计数器计数,计满回零时能自动向 CPU 发出溢出中断请求,但若要它再次计数,CPU 必须在其中断服务程序中为它重装时间常数初值。

2. 方式 1

在方式 1 下,定时器/计数器是按 16 位加 1 计数器工作的,该计数器由高 8 位 TH 和低 8 位 TL 组成。定时器/计数器在方式 1 下的工作情况和方式 0 时相同,只是最大定时/计数值是方式 0 时的 8 倍。

3. 方式 2

在方式 2 下,定时器/计数器被拆成一个 8 位寄存器 TH(TH0/TH1)和另一个 8 位计数器 TL(TL0/TL1),CPU 对它们初始化时必须送相同的定时时间常数初值/计数器初值。当定时器/计数器启动后,TL 按 8 位加 1 计数器计数,每当它计满回零时,一方面向 CPU 发出溢出中断请求,另一方面从 TH 中重新获得时间常数初值并启动计数。显然,定时器/计数器在方式 2 下工作与方式 0 和方式 1 不同,在方式 0 和方式 1 下计满回零时需要通过软件重装定时初值/计数初值,而在方式 2 下 TL 回零能自动重装 TH 中的初值。

4. 方式 3

在前三种工作方式下,T0 和 T1 的功能是完全相同的,但在方式 3 下,T0 和 T1 功能就不相同了,而且只有 T0 才能设定方式 3。此时,TH0 和 TL0 按两个独立的 8 位计数器工作,T1 只能按不需要中断的方式 2 工作。

在方式 3 下,TL0 可以设定为定时器或计数器方式工作,仍由 TR0 控制启动或停止,并采用 TF0 作为溢出中断标志；因 T0 引脚提供的外部输入计数脉冲信号在 TL0 作为计数器时使用，所以 TH0 只能设为简单的定时器方式工作，它借用 TR1 和 TF1 来控制启停和存放溢出中断标志。在这种方式下，8051 单片机有 3 个 8 位定时器/计数器，其中 TH0 和 TL0 为两个由软件重装初值的 8 位计数器，TH1 和 TL1 为自动重装初值的 8 位计数器，但无溢出中断请求产生。由于 TL1 工作于无中断请求状态，其可作为串行口可变波特率发生器。

7.1.3 定时器/计数器的初始化

使用定时器定时或计数器计数时，需要先对定时器/计数器进行设置即初始化，具体步骤为：

(1)确定工作方式，即将方式控制字写入方式寄存器 TMOD 中。

如果没有特别说明，通常门控位 GATE 取 0，其他位取值根据控制要求。若有没用到的位都取 0。如定时器 T0 工作在方式 1，指令写为 MOV TMOD, #01H。

(2)将计算出的定时/计数初值写入 TH0/TL0 或 TH1/TL1 中。

定时器/计数器初值的计算如下：

①计数器初值的计算。

设期望的计数值为 C，计数初值设定为 TC，则有

$$\mathrm{TC} = M - C$$

式中，M 为计数器模值，该值和计数器工作方式有关，$M = 2^n$，$n = 8$、13、16，n 为定时器/计数器的位数。比如，若采用计数器 T1 在方式 2 下计 100 个数，则计数初值 $\mathrm{TC} = 2^8 - 100 = 156 = 9\mathrm{CH}$。指令写为

```
MOV   TH1,   #9CH
MOV   TL1,   #9CH
```

②定时器初值的计算

在定时器方式下，计数脉冲由单片机主脉冲经 12 分频后得到。因此，定时器定时时间 T 为

$$T = (M - \mathrm{TC})T_{计数}$$

式中，M 含义与上相同；$T_{计数}$是单片机时钟周期 T_{osc} 的 12 倍；TC 为定时器定时初值，T 为期望定时时间。比如，若采用定时器 T0 在方式 1 下定时 50 ms，假设单片机主脉冲频率为 12 MHz，则定时初值 $\mathrm{TC} = 2^{16} - T/T_{计数} = 65536 - 50000 = 15536 = 3\mathrm{CB0H}$。指令写为

```
MOV   TH0,   #3CH
MOV   TL0,   #0B0H
```

若设 TC = 0，则定时器定时时间为最大。由于 M 的值和定时器工作方式有关，因此不同工作方式下定时器的最大定时时间也不一样。例如，若设单片机主脉冲频率 f_{OSC} 为 12 MHz，则最大定时时间如下：

方式 0 时 $T_{max}=2^{13}\times 1\ \mu s=8.192\ ms$

方式 1 时 $T_{max}=2^{16}\times 1\ \mu s=\ =65.536\ ms$

方式 2 和方式 3 时 $T_{max}=2^{8}\times 1\ \mu s=0.256\ ms$

(3)允许 T0/T1 中断并设定中断优先级,即对中断允许寄存器 IE 和中断优先级寄存器 IP 进行设置。

若只有一个中断源,对 IP 设置可省略。此处设置可用字节操作指令也可用位操作指令。比如,若允许 T0 中断并设定为高优先级,则指令写为

```
MOV   IE,   #82H
MOV   IP,   #02H
```

或使用下列位操作指令实现:

```
SETB   EA
SETB   ET0
SETB   PT0
```

(4)启动定时器/计数器工作,即对定时器控制寄存器 TCON 进行设置。

此处设置两种操作指令均可,一般采用位操作指令设置。比如,若启动定时器 T0,指令写为 SETB　TR0。

假设定时器 T0 工作在方式 1,允许中断,初值为 FC18H,则初始化程序为

```
MOV    TMOD,#01H        ;确定工作方式
MOV    TH0,#0FCH        ;初值写入 TH0
MOV    TL0,#18H         ;初值写入 TL0
MOV    IE,#82H          ;开 T0 中断
SETB   TR0              ;启动 T0
```

7.2　位操作指令

在 8051 单片机中,位操作指令的操作数不是字节,而是字节中的某一位(每位的值只能是 0 或 1),故又称为布尔变量操作指令。

位操作指令的操作对象是片内 RAM 的位寻址区(即字节 20H ~ 2FH 中的每一位)和 SFR 中可以位寻址的寄存器中的每一位。共有位操作指令 17 条,可以实现位传送、位逻辑运算、位控制转移等操作。

1. 位传送指令

位传送指令有两条,用于实现位累加器 Cy 与一般位之间的相互传送。

```
MOV   C,bit       ;Cy← (bit)
MOV   bit,C       ;bit←Cy
```

第一条指令的功能是把位地址 bit 中的内容传送到 PSW 中的进位标志位 Cy;第二条

指令功能与此相反,是把进位标志位 Cy 中的内容传送到位地址 bit 中。

[例 7.1]把片内 RAM 中位地址 00H 中的内容传送到位地址 7FH 中。

解 两个位地址之间不能直接传送数据,可通过位累加器 Cy 来实现传送。

```
MOV   C,00H      ;位地址 00H 中的值送 Cy
MOV   7FH,C      ;Cy 中的值送给位地址 7FH
```

2. 位逻辑操作指令

位逻辑操作指令包括位清 0、置 1、取反、位与和位或,共 10 条位指令。

1)位清 0 指令

```
CLR     C          ;Cy←0
CLR     bit        ;bit←0
```

2)位置 1 指令

```
SETB    C          ;Cy←1
SETB    bit        ;bit←1
```

3)位取反指令

CLR/CPL:

CPL　C　;$Cy \leftarrow \overline{Cy}$

CPL　bit　;$bit \leftarrow \overline{(bit)}$

4)位逻辑与指令

ANL　C,bit　;$Cy \leftarrow Cy \wedge (bit)$

ANL　C,/bit　;$Cy \leftarrow Cy \wedge \overline{(bit)}$

5)位逻辑或指令

ORL　C,bit　;$Cy \leftarrow Cy \vee (bit)$

ORL　C,/bit　;$Cy \leftarrow Cy \vee \overline{(bit)}$

利用位逻辑运算指令可以实现各种各样的逻辑功能,常用于电子电路的逻辑设计。

[例 7.2]已知逻辑表达式:$Q = U(V + W) + \overline{X\overline{Y}} + \overline{Z}$,设 U 为 P1.1,V 为 P1.2,W 为 P1.3,X 为 20H.0,Y 为 20H.1,Z 为 TF0,Q 为 P1.5。试采用位操作指令实现该逻辑表达式。

解 根据逻辑表达式可以得到如图 7.4 所示的逻辑图。在设计时,考虑了指令与逻辑门电路的关系。

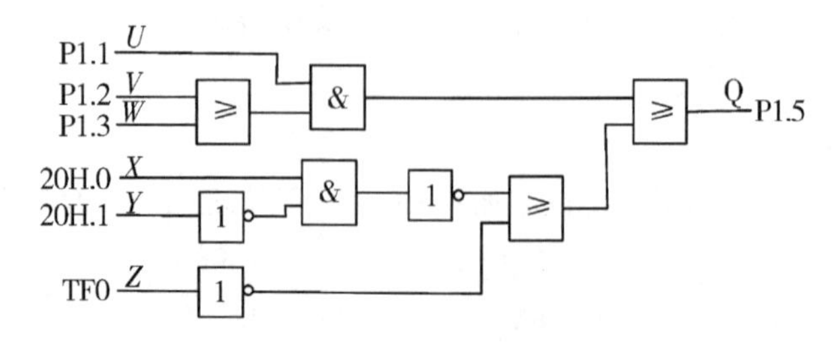

图 7.4　逻辑电路图

程序如下：

```
MOV   C,P1.2          ;C ← V
ORL   C,P1.3          ;C ← (V + W)
ANL   C,P1.1          ;C ← U(V + W)
MOV   22H.0,C         ;暂存 U(V + W)的结果于 22H 单元的第 0 位
MOV   C,20H.0         ;C ← X
ANL   C, /20H.1       ;C ← X Y̅
CPL   C               ;C ← (X Y̅)‾
ORL   C, /TF0         ;C ← (X Y̅)‾ + Z̅
ORL   C, 22H.0        ;C ← U(V + W) + (X Y̅)‾ + Z̅
MOV P1.5, C           ;输出 U(V + W) + (X Y̅)‾ + Z̅ 的结果于 P1.5
```

7.3　定时器/计数器的应用

8051 单片机内部定时器用途广泛，当它作为定时器使用时，可用来对被控系统进行定时控制，当它作为计数器使用时，可作为分频器来产生各种不同频率的方波，或作为事故记录以及测量脉冲宽度等。

[**例** 7.3] 已知 8051 单片机时钟频率 f_{OSC} 为 12 MHz，试利用定时器 T0 在 P1.0 引脚输出频率为 1 Hz 的等宽方波连续脉冲。

解　等宽方波的高低电平持续时间相同，占空比（高电平在一个脉冲周期中所占的比例）为 0.5，1 Hz 的等宽方波脉冲信号周期为 1 s，因此，只需在 P1.0 引脚输出持续时间为 500 ms 的高低电平交替变化的信号即可。但定时 500 ms 超出了定时器的最大定时时间。为此，设计一个计数器，设定时时间为 50 ms，计数器初值为 10，采用中断方式，50 ms 定时时间到即申请中断，计数器减 1，重置计数初值继续计数，10 次中断后，50 ms × 10 = 500 ms 时间到即可取反 P1.0 引脚的电平信号，如此重复下去，便会在 P1.0 引脚输出频率为 1 Hz 的等宽方波连续脉冲。

本例 T0 工作于方式 1，定时 50 ms 的初值为

$$TC = 2^{16} - T/T_{计数} = 65536 - 50000 = 15536 = 3CB0H$$

程序如下：

```
          ORG   0H
          AJMP   START
          ORG   000BH          ;T0 入口地址
          AJMP   INTT0
          ORG   0100H
START:    MOV   SP, #60H       ;设置堆栈指针
```

```
        MOV   TMOD, #01H        ;设置 T0 工作在方式 1
        MOV   TH0, #3CH         ;装入定时初值高 8 位
        MOV   TL0, #0B0H        ;装入定时初值低 8 位
        MOV   IE, #82H          ;开 T0 中断
        MOV   R2, #10           ;设计数器初值
        SETB  TR0               ;启动 T0
        SJMP  $                 ;等待
INTT0:  MOV   TH0, #3CH         ;重装定时初值高 8 位
        MOV   TL0, #0B0H        ;重装定时初值低 8 位
        DJNZ  R2, NEXT          ;500ms 定时时间未到,则 NEXT
        CPL   P1.0              ;500ms 定时时间到,取反 P1.0
        MOV   R2, #10           ;重置计数器初值
NEXT:   RETI                    ;T0 中断返回
        END
```

[**例** 7.4]已知 8051 单片机时钟频率f_{OSC}为 12 MHz,利用定时器 T0 在 P1.7 引脚产生周期为 100 ms 的计数脉冲信号,使指示灯以 2 s 为间隔闪烁。电路如图 7.5 所示。

解 定时器 T0 工作在方式 1,产生 50 ms 定时,在 P1.7 引脚输出 T1 的计数脉冲信号。计数器 T1 工作在方式 2,计满 20 个数后即 20×100 ms = 2 s 取反 P1.0,使发光二极管每间隔 2s 亮灭切换一次。程序流程图如图 7.6 所示。

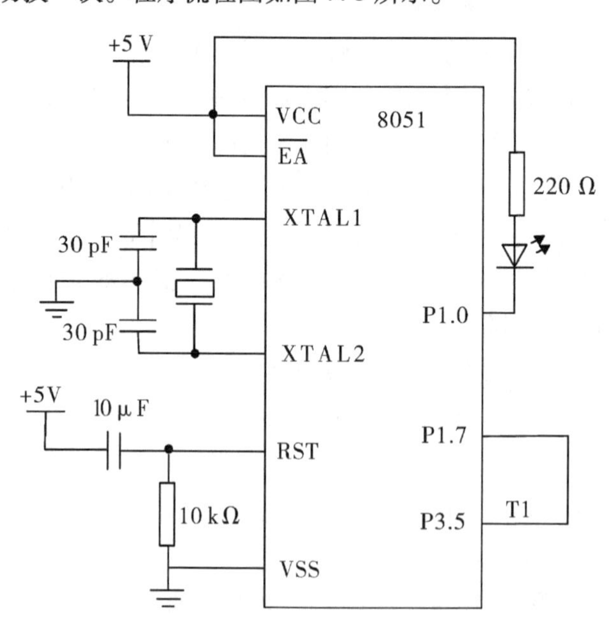

图 7.5　定时器与计数器应用电路

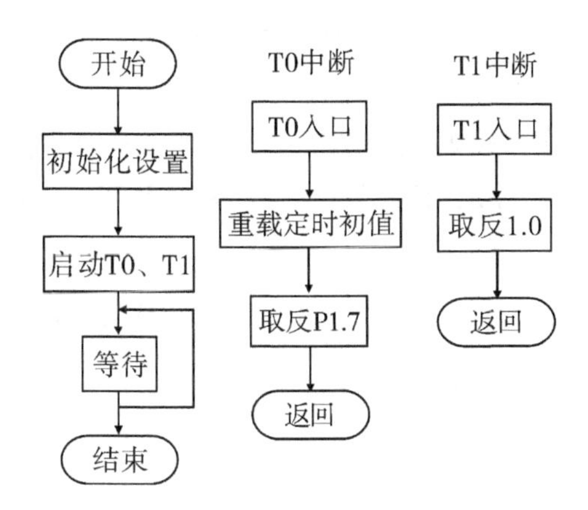

图 7.6　程序流程图

程序如下：

```
          ORG   0H
          AJMP  START
          ORG   000BH           ;T0 入口地址
          AJMP  INTT0
          ORG   001BH           ;T1 入口地址
          AJMP  INTT1
          ORG   0100H
START:    MOV   SP, #60H        ;设置堆栈指针
          MOV   TMOD, #61H      ;设置 T0 工作在方式 1, T1 工作在方式 2
          MOV   TH0, #3CH       ;装入 T0 定时初值
          MOV   TL0, #0B0H
          MOV   TH1, #236       ;装入 T1 计数初值
          MOV   TL1, #236
          MOV   IE, #8AH        ;开 T0、T1 中断
          MOV   TCON, #50H      ;启动 T0、T1
          SJMP  $               ;等待
INTT0:    MOV   TH0, #3CH       ;重装定时初值
          MOV   TL0, #0B0H
          CPL   P1.7            ;定时时间到,取反 P1.7
          RETI                  ;T0 中断返回
INTT1:    CPL   P1.0            ;计满 20 个数,取反 P1.0
          RETI                  ;T1 中断返回
          END
```

[例7.5]已知一个方波信号的频率为4 MHz,试对该信号进行分频以获得500 kHz的方波信号。

解 计数器T1工作在方式2,频率为4 MHz的方波信号作为计数脉冲从P3.5引脚输入,分频信号从P1.0引脚输出,每计数4次,改变1次P1.0引脚输出状态。分频原理如图7.7所示。

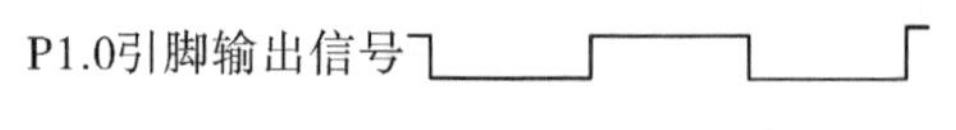

图7.7 信号分频原理

程序如下:

```
        ORG     0H
        AJMP    START
        ORG     001BH           ;T1 入口地址
        AJMP    INTT1
        ORG     0100H
START:  MOV     SP, #60H        ;设置堆栈指针
        MOV     TMOD, #60H      ;设置 T1 工作在方式 2
        MOV     TH1, #252       ;装入 T1 计数初值
        MOV     TL1, #252
        MOV     IE, #88H        ;开 T1 中断
        SETB    TR1             ;启动 T1
        SJMP    $               ;等待
INTT1:  CPL     P1.0            ;计满 4 个数,取反 P1.0
        RETI    ;T1 中断返回
        END
```

[例7.6]已知8051单片机时钟频率f_{OSC}为12 MHz,利用定时器T0测量$\overline{INT0}$引脚上出现的正脉冲宽度(不超过65.535 ms),将所测得值高位存入片内71H,低位存入片内70H。

解 定时器方式控制寄存器TMOD中的GATA位为1时,由定时器控制逻辑图7.2可知,8051单片机定时器的启动和停止受外部信号控制。T0受$\overline{INT0}$控制,T1受$\overline{INT1}$控制。当$\overline{INT0}$引脚上出现正脉冲即$\overline{INT0}=1$时,T0启动计数;当$\overline{INT0}$引脚上出现负脉冲即$\overline{INT0}=0$时,T0停止计数。原理如图7.8所示。

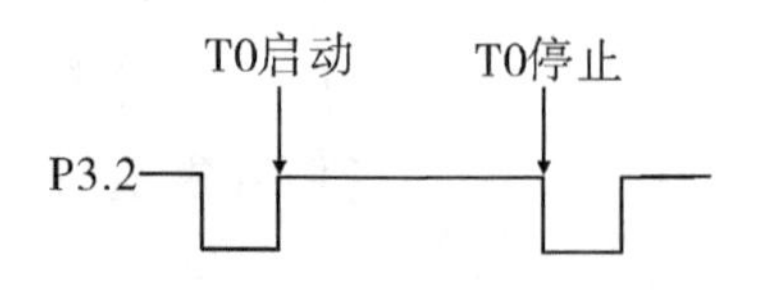

图7.8 脉冲宽度测量原理

程序如下：

```
        ORG     0H
        AJMP    START
        ORG     0100H
START:  MOV     TMOD, #09H      ;设置 T0 工作在方式 1, GATE =1
        MOV     TH0, #00H       ;装入 T0 计数初值
        MOV     TL0, #00H
        MOV     R0, #70H
WAIT:   JB      P3.2,WAIT       ;等待 P3.2 变低
        SETB    TR0             ;启动 T0
WAIT1:  JNB     P3.2,WAIT1      ;等待 P3.2 变高
WAIT2:  JB      P3.2,WAIT2      ;开始计数,等待 P3.2 再次变低
        CLR     TR0             ;停止计数
        MOV     @R0,TL0         ;存放计数值低位
        INC     R0
        MOV     @R0,TH0         ;存放计数值高位
        END
```

[**例** 7.7]频率测量。已知 8051 单片机时钟频率f_{OSC}为 12 MHz,待测脉冲信号由P3.5 引脚输入(假设待测信号频率范围为 1 ~255 kHz)。P3.2 接测量按钮开关,P3.3 接停止按钮开关。按一下测量按钮则进行频率测试,按一下停止按钮则停止频率测试。设 T0 定时 1 ms 时停止计数,试确定该脉冲频率。

解　定时器 T0 每 1 ms 中断一次,同时启动 T0、T1,T0 中断即停止 T1 计数,因计数周期为 1 ms,计数的结果就是千赫即所测脉冲频率(频率的定义为每秒多少次)。

程序如下：

```
        ORG     0H
        AJMP    START
        ORG     000BH
        AJMP    INTT0
        ORG     0100H
START:  MOV     SP,#60H         ;设置堆栈指针
        MOV     TMOD, #51H      ;设置定时器 T0、计数器 T1 工作在方式 1
        MOV     IE, #82H        ;设置 T0 中断
S1:     JB      P3.2, $         ;是否开始测试
LOOP:   CLR     F0              ;清除 F0 标志位
        MOV     TH0, #0FCH      ;装入 T0 定时初值
```

```
        MOV     TL0, #18H
        SETB    TR0             ;启动 T0
        MOV     TH1, #00H       ;装入 T1 计数初值
        MOV     TL1, #00H
        SETB    TR1             ;启动 T1
        JNB     F0, $           ;等待 1ms
        CLR     TR1             ;停止 T1 工作
        CLR     TR0             ;停止 T0 工作
        MOV     30H,TL1         ;取出计数值
        JB      P3.3,LOOP       ;是否停止测试
        SJMP    S1
INTT0:  SETB    F0              ;置标志位
        RETI
        END
```

习题与思考题

7.1　8051 单片机内部有几个可编程的定时器/计数器？可编程的意思是指什么？

7.2　8051 单片机定时器/计数器有几种工作方式？各有什么特点？

7.3　8051 单片机定时器/计数器初始化步骤是什么？定时器/计数器初值怎样计算？

7.4　设 M、N 和 W 都代表位地址，试编程实现 M、N 中内容的异或运算操作。

7.5　例 7.3 中，若利用定时器 T0 在 P1.0 引脚输出周期为 3 ms 的矩形波，应如何编写程序？要求占空比为 1∶3(高电平时间短)。

7.6　已知系统晶振频率为 6 MHz，电路如图 7.5 所示，试利用定时器/计数器产生 1 s的定时，使 P1.0 引脚接的指示灯以 1 s 间隔闪烁。

7.7　已知一个方波信号的频率为 100 kHz，试对该信号进行分频以获得 10 kHz 的方波信号。

第8章　8051单片机与A/D、D/A接口应用

温度、电压和电流这类信号在日常生活中比较常见，它们具有随时间连续变化的特性。在控制系统中，把这类信号称为模拟量(Analogue)。

日常生活中除了模拟量以外，还有一类如开关状态、设备启停这种仅有两个状态的信号。在控制系统中，我们把这类信号称为开关量。由几个开关量构成的信号称为数字量(Digital)。

计算机只能处理数字量。如果要用计算机实现对模拟量的测量，必须先将模拟量转换成数字量。将模拟量转换为数字量的过程称为A/D(Analogue/Digital)转换，完成这一转换的器件称为A/D转换器；ADC(Analogue Digital Converter)是A/D转换器的简称。

需要计算机控制模拟量时，往往也需要将数字量转换成模拟量。将数字量转换为模拟量的过程称为D/A(Digital /Analogue)转换，完成这一转换的器件称为D/A转换器。DAC(Digital Analogue Converter)是D/A转换器的简称。

如果微型计算机既能测量模拟量，又能控制模拟量，那么就可以构建微型计算机控制系统。控制系统的原理如图8.1所示。

8.1　A/D转换原理

8.1.1　A/D转换工作原理

A/D转换器的作用是将模拟量转换为数字量。A/D转换的方法很多，有逐次逼近法、双积分法和电压频率转换法等。下面先介绍逐次逼近法原理。

逐次逼近法的原理通过图8.2简要说明。“控制电路”从“启动”输入端收到CPU送来的“启动”脉冲而开始工作。“控制电路”工作后便使“N位寄存器”中最高位置“1”和其余位清零，“N位D/A转换网络”根据“N位寄存器”中内容产生V_s电压，其值为满量程的一半，并送入比较器进行比较。

若$V_x > V_s$，则比较器输出逻辑“1”，通过“控制电路”使“N位寄存器”中最高位的“1”保留，表示输入模拟电压Vx比满量程一半还大；

若$V_x < V_s$，则比较器通过控制电器使N位寄存器的最高位复位，表示V_x比满量程一

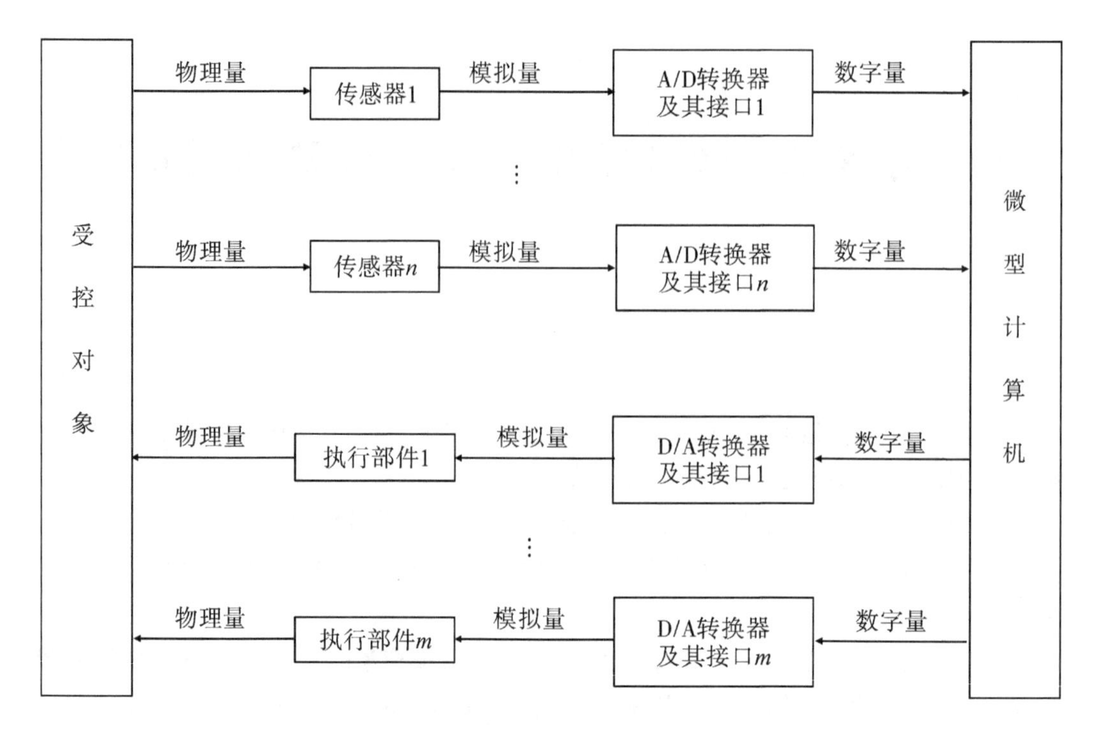

图 8.1　控制系统的原理

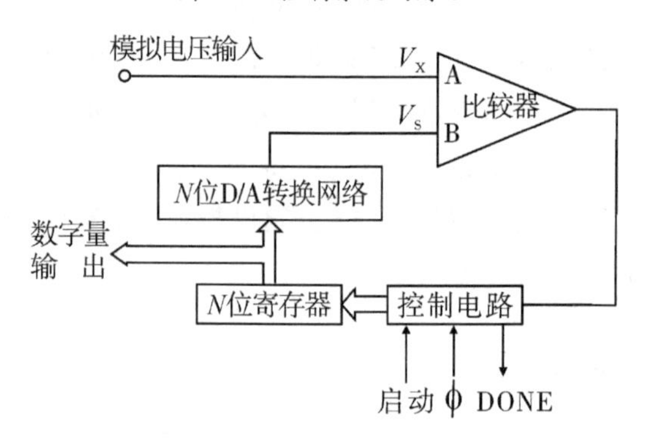

图 8.2　逐次逼近法 AD 转换器原理图

半还小。这样,A/D 转换的最高位数字量就形成了。因此,控制电路依次对 $N-1,N-2,\cdots,N-(N-1)$ 位重复上述过程,就可使“N 位寄存器”中得到和模拟电压 V_X 相对应的数字量。“控制电路”在 A/D 转换完成后还自动使 DONE 变为高。

双积分型 A/D 转换器的主要优点是转换精度高,抗干扰性能好,价格便宜,但转换速度较慢。它是一种间接 A/D 转换技术,首先将模拟电压转换成积分时间,然后用数字脉冲计时方法转换成计数脉冲数,最后将表示输入模拟电压大小的脉冲数转换成二进制或 BCD 码输出,因此双积分式 A/D 转换器转换时间较长,一般要大于 40 ~ 50 ms。其工作原理如图 8.3 所示。

图中给出 V_{1X}、V_{2X}两种输入电压的情况。其工作原理为:先对待转换的输入模拟电压 V_X 进行固定时间的第一次积分,然后转向标准电压进行固定斜率的第二次反向积分,直至积分输出至零。对应标准电压积分的时间 T 正比于模拟输入电压 V_X,待转换的输入电压 V_X 愈大,则反向积分时间愈长,在此期间对高频率标准时钟脉冲进行计数的时间就愈长,于是得到对应输入模拟电压的数字量也就愈大。

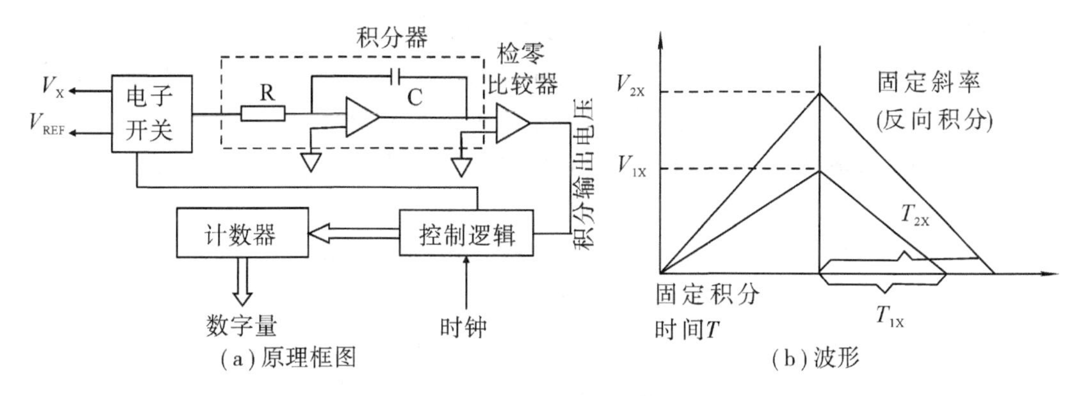

图 8.3　双积分式 A/D 转换器原理图

采用双积分法的 A/D 转换器由电子开关、积分器、比较器和控制逻辑等部件组成。

电压频率转换法工作原理是电压频率(V/F)转换电路把输入的模拟电压转换成与模拟电压成正比的脉冲信号。这种模/数转换器由电压频率转换器(Voltage Frequency Converter,VFC)、计数器、控制门及一个具有恒定时间的时钟控制单元组成。图 8.4 为 VFC 型 A/D 转换装置的结构图和信号波形。

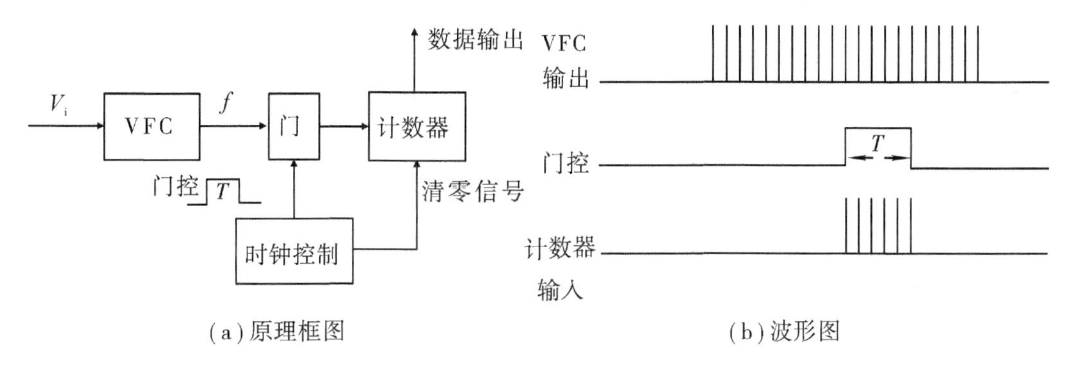

图 8.4　电压频率式 A/D 转换器原理图

工作过程是:当模拟电压 V_i 加至 VFC 的输入端后,便产生频率 f 与 V_i 成正比的脉冲。该脉冲通过由时钟控制的门,在单位时间 T 内由计数器计数。计数器在每次计数开始时,原来的计数值被清零。这样,每个单位时间内,计数器的计数值就正比于输入电压 V_i,从而完成 A/D 变换。当 VFC 的满度频率已知时,A/D 转换周期为

$$T = N/f \tag{8.1}$$

式中,N 为 A/D 转换器最大输出计数值;f 为 VFC 的满度频率。

VFC 与控制器结合起来,可方便的构成多位高精度的 A/D 转换器,具有如下特点:

①VFC 价格不高。用它构成的 A/D 转换器,在零点漂移及非线性误差等方面,性能均优于逐次逼近式 A/D 转换器。

②VFC 输出频率为 f 的脉冲信号,只需要两根传输线就可进行传送。用这种方式对生产现场的信号进行采样和远距离传输都很方便,且传输过程中的抗干扰能力强。

③VFC 的输入量为模拟信号 V_i,输出的是脉冲信号,只需采用光耦合器传输脉冲信号,便可实现模拟输入信号 V_i 和计算机系统之间的隔离。

④VFC 的工作过程具有积分特性,进行 A/D 转换器时,对噪声具有良好的滤波作用。因此,采用 VFC 进行 A/D 转换时,其输入信号的滤波环节可简化。

采用 VFC 构成 A/D 转换器的缺点是转换速度较慢。可采用如下措施克服这一缺点。

①采用高频 VFC。若采用 5 MHz 的 VFC 构成 10 位 A/D 转换器,则最大转换时间只需 200 μs,这就进入了中速 A/D 转换的行列。

②在多微机系统中,利用单片机与 VFC 构成 A/D 转换器。由于多机同时工作,同一时间内,系统可实现多功能的控制运算,这就解决了速度较慢的矛盾。

8.1.2 A/D 转换器的主要技术指标

A/D 转换器的技术指标是选用 A/D 转换器的主要依据。其技术指标主要有转换精度和转换速度等。转换精度常用分辨率和转换误差表示。

1. 分辨率

分辨率是单位数字量变化对应输入模拟量的变化量,也就是 A/D 转换器能够分辨最小信号的能力,常用输出的二进制位数来表示。如果 A/D 转换器要转换的模拟量电压范围是 0 ~ 10 V,而最大数字量是 2^n-1,n 是 A/D 转换器输出的二进制位数,则分辨率就是 $10\ V/(2^n-1)$。

分辨率常用 A/D 转换器输出的二进制位数表示。常见的 A/D 转换器有 8 位、10 位、12 位、14 位和 16 位等。一般把 8 位以下的 ADC 器件归为低分辨率 ADC 器件;9 ~ 12 位的 ADC 器件称为中分辨率 ADC 器件;13 位以上的 ADC 器件称为高分辨率 ADC 器件。

2. 转换精度

ADC 的转换精度有模拟误差和数字误差组成。模拟误差是比较器、解码网络中电阻值以及基准电压波动等引起的误差。数字误差主要包括丢失码误差和量化误差,前者属于非固定误差,由器件质量决定后者和 ADC 输出数字量位数有关,位数越多,误差越小。

在 A/D 转换过程中,模拟量是一种连续变化的量,数字量是断续的量。因此,A/D 转换器位数固定以后,并不会对所有模拟电压都能用数字量精确表示。例如:假定三位二进制 A/D 转换器的满量程值 V_{FS} 为 7 V,即输入模拟电压可以在 0 ~ 7 V 连续变化,但三位数字量只能有 8 种组合。如果模拟输入电压为 0 V、1 V、2 V、3 V、4 V、5 V、6 V 和 7 V 时,三位数字量恰好能精确表示,不会出现量化误差。如果输入模拟电压为其余值就会产生量化误差,输入模拟电压为 0.5 V、1.5 V、2.5 V、3.5 V、4.5 V、5.5 V 和 6.5 V 时量

化误差最大、应当是0.5 V。故量化误差的定义是分辨率之半,其计算公式为

$$Q = \frac{V_{FS}}{(2^N - 1) \cdot 2} \tag{8.2}$$

3. 转换速度

转换速度是A/D转换器完成一次转换所需要的时间的倒数,转换时间是从启动A/D转换器时起,到输出端输出稳定的数字信号时所需的时间。这是一个很重要的指标。ADC型号不同,转换速度差别很大。通常,8位逐次比较式ADC的转换时间为100 μs左右。

8.1.3 A/D转换器ADC0809

ADC0809由美国国家半导体(National Semiconductor,NS)公司生产,是一种比较典型的A/D转换器芯片。它采用逐次逼近方法进行A/D转换,是8位8通道的A/D转换器,当外部时钟输入频率f_{OSC}=640 kHz时,转换时间在100 μs左右。它用+5 V单电源供电,此时量程为0~5 V,有28个引脚,其引脚如图8.5所示。

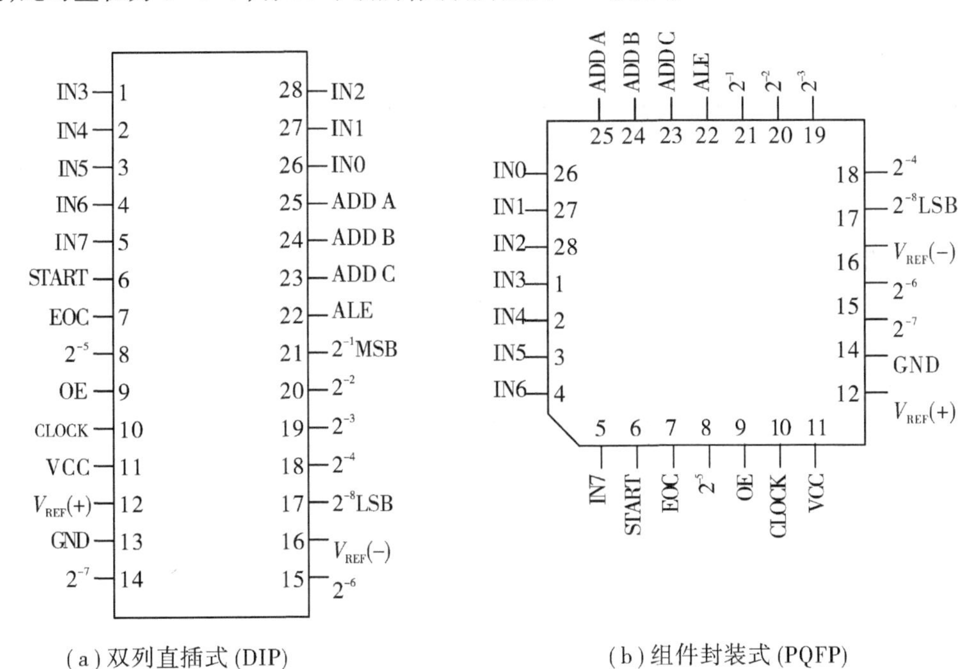

图8.5　ADC0809引脚图

ADC0809由一个8位A/D转换器、一个8路模拟量开关、8路模拟量地址锁存/译码器和一个三态数据输出锁存器组成,其内部结构原理如图8.6所示。

ADC0809各引脚的功能如表8.1所示。

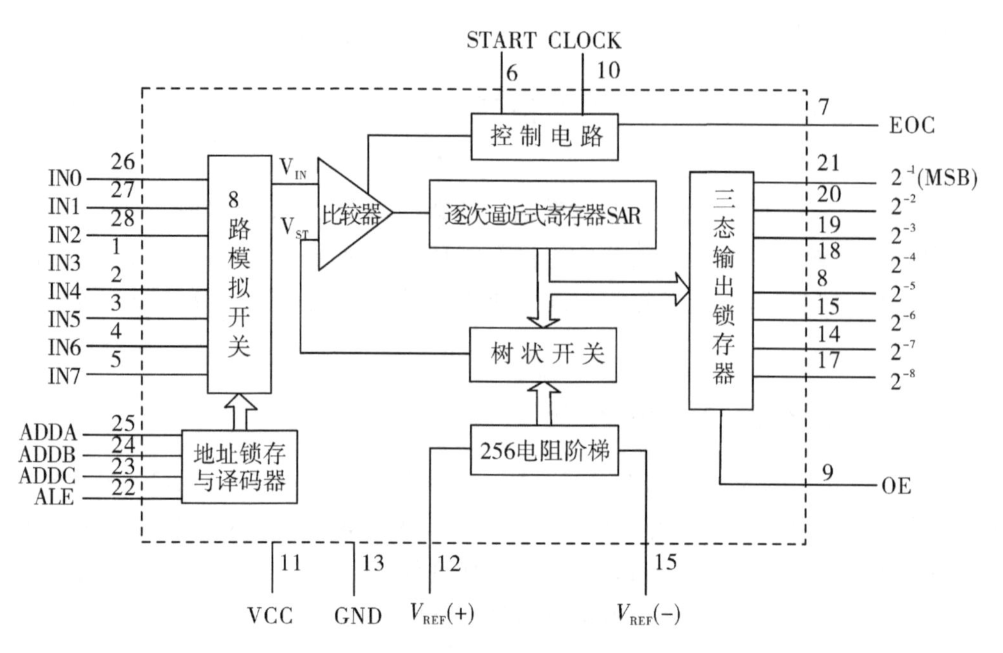

图 8.6　内部结构原理

表 8.1　ADC0809 各引脚及功能

引脚号	引脚名称	功　能
23～25	ADDA、ADDB、ADDC	转换通道地址，具体见表 8.2
22	ALE	地址锁存允许信号，高电平有效 当 ALE 为高电平时，通道地址输入到地址锁存器中，下降沿将地址锁存并译码
1～5，26～28	IN0～IN7	8 路模拟量输入端
8，14，15，17～21	D0～D7	8 位数字量输出端口
6	START	A/D 转换启动信号输入端 在 START 上跳沿，所有内部寄存器清 0 在 START 下降沿，开始进行 A/D 转换，转换期间，START 应保持低电平
7	EOC	转换结束信号，高电平有效 在 START 下降沿后 10 μs 左右，转换结束信号 EOC 变为低电平，表示正在转换 EOC 变为高电平时，表示转换结束

续表

引脚号	引脚名称	功　能
9	OE	输出允许控制信号,高电平有效 OE 控制三态数据输出锁存器输出数据 OE = 0, 输出数据端口线为高阻状态 OE = 1, 允许转换结果输出
10	CLK	时钟信号输入端 ADC0809 内部没有时钟电路,需外部提供时钟信号,CLK 为时钟信号输入端
12	$V_{REF}(+)$	参考电源的正端
16	$V_{REF}(-)$	参考电源的负端
11	VCC	电源正端
13	GND	地

各通道的地址如表 8.2 所示。

表 8.2　通道地址表

序号	通道名	ADDC	ADDB	ADDA
1	IN0	0	0	0
2	IN1	0	0	1
3	IN2	0	1	0
4	IN3	0	1	1
5	IN4	1	0	0
6	IN5	1	0	1
7	IN6	1	1	0
8	IN7	1	1	1

ADC0809 的读写时序见图 8.7。图中 t_{WS} 为最小启动脉冲宽度,t_{WE} 为最小 ALE 脉冲宽度,t_D 为模拟开关延时时间,t_{EOC} 为 EOC 延时时间,t_C 为转换时间。

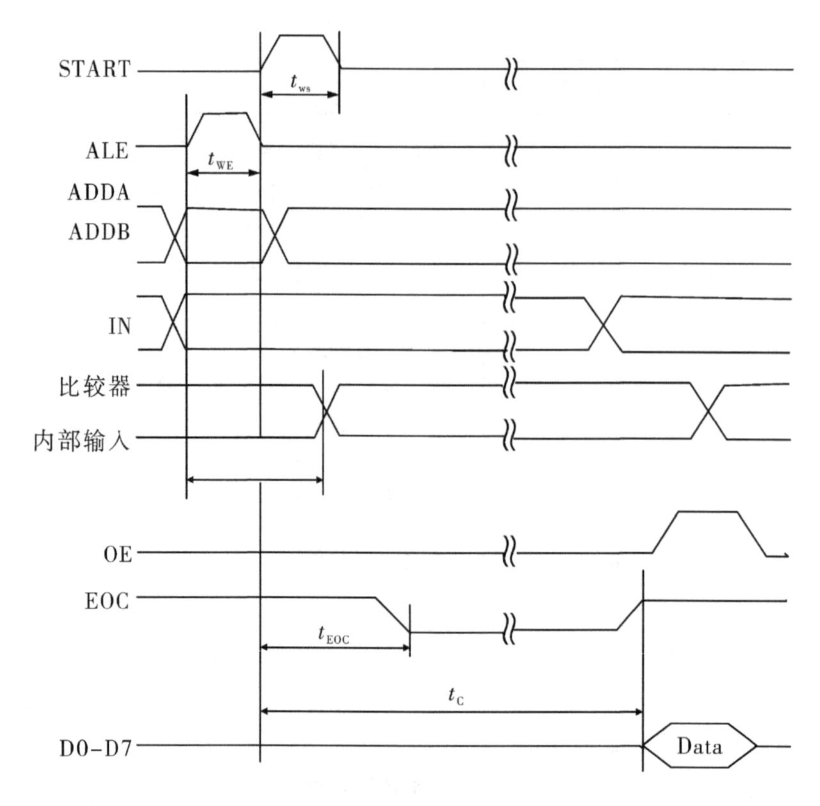

图 8.7　ADC0809 的读写时序

8.2　D/A 转换原理

8.2.1　D/A 转换器的主要技术指标

D/A 转换器的性能指标是选用 D/A 转换器的主要依据,其指标主要有转换精度和转换速度。转换精度又可用分辨率、转换误差和线性误差表示。

1. 分辨率

LSB 表示输入数字量的最低有效位(Least Significant Bit),分辨率是 LSB 变化一个字所引起的输出电压变化值相对于满刻度值的百分比。一个 n 位 D/A 转换器满刻度值为 2^n-1,因此,分辨率为 $1/(2^n-1)$。例如,10 位 D/A 转换器的分辨率为 $1/(2^n-1)=1/1023\approx0.1\%$。人们常用位数 n 表示分辨率。例如,DAC0832 的分辨率是 8 位,DAC1200 的分辨率是 12 位。

2. 转换误差

转换误差分绝对误差和相对误差。对于某个输入数字,实测输出值与理论输出值之差称为绝对误差,实测输出值与理论输出值之差同满刻度值之比称为相对误差,或称相对精度。D/A 转换器的输出电压值,会随基准电压变化,因此,绝对误差一般用 LSB 的倍数表示,如 0.5LSB、2LSB 等。当绝对误差是 1LSB 时,表示 D/A 转换器产生的绝对误差,相当于输入数字最低位变化一个字所引起的理论输出值。

3. 线性误差

D/A 转换器的输出在理论上应该与输入数字量严格成线性关系,但实际上会产生误差,这就是线性误差。线性误差就是转换误差。人们常用 LSB 的倍数表示线性误差,或用满刻度的百分数表示。D/A 转换器的转换误差,主要由基准电压 V_{REF} 的精度、运算放大器的零点漂移、模拟开关的导通电阻差异和电阻值偏差等引起。

4. 转换速度

D/A 转换速度,也称转换时间或建立时间,是 D/A 转换速率快慢的一个重要参数,主要由 D/A 转换器的延迟时间和运算放大器的电压变化速率决定。D/A 转换器的转换时间是指从输入数字量发生变化时开始,到输出进入稳态值 -0.5LSB ~ +0.5LSB 范围之内所需要的时间。若输出形式是电流的,不含运算放大器的 D/A 转换器的转换时间,一般小于 100 ns;若输出形式是电压的,包含运算放大器的 D/A 转换器的转换时间,一般小于 1.5μs。

由于一般线性差分运算放大器的动态响应速度较低,D/A 转换器的内部都带有输出运算放大器或者外接输出放大器的电路,因此其建立时间较长。

D/A 转换器的性能指标除上述主要指标以外,还包括以下几个指标。

5. 温度系数

在满刻度输出的条件下,温度每升高 1 ℃,输出变化的百分数定义为温度系数。

6. 电源抑制比

对于高质量的 D/A 转换器,要求开关电路及运算放大器所用的电源电压发生变化时,对输出电压影响极小。通常把满量程电压变化的百分数与电源电压变化的百分数之比称为电源抑制比。

7. 工作温度范围

一般情况下,影响 D/A 转换精度的主要环境和工作条件因素是温度和电源电压变化。由于工作温度会对运算放大器加权电阻网络等产生影响,所以只有在一定的工作范围内才能保证额定精度指标。较好的 D/A 转换器的工作温度范围为 -40 ~ 85 ℃,较差的 D/A 转换器的工作温度范围为 0 ~ 70 ℃。多数器件其静、动态指标均在 25 ℃的工作温度下测得的,工作温度对各项精度指标的影响用温度系数来描述,如失调温度系数、增益温度系数、微分线性误差温度系数等。

8. 失调误差(或称零点误差)

失调误差定义为数字输入全为 0 码时,其模拟输出值与理想输出值之偏差值。对于单极性 D/A 转换,模拟输出的理想值为零伏点。对于双极性 D/A 转换,理想值为负域满量程。偏差值的大小一般用 LSB 的份数或用偏差值相对满量程的百分数来表示。

9. 增益误差(或称标度误差)

D/A 转换器的输入与输出传递特性曲线的斜率称为 D/A 转换增益或标度系数,实际转换的增益与理想增益之间的偏差称为增益误差。增益误差在消除失调误差后用满码(全1)输入时其输出值与理想输出值(满量程)之间的偏差表示,一般也用 LSB 的份数或用偏差值相对满量程的百分数来表示。

10. 非线性误差

D/A 转换器的非线性误差定义为实际转换特性曲线与理想特性曲线之间的最大偏差,并以该偏差相对于满量程的百分数度量。在转换器电路设计中,一般要求非线性误差不大于 ±1/2LSB。

11. 接口形式

接口形式包括输入数字量是十六进制还是 BCD 等形式,以及输入是否带锁存器等。

8.2.2 D/A 转换器工作原理

实现数字量转换成模拟量的器件称为数模转换器(Digital Analogue Converter,DAC),简称为 D/A 转换器。DAC 通常由电阻网络、数控开关和运算放大器组成。

根据电阻网络结构的不同,D/A 转换器可以分为 T 型 R-2R 电阻网络 DAC、倒 T 型 R-2R 电阻网络 DAC、权电阻网络 DAC 和权电流等类型。

根据数控开关的种类不同,D/A 转换器可以分为 CMOS 型和双极型。双极型又分为电流开关型和发射极耦合逻辑电路(ECL)电流开关型。

下面通过 T 型 R-2R 电阻网络 DAC 简单介绍其原理。

图 8.8 是一个四位数/模转换器的原理电路。可以看出,它是由串联电阻 R 和并联电阻 2R 组成的电阻网络、由 b3 ~ b0 控制的四个双位开关 S3 ~ S0 以及一个运算放大器组成。

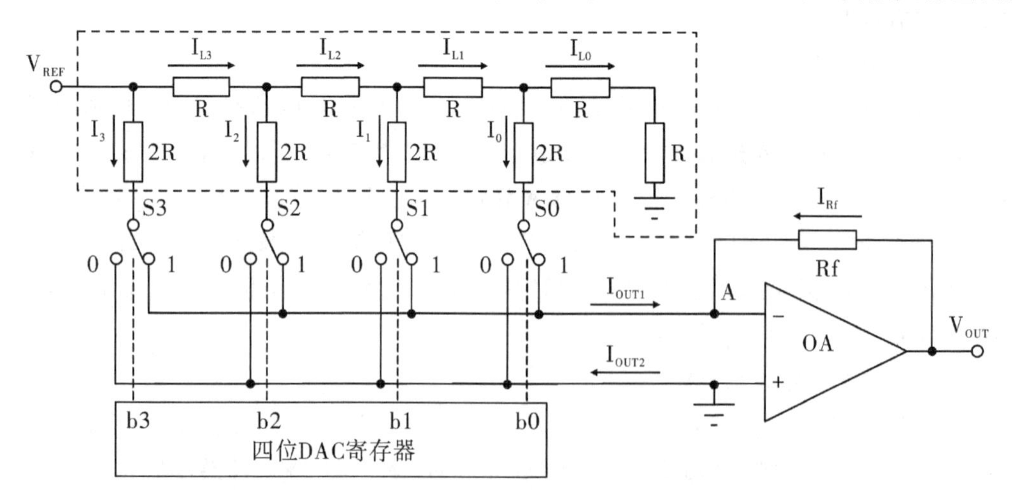

图 8.8 DA 转换原理图

根据运算放大器的虚地原理,反相输入端 A 的电位为 0(A 点为虚地),当 $b_i=1$ 时,

Si 接运算放大器反相输入端(虚地),电流 I_i 流入求和电路;当 $b_i = 0$ 时,Si 将电阻 2R 接地。所以,无论 Si 处于何种位置,与 Si 相连的 2R 电阻均接“地”(地或虚地)。从某一端口(与 Si 对应的电阻 2R 的两端)向右看,对地电阻都为 R,每一端口都可以看作两路分流,所以,越往右($b_3 \rightarrow b_0$)电流越小。

每个支路(I_i 和 I_{Li})的对地阻值都是 2R。流过并联支路和串联支路的电流相等。若从参考电源 V_{REF} 流出的电流为 $I = V_{REF}/(2R)$,则流过两个支路(I_3 和 I_{L3})的电流均为 $I/2$。依此类推得

$$I_3 = \frac{V_{REF}}{2R} = 2^3 \frac{V_{REF}}{2^4 \times R}$$

$$I_2 = \frac{V_{REF}}{4R} = 2^2 \frac{V_{REF}}{2^4 \times R}$$

$$I_1 = \frac{V_{REF}}{8R} = 2^1 \frac{V_{REF}}{2^4 \times R}$$

$$I_0 = \frac{V_{REF}}{16R} = 2^0 \frac{V_{REF}}{2^4 \times R} \tag{8.3}$$

流入运算放大器反相端的总电流 I_Σ 为:

$$I_\Sigma = b_3 I_3 + b_2 I_2 + b_1 I_1 + b_0 I_0 = \frac{V_{REF}}{R}\left(\frac{1}{2^1}b_3 + \frac{1}{2^2}b_2 + \frac{1}{2^3}b_1 + \frac{1}{2^4}b_0\right) \tag{8.4}$$

运算放大器的输出电压为

$$V_{OUT} = -R_f I_\Sigma = -\frac{R_f V_{REF}}{2^4 R}(b_3 \times 2^3 + b_2 \times 2^2 + b_1 \times 2^1 + b_0 \times 2^0) \tag{8.5}$$

根据式(8.5)可以计算出二进制码与模拟量之间对应关系,表 8.3 给出四位二进制码与 -1 ~0 (V)之间模拟电压的对应值。

表 8.3　数字量与模拟量对应关系

$b_3b_2b_1b_0$	V_{REF}/V	R/kΩ	R_f/kΩ	I_Σ/mA	V_{OUT}/V
0 0 0 0	1	5	5	0	0
0 0 0 1	1	5	5	0.0125	-0.0625
0 1 1 1	1	5	5	0.0875	-0.4375
1 1 1 0	1	5	5	0.175	-0.875
1 1 1 1	1	5	5	0.1875	-0.9375

将数码推广到 n 位的情况,可得出输入数字量与输出模拟量之间的一般表达式:

$$V_{OUT} = -R_f I_{REF} = -\frac{V_{REF} R_f}{2^n R}(D_{n-1} \times 2^{n-1} + D_{n-2} \times 2^{n-2} + \cdots + D_0 \times 2^0) \tag{8.6}$$

上式括号内为 n 位二进制数的十进制数值,可用 N_B 表示。如果使式中 $R_f = R$,则上式可以改写为

$$V_{\mathrm{OUT}} = -\frac{V_{\mathrm{REF}}}{2^n}N_{\mathrm{B}} \tag{8.7}$$

8.2.3 D/A 转换器 DAC0832

常用的 D/A 转换器芯片有 DAC0832(8 位)、DAC1200(12 位)等。本节介绍 D/A 转换器 DAC0832 的结构,及其与 MCS-51 单片机的接口方式。

DAC0832 是美国国家半导体(NS)公司生产的 DAC0830 系列(DAC0830/32)产品中的一种,8 位数模转换芯片。DAC0832 是带有两级数据输入缓冲锁存器的 8 位 D/A 转换器。DAC0832 用单电源供电,供电范围为 +5 ~ +15 V,基准电压范围为 -10 ~ +10 V,CMOS 工艺,功耗 20 mW。DAC0832 有 20 个引脚,其引脚如图 8.9 所示。

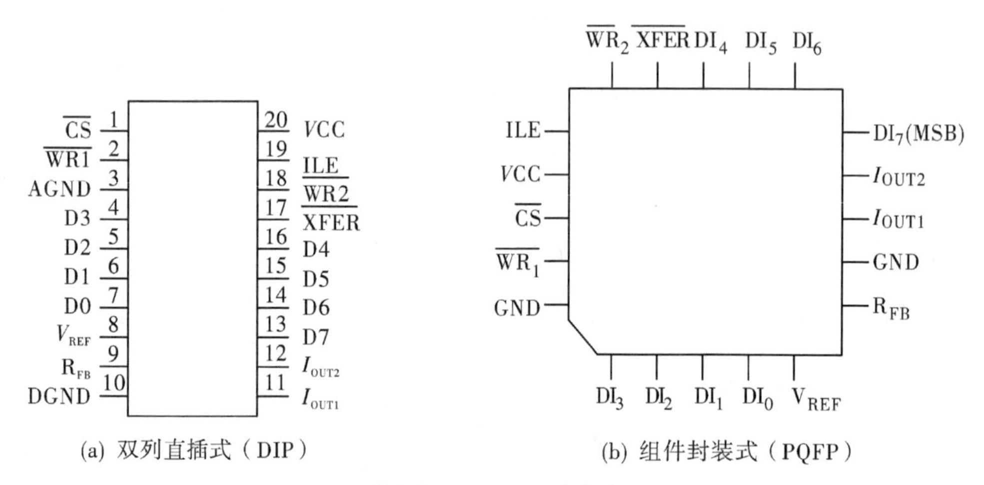

(a) 双列直插式(DIP)　　(b) 组件封装式(PQFP)

图 8.9 DAC0832 引脚图

DAC0832 结构原理如图 8.10 所示。

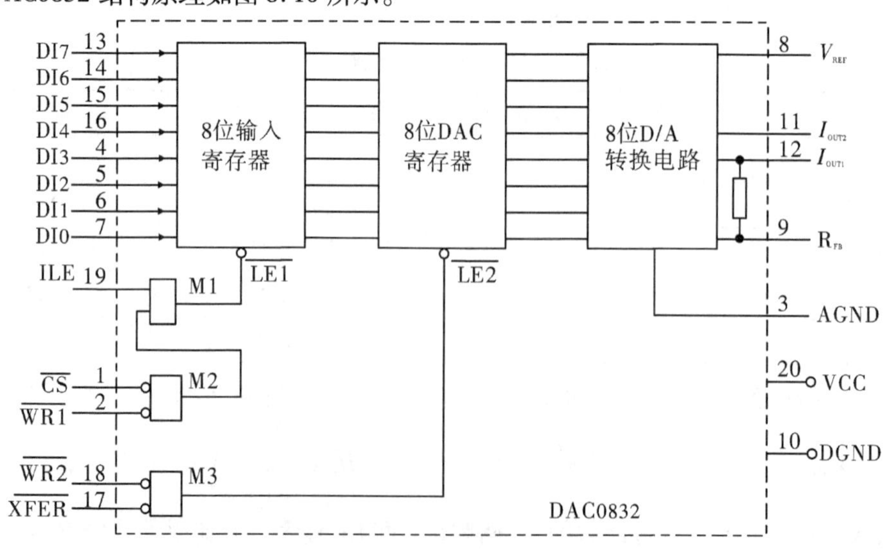

图 8.10 DAC0832 结构原理图

DAC0832 各引脚的功能如表 8.4 所示。

表 8.4　DAC0832 各引脚及功能

引脚号	引脚名称	功　能
1	$\overline{CS}$	输入寄存器选通信号,低电平有效
2	$\overline{WR1}$	输入寄存器写选通信号,低电平有效
3	AGND	模拟地
4 ~ 7, 13 ~ 16	DI0 ~ DI7	8 位数据输入寄存器
8	V_{REF}	基准电压,范围是 - 10 V ~ + 10 V
9	R_{FB}	反馈信号输入,内部接反馈电阻,外部通过该引脚接运放输出端
10	DGND	数字地
11,12	IOUT1、IOUT2	电流输出端
17	$\overline{XFER}$	数据传送信号,低电平有效
18	$\overline{WR2}$	DAC 寄存器写选通信号,低电平有效
19	ILE	数据锁存允许信号,高电平有效 $\overline{LE1}$:输入寄存器选通信号 当$\overline{LE1}$ = 0,输入寄存器状态随输入数据状态而变化 当$\overline{LE1}$ = 1,锁存输入数据 输入寄存器状态由 ILE、$\overline{CS}$、$\overline{WR1}$ 共同决定,逻辑表达式为 $\overline{LE1}$ = WR1 · CS · ILE
19	ILE	$\overline{LE2}$:DAC 寄存器选通信号 当$\overline{LE2}$ = 0 时,输入寄存器的内容进入 DAC 寄存器 当$\overline{LE2}$ = 1 时,输入寄存器的内容不能进入 DAC 寄存器 DAC 寄存器的状态由$\overline{XFER}$和$\overline{WR2}$共同决定,其逻辑表达式为 $\overline{LE2}$ = XFER · WR2
20	VCC	工作电源

DAC0832 是电流输出型 D/A 转换器,通过运算放大器,可将电流信号转换为单端电压信号输出。

DAC0832 具有数字量的输入锁存功能,可以和单片机的 P0 口直接相连。

MCS - 51 单片机与 DAC0832 的接口有直通方式、单缓冲器方式和双缓冲器方式 3 种连接方式。

1. 直通方式—— 5 个控制引脚全部有效

图 8.11 所示为直通式工作方式的连接方法。输入到 DAC0832 的 D0 ~ D7 数据不经

控制直达 8 位 D/A 转换器。当某一根地线或地址译码器的输出线使 DAC0832 的$\overline{\text{CS}}$脚有效(低电平)或$\overline{\text{CS}}$与$\overline{\text{WR1}}$直接接地时,数据线上的数据字节直通 D/A 转换器转换并输出。

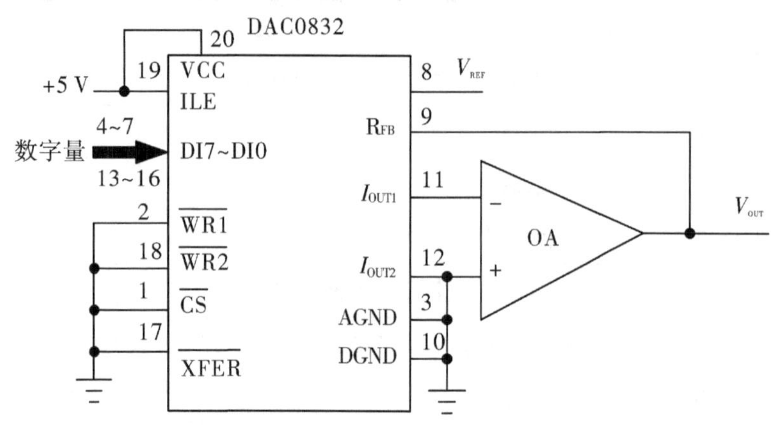

图 8.11　DAC0832 直通工作方式

2. 单缓冲方式——只控制第 1 道门

DAC0832 输入寄存器和 DAC 寄存器均用 P2.7 选通,共用一个端口地址,当数据写入输入寄存器后,同时也写入 DAC 寄存器,所以称为单缓冲器连接方式。

$\overline{\text{WR2}}$和$\overline{\text{XFER}}$始终有效,数字量一进入输入寄存器,立刻就送去 D/A 转换。

在图 8.12 中,DAC0832 的地址为 7FFFH,则执行下列指令就可以将一个数字量转换为模拟量:

```
MOV    DPTR,   #7FFFH        ;端口地址送 DPTR
MOV    A,      #DATA         ;8 位数字量送累加器 A
MOVX   @DPTR,   A            ;向 DAC0832 送数字量,启动转换
```

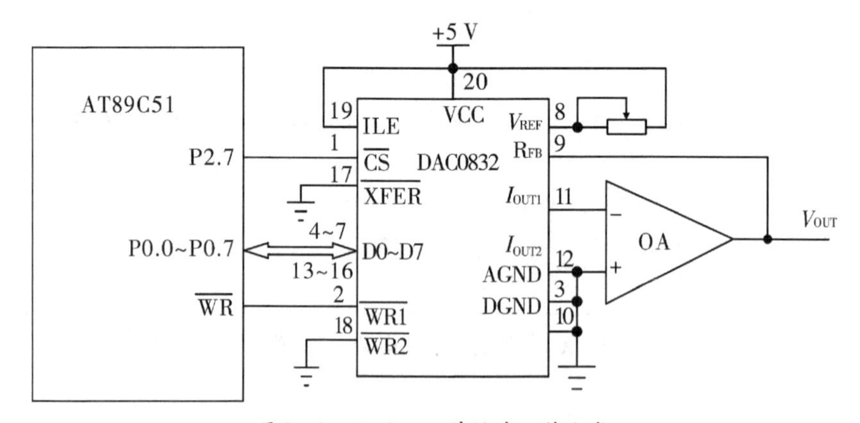

图 8.12　DAC0832 单缓冲工作方式

3. 双缓冲方式——两道门分别控制

采用双缓冲器连接方式时,DAC0832 的数字量输入锁存和 D/A 转换输出分两步完成。首先,将数字量输入到各路 D/A 转换器的输入寄存器,然后,控制各路 D/A 转换器,使各路 D/A 转换器输入寄存器中的数据,同时进入 DAC 寄存器,并转换输出。所以,在

这种工作方式下，DAC0832 占用两个 I/O 地址，输入寄存器和 DAC 寄存器各占一个 I/O 地址。

双缓冲方式的转换需要两个步骤：

①令 $\overline{CS}=0$，$\overline{WR1}=0$，ILE = 1，将数据写入输入寄存器；

②令 $\overline{WR2}=0$，$\overline{XFER}=0$，将输入寄存器的内容写入 DAC 寄存器，开始 D/A 转换。

根据图 8.13 所示硬件连接，可得各端口地址如表 8.5 所示。

表 8.5　DAC0832 端口地址表

	P2.7 ~ P2.4　P2.3 ~ P2.0	P0.7 ~ P0.4　P0.3 ~ P0.0	端口地址
DAC(1)	1 1 0 ×　× × × × 0 1 1 ×　× × × ×	× × × ×　× × × × × × × ×　× × × ×	$\overline{CS}$端口 = DFFFH $\overline{XFER}$端口 = 7FFFH
DAC(2)	1 0 1 ×　× × × × 0 1 1 ×　× × × ×	× × × ×　× × × × × × × ×　× × × ×	$\overline{CS}$端口 = BFFFH $\overline{XFER}$端口 = 7FFFH

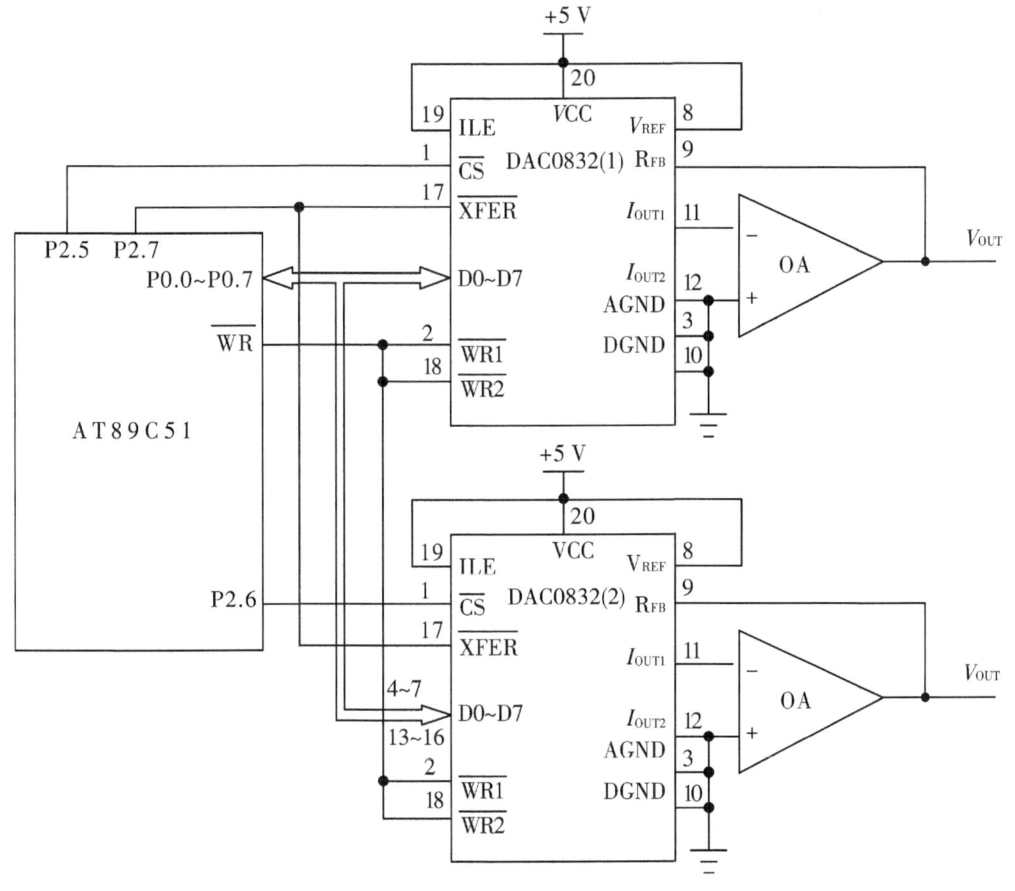

图 8.13　DAC0832 双缓冲工作方式

DAC0832 双缓冲方式接口程序

```
MOV     DPTR, #0DFFFH       ;指针指向 DAC0832(1)输入寄存器
MOV     A, R1               ;方向数据 X 送入 A
MOVX    @DPTR, A            ;将 X 写入 DAC0832(1)数据输入寄存器
MOV     DPTR, #0BFFFH       ;指针指向 DAC0832(2)输入寄存器
MOV     A, R2               ;方向数据 Y 送入 A
MOVX    @DPTR, A            ;将 Y 写入 DAC0832(2)数据输入寄存器
MOV     DPTR, #7FFFH        ;指针指向两片 DAC0832 的 DAC 寄存器
MOVX    @DPTR, A            ;两片 DAC 同时启动转换,同步输出
```

8.3 8051 单片机与 A/D、D/A 接口电路应用

8.3.1 8051 单片机与 A/D 接口电路应用

1. A/D 转换器 ADC0809 接口应用

ADC0809 与 AT89C51 接口电路如图 8.14 所示,下面编写将 IN0 ~ IN7 模拟量依次转换为数字量,分别存入片内 30H ~ 37H 单元的程序。

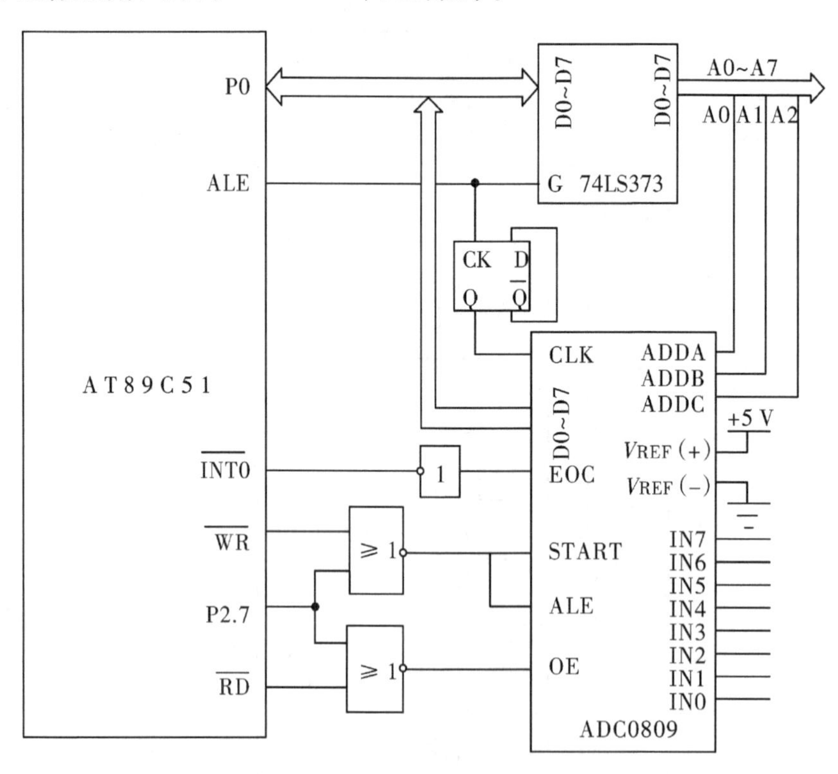

图 8.14 ADC0809 与 AT89C51 接口电路

根据系统的硬件连接,可得 ADC0809 各通道的端口地址如表 8.6 所示。

表 8.6　ADC0809 各通道地址

通道	P2.7 ~ P2.4	P2.3 ~ P2.0	P0.7 ~ P0.4	P0.3 ~ P0.0	地 址
IN0	0 × × ×	× × × ×	× × × ×	× 0 0 0	=7FF8H
IN1	0 × × ×	× × × ×	× × × ×	× 0 0 1	=7FF9H
IN2	0 × × ×	× × × ×	× × × ×	× 0 1 0	=7FFAH
IN3	0 × × ×	× × × ×	× × × ×	× 0 1 1	=7FFBH
IN4	0 × × ×	× × × ×	× × × ×	× 1 0 0	=7FFCH
IN5	0 × × ×	× × × ×	× × × ×	× 1 0 1	=7FFDH
IN6	0 × × ×	× × × ×	× × × ×	× 1 1 0	=7FFEH
IN7	0 × × ×	× × × ×	× × × ×	× 1 1 1	=7FFFH

用查询法编程

```
        ORG     0000H
        LJMP    START
        ⋮
START:  MOV     R0, #30H        ;置数据区指针
        MOV     DPTR, #7FF8H    ;指向 IN0 的通道地址
        MOV     R1, #08H        ;置通道数
        CLR     EX0             ;禁止 INT0 中断
LOOP:   MOVX    @DPTR, A        ;启动 A/D 转换
        MOV     R2, #20H        ;稍延时后查询
DELAY:  DJNZ    R2, DELAY
        SETB    P3.2            ;准备从 P3.2 输入
LP:     MOV     B, P3
        JB      B.2, LP         ;判转换结束否?
        MOVX    A, @DPTR        ;读取转换结果
        MOV     @R0, A          ;存入数据区
        INC     DPTR            ;指向下一通道
        INC     R0              ;修改数据区指针
        DJNZ    R1, LOOP
        SJMP    $               ;停机
        END
```

用中断法编程

```
        ORG     0000H
        LJMP    START
        ORG     0003H
        LJMP    ADINT0
```

```
        ORG     0030H
START:  MOV     R0, #30H        ;置数据区指针
        MOV     R1, #08H        ;置通道数
        SETB    IT0             ;置 INT0 下降沿触发
        SETB    EX0
        SETB    EA              ;开中断
        MOV     DPTR, #7FF8H    ;指向 IN0 的通道地址
        MOVX    @DPTR, A        ;启动 A/D 转换
        SJMP    $               ;等待中断
ADINT0: MOVX    A,  @DPTR       ;读取转换结果
        MOV     @R0, A          ;存入数据区
        INC     DPTR            ;指向下一通道
        INC     R0              ;修改数据区指针
        MOVX    @DPTR, A        ;启动下一路 A/D 转换
        DJNZ    R1, NEXT        ;8 路采集完否？未完继续
        CLR     EX0             ;8 路采集已完,关中断
NEXT:   RETI
        END
```

如果要求利用 T1 定时,每秒钟采集一遍 IN0 ~ IN7 上的模拟电压,并把采集的数字量更新到片内的 30H ~ 37H 单元,设系统时钟 f_{OSC} = 6 MHz。

设置 T1 定时 100 ms,中断 10 次为 1 秒;AD 转换一次约 100 μs,八个通道约 800 μs,也就是 1 ms 内即可完成八个通道的数据转换和保存。从时间数据看出,T1 的中断为大周期(100 ms),$\overline{INT0}$的中断为小周期(100 μs),且$\overline{INT0}$的 8 次中断发生在 T1 的第 10 次定时过程。参考程序如下:

```
        ORG     0000H
        LJMP    START
        ORG     0003H
        LJMP    ADINT0
        ORG     001BH
        LJMP    T1INT1
        ORG     0030H
START:  SETB    IT0             ;置INT0下降沿触发
        MOV     R0, #30H        ;置数据区指针
        MOV     R1, #08H        ;置通道数
        MOV     R7, #0AH        ;置定时中断次数 10 次
```

```
        MOV     TMOD, #10H      ;置定时器 1 工作方式 1
        MOV     TH1, #3CH       ;送初值
        MOV     TL1, #0B0H
        MOV     IE,  #89H       ;开INT0、T1 中断
        SETB    TR1             ;启动定时器
LOOP:   NOP
        CJNE    R7, #00H,NOE    ;R7≠0 则转 NOE
        MOV     R7, #0AH        ;否则 1 s 延时到,重置 R7
        MOV     R0, #30H        ;置数据区指针
        MOV     R1, #08H        ;置通道数
        SETB    EX0             ;INT0开中断
        MOV     DPTR, #7FF8H    ;指向 IN0 通道地址
        MOVX    @DPTR, A        ;启动 A/D 转换
NOE:    NOP
        ⋮                       ;执行其他任务,同时等待中断
        SJMP    LOOP
        ORG     0100H           ;T1 中断服务程序
T1INT1: DEC     R7
        MOV     TH1, #3CH       ;重置初值
        MOV     TL1, #0B0H
        RETI
        ORG     0200H           ;INT0中断服务程序
ADINT0: MOVX    A, @DPTR        ;读取 A/D 转换结果
        MOV     @R0, A          ;存入数据区
        INC     DPTR            ;指向下一通道
        INC     R0              ;修改数据区指针
        MOVX    @DPTR, A        ;启动下一路 A/D 转换
        DJNZ    R1, NEXT        ;8 路未采集完则继续
        CLR     EX0             ;8 路已采集完,关中断
NEXT:   RETI    END
        END
```

2. 串行接口 A/D 转换器 TLC2543 接口应用

TLC2543 是 12 位模数转换器，具有 11 个输入通道，它带有串行外设接口(SPI,Serial Peripheral Interface)，具有转换快、稳定性好、与微处理器接口简单、价格低等优点。

1）TLC2543 的引脚及功能

TLC2543 是 12 位开关电容逐次逼近模数转换器，有多种封装形式，管脚图如图 8.15 所示。

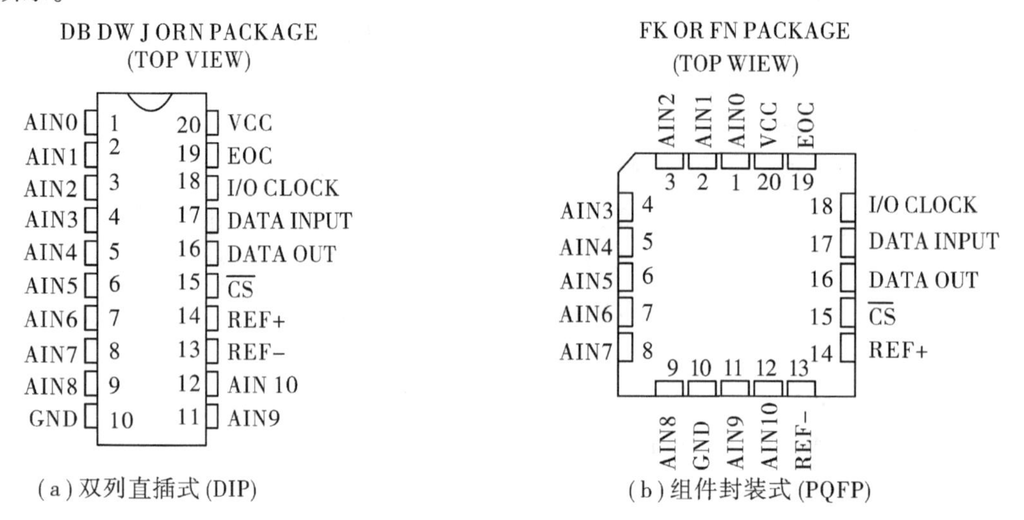

(a) 双列直插式 (DIP)　　(b) 组件封装式 (PQFP)

图 8.15　TLC2543 管脚图

引脚的功能如表 8.7 所示。

表 8.7　TLC2543 引脚功能

引脚	名称	功　能
1 ~ 9	AIN0 ~ AIN8	1 ~ 9 路模拟量输入引脚
10	GND	电源地
11,12	AIN9 ~ AIN10	10,11 路模拟量输入引脚
13	$V_{REF}(-)$	负基准电压端。一般接地
14	$V_{REF}(+)$	正基准电压端，一般接 +5 V
15	$\overline{CS}$	片选端，低电平有效
16	DATA　OUT	A/D 转换结果的输出端
17	DATA　INPUT	控制字输入端，用于选择转换及输出数据格式
18	I/O　CLOCK	控制输入、输出的时钟
19	EOC	转换结束信号输出端
20	VCC	正电源端，一般接 +5 V

2）TLC2543 的使用方法

（1）控制字的格式。

控制字为从 DATA INPUT 端串行输入的 8 位数据，它规定了 TLC2543 要转换的模拟量通道、转换后的输出数据长度、输出数据的格式。

表 8.8　TLC2543 控制字格式

D7	D6	D5	D4	D3	D2	D1	D0	
							0	输出数据是单极性(二进制)
							1	输出数据是双极性(2 的补码)
						0		输出数据是高位先送出
						1		输出数据是低位先送出
				0	1			输出数据长度为 8 位
				1	1			输出数据长度为 16 位
				×	0			输出数据长度为 12 位
0	×	×	×					0000～0111 对应 0～7 通道
1	0	0	0					8 通道
1	0	0	1					9 通道
1	0	1	0					10 通道
1	0	1	1					TLC2543 自检，测试 $(V_{REF}+)/2-(V_{REF}-)/2$
1	1	0	0					TLC2543 自检，测试 $V_{REF}-$
1	1	0	1					TLC2543 自检，测试 $V_{REF}+$
1	1	1	0					TLC2543 进入休眠状态

(2)转换过程。

上电后，片选$\overline{CS}$必须从高到低，才能开始一次工作周期，此时 EOC 为高，输入数据寄存器被置为 0，输出数据寄存器的内容是随机的。

开始时，$\overline{CS}$片选为高，I/O CLOCK、DATA INPUT 被禁止，DATA OUT 呈高阻状，EOC 为高。使$\overline{CS}$变低，I/O CLOCK、DATA INPUT 使能，DATA OUT 脱离高阻状态。12 个时钟信号从 I/O CLOCK 端依次加入，随着时钟信号的加入，控制字从 DATA INPUT 逐位在时钟信号的上升沿时被送入 TLC2543(高位先送入)，同时上一周期转换的 A/D 数据，即输出数据寄存器中的数据从 DATA OUT 逐位移出。TLC2543 收到第 4 个时钟信号后，通道号也已收到，此时 TLC2543 开始对选定通道的模拟量进行采样，并保持到第 12 个时钟的下降沿。在第 12 个时钟下降沿，EOC 变低，开始对本次采样的模拟量进行 A/D 转换，转换时间约需 10 μs，转换完成后 EOC 变高，转换的数据在输出数据寄存器中，待下一个工作周期输出。这样一个转换周期结束，可以开始新的工作周期。

(3)TLC2543 与单片机的接口。

MCS－51 系列单片机没有 SPI 接口，为了与 TLC2543 接口，可以用软件功能来实现

SPI 的功能,具体细节可参考相关书籍或手册。

8.3.2 8051 单片机与 D/A 接口电路应用

1. D/A 转换器 DAC0832 接口应用

已知 51 单片机与 DAC0832 按单缓冲方式连接见图 8.16,编写产生锯齿波、三角波和方波的程序,在 51 单片机与 DAC0832 按单缓冲方式连接的情况下,$\overline{WR2}$和$\overline{XFER}$始终有效,数字量一进入输入寄存器,立刻就送去 D/A 转换。

锯齿波程序如下:

```
        ORG     300H
START:  MOV     DPTR,   #7FFFH
        MOVX    @DPTR, A
        INC     A
        SJMP    START
        END
```

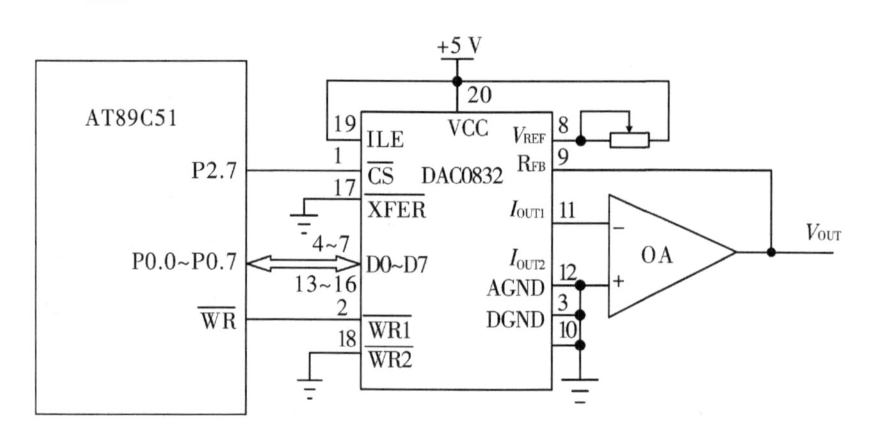

图 8.16 DAC0832 与 51 单片机连接图

三角波程序如下:

```
        ORG     600H
START:  CLR     A
        MOV     DPTR,       #7FFFH
UP:     MOVX    @DPTR,  A           ;线性上升段
        INC     A
        JNZ     UP                  ;若未完,转 UP
        MOV     A,        #0FFH
DOWN:   MOVX    @DPTR,  A           ;线性下降段
        DEC     A
        JNZ     DOWN                ;若未完,则 DOWN
```

```
        SJMP    UP                  ;若已完,则循环
        END
方波程序
        ORG     900H
START:  MOV     DPTR,   #7FFFH
LOOP:   MOV     A,      #0A0H
        MOVX    @DPTR,  A           ;置上限电平
        ACALL   DELAY               ;形成方波顶宽
        MOV     A,      #50H
        MOVX    @DPTR,  A           ;置下限电平
        ACALL   DELAY               ;形成方波底宽
        SJMP    LOOP                ;循环
DELAY:  ⋮
        ⋮
        END
```

2.12 位串行 D/A 转换器 TLV5616 接口应用

(1)TLV5616 简介。

TLV5616 是一个带有灵活的 4 线串行接口的 12 位电压输出数/模转换器(DAC)。其 4 条线组成的串行接口可以与 SPI(Serial Peripheral Interface)、QSPI(Queued SPI)和 Microwire 串行口接口。

TLV5616 可以用一个 16 位串行字符串来编程,其中包括 4 个控制位和 12 个数据位。

TLV5616 采用 CMOS 工艺,设计成 2.7～5.5 V 单电源工作,8 引脚封装结构,工业级芯片的工作温度范围从 -40～85 ℃。其引脚如图 8.17 所示。

输出电压由下式给出:

$$V_{OUT} = 2 \times V_{REF} \times \frac{CODE}{0x1000}(V) \tag{8.8}$$

式中,V_{REF}是基准电压,而 CODE 是数字输入值,范围为 0x000H～0xFFFH。由外部基准决定满量程电压。

上电复位将内部锁存为一个规定的初始状态(所有各位为零)。

(2)各引脚功能介绍如表 8.9 所示。

表 8.9　TLV5616 引脚功能

引脚	名称	功　能
1	DIN	串行数字数据输入
2	SCLK	串行数字时钟输入

续表

引脚	名称	功　能
3	$\overline{CS}$	芯片选择,低有效
4	FS	帧同步,数字输入,用于4线串行接口
5	AGND	模拟地
6	REFIN	基准模拟电压输入
7	OUT	DAC 模拟电压输出
8	VDD	正电源

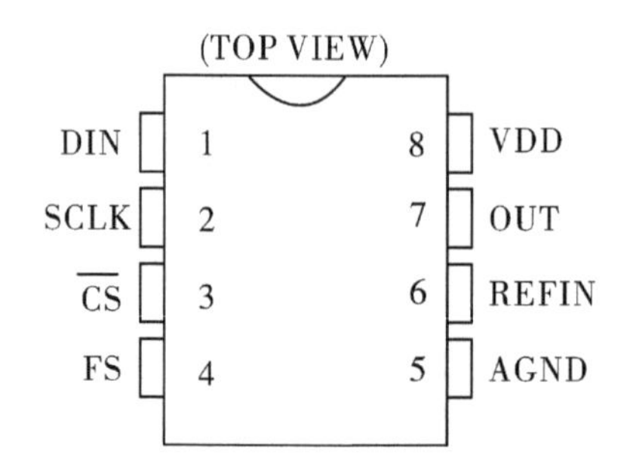

图 8.17　TLV5616 引脚

TLV5616 的内部结构如图 8.18 所示。

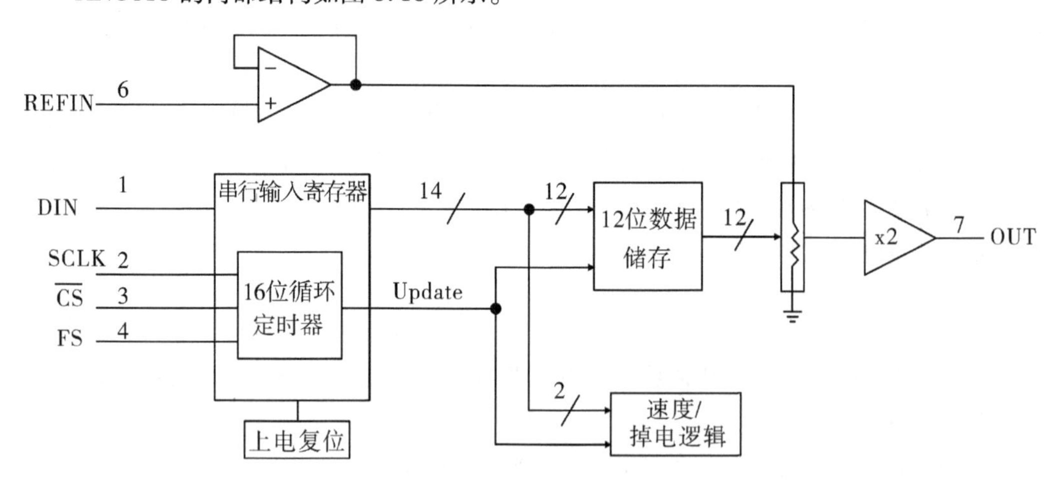

图 8.18　TLV5616 的内部结构

TLV5616 是一个基于一个电阻串结构的 12 位、单电源 DAC。包括一个并行接口、速度和掉电控制逻辑、一个基准输入缓冲器、电阻串、一个轨到轨(Rail－to－Rail)输出缓冲器。

(3)TLC5616 的数据传输时序图如图 8.19 所示。

数据传输过程:

首先器件必须使能$\overline{CS}$。

然后在 FS 的下降沿启动数据的移位,在 SCLK 的下降沿逐位传入内部寄存器。

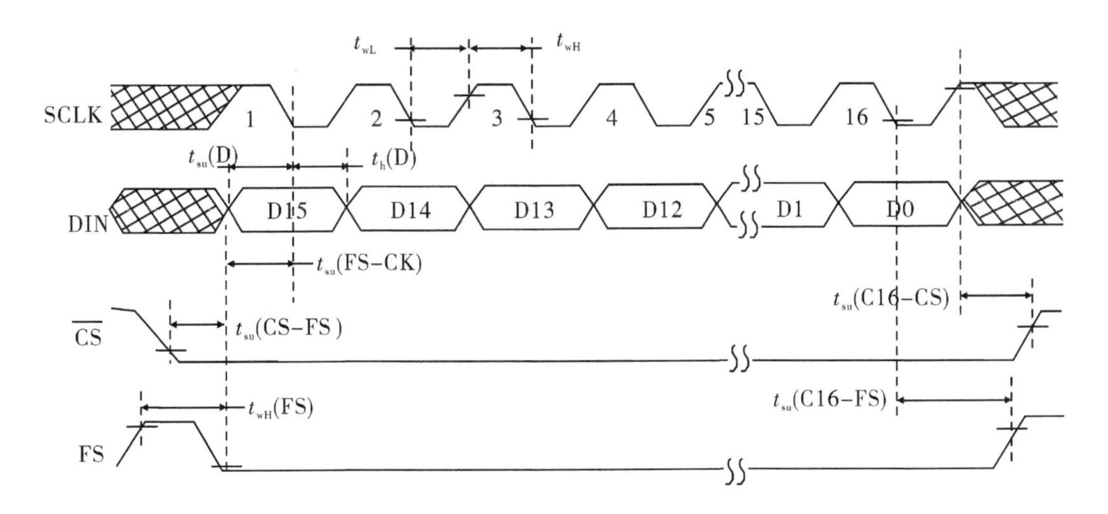

图 8.19　TLC5616 的数据传输时序图

在 16 位数据已传送后或者当 FS 升高时，移位寄存器中的内容被移到 DAC 锁存器，它将输出电压更新为新的电平。

TLV5616 的串行接口可以用于两种基本的方式：4 线（带片选）和 3 线（不带片选）。

（4）数据格式。

TLV5616 的 16 位数据字包括两部分，详见表 8.10。

表 8.10　TLV5616 的数据各位含义

<table>
<tr><td>D15</td><td>D14</td><td>D13</td><td>D12</td><td>D11</td><td>D10</td><td>D9</td><td>D8</td><td>D7</td><td>D6</td><td>D5</td><td>D4</td><td>D3</td><td>D2</td><td>D1</td><td>D0</td></tr>
<tr><td>×</td><td>SPD</td><td>PWR</td><td>×</td><td colspan="12">DAC 新值</td></tr>
<tr><td rowspan="4"></td><td rowspan="2"></td><td>1</td><td colspan="13">掉电方式，</td></tr>
<tr><td>0</td><td colspan="13">正常工作</td></tr>
<tr><td>1</td><td colspan="14">快速方式</td></tr>
<tr><td>0</td><td colspan="14">慢速方式</td></tr>
</table>

注：在掉电方式时，TLV5616 中的所有放大器都被禁止。

（5）TLV5616 与 CPU 接口的电路图如图 8.20 所示。

串行的 DAC 输入数据和外部控制信号由单片机的 P3 口完成：串行数据由 RXD 引脚送出，串行时钟由 TXD 引脚送出。P3.4 和 P3.5 分别向 TLV5616 提供片选和帧同步信号。

使用定时器以固定的频率产生中断。在中断服务子程序中提取和写入下一个数据样本（两个字节）到 DAC 中。数据样本储存在数据存储器。

单片机的串行口工作于方式 0，在 RXD 脚发送 8 位数据，同时 TXD 脚上送出同步时钟。需要连续两次写入才能写一个完整的字到 TLV5616。

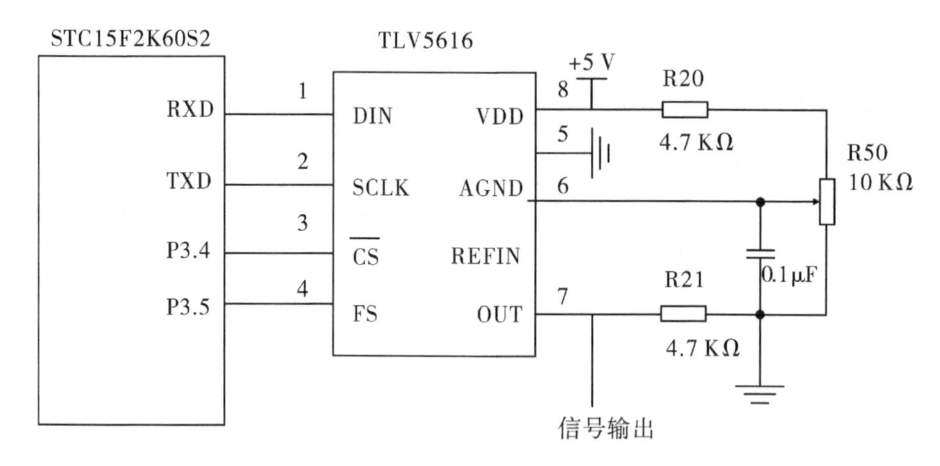

图 8.20 TLC5616 与 CPU 接线图

习题与思考题

8.1 在一个 8051 单片机应用系统中,8051 以中断方式通过并行接口读取 ADC0809 的转换结果,试画出有关电路,并编写读取 A/D 转换结果的中断服务子程序。

8.2 用单片机 8051 和 ADC0809 实现对 8 路模拟信号的连续监测,以中断方式每 3 分钟巡检一次,每小时仅保留各路一个平均值,每 24 小时转存一次数据。试编写程序,实现上述监测。

8.3 请设计一个电路:8051 单片机以中断方式通过并行 I/O 接口芯片 74LS244 读取 ADC0809 的转换结果。要求画出电路连接图,并编写读取 A/D 转换结果的中断服务子程序。

8.4 设计一个 A/D 转换电路,利用 ADC0809 与 8051 单片机连接。要求 0809 的通道地址选择线来自于地址总线的低 8 位。采用查询方式进行数据采集,每隔 0.5ms 检测一个通道,8 个通道循环检测,共检测 10 遍再结束。采集到的数据存入系统外部数据存储器某连续存储单元中

8.5 怎样的 D/A 转换器能直接与单片机连接?为什么?在什么情况下 DAC0832 必须工作在双缓冲器方式?

8.6 设计一个 D/A 转换电路,DAC0832 与单片机系统连接。要求 DAC0832 工作在单缓冲器方式下。试画出电路图,并编写程序,使 DAC0832 输出一个正向锯齿波。

8.7 在一个晶振频率为 12MHz 的 8051 系统中接有 2 片 DAC0832,已知它们的地址分别为 7FFFH 和 0BFFFH,0832 的输出信号送示波器。请画出 DAC0832 工作于双缓冲器方式下的逻辑电路图。

第9章　8051单片机串行口应用

串行通信是计算机与计算机之间、计算机与外部设备之间、设备与设备之间一种常用的数据传输方式。尤其当设备之间距离较远时，采用并行数据传输难以实现，大多采用串行数据传输方式。MCS－51系列单片机有一个全双工的串行通信口，可以在不同通信速率条件下提供多种工作方式。

9.1　串行与并行基本通信方式

1. 并行通信和串行通信

并行通信是指数据的各位同时进行传送。多位数据同时通过多根数据线传送，每一根数据线传送一位二进制代码。其优点是传送速度快、效率高；缺点是硬件设备复杂，数据有多少位，就需要多少根数据线。线路费用相对提高，线路阻抗匹配、噪声等问题也较多。并行通信适用于近距离通信和处理速度较快的场合，如计算机内部、计算机与磁盘驱动器的数据传输等。

串行通信是指数据的各个位按顺序逐位地传送。其优点是传送数据线的根数少，通信距离长。串行通信适用于计算机与计算机之间、计算机与外部设备之间的远距离通信，如计算机与键盘、计算机与鼠标等。其缺点是传输速度较慢，效率低。

2. 串行通信数据传输方式

串行通信有单工通信、半双工通信和全双工通信3种方式。

1)单工方式

如图9.1(a)所示，在单工方式下，数据传输是单向的，一方(A端)固定为发送端，另一方(B端)固定为接收端。单工方式只需要一条数据线。

2)半双工方式

如图9.1(b)所示，在半双工方式下，数据传输是双向的，数据既可以从A端发送到B端，又可以由B端发送到A端，不过在同一时间只能做一个方向的传输。半双工方式需要一条数据线。

3)全双工方式

如图9.1(c)所示，在全双工方式下，数据传输是双向的，A、B两端既可同时发送，又可同时接收。全双工方式需要两条数据线。

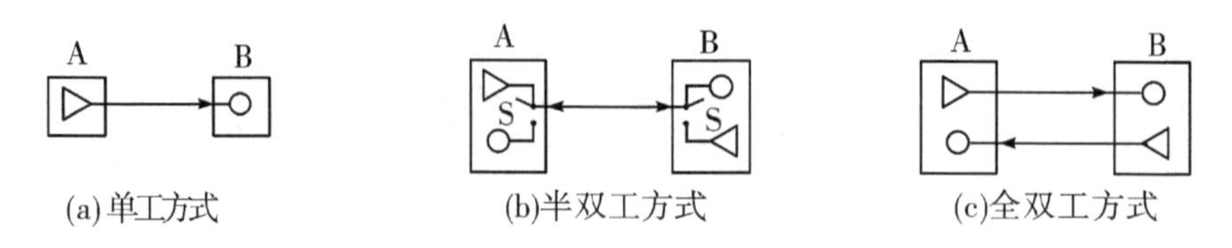

图 9.1　串行通信数据传输 3 种方式

3. 串行通信的两种方式

两个设备之间进行数据通信,发送端发送数据之后,接收端怎样能够正确地接收到数据？因此,必须事先规定一种发送器和接收器双方都认可的同步方式,以解决何时开始传输、何时结束传输、以及数据传输速率等问题。串行通信的同步方式可分为异步通信和同步通信两种。

1)异步通信

异步通信方式用一个起始位表示一个字符的开始,用停止位表示字符的结束,数据位则在起始位之后,停止位之前,这样就构成了一帧,如图 9.2 所示。在异步通信中,每个数据都是以特定的帧形式传输,数据在通信线上一位一位地串行传送。

图 9.2　异步方式的一帧数据格式

在图 9.2 中,起始位表示传送一个数据的开始,用低电平表示,占一位。数据位是要传送的数据的具体内容,可以是 5 位、6 位、7 位、8 位等。通信时,数据从低位开始传送,奇偶检验位为了保证数据传输的正确性,在数据位之后紧跟一位奇偶检验位,用于有限差错检测。当数据不需进行奇偶检验时,此位可省略。停止位表示发送一个数据的结束,用高电平表示,占 1 位、1.5 位或 2 位。

在发送间隙,线路空闲时线路处于逻辑 1 等待状态,称为空闲位,其状态为 1。异步通信中数据传送格式如图 9.3 所示。空闲位是异步通信特征之一。

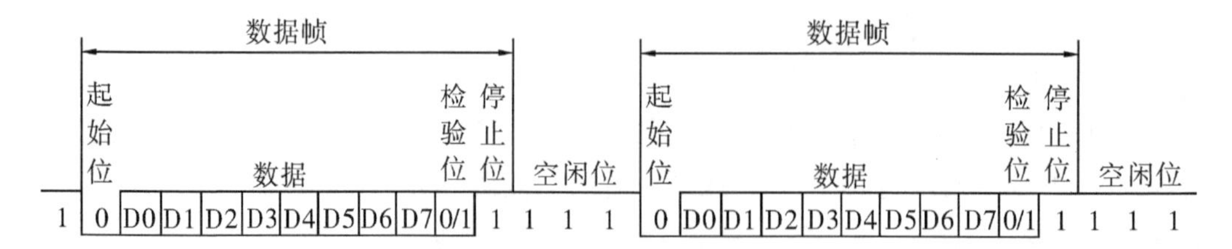

图 9.3　异步通信中数据传送格式

在异步通信时,通信的双方必须遵守以下基本约定:

①字符格式必须相同。

②通信速率必须相同。串行通信的速率也称为波特率。

波特率是指每秒传送的二进制位数,单位为波特或 bit/s。异步串行通信的波特率一般为50~19200 bit/s,波特率越高,数据传输速度越快,但和字符的实际传输速率不同。字符的实际传输速率是指每秒内所传字符帧的帧数,和字符帧格式有关。例如,波特率为1200 bit/s的通信系统,若采用图9.2的字符帧,则字符的实际传输速率为1200 bit/s ÷ 11 = 109.09(帧/s)。

每位的传输时间定义为波特率的倒数。例如,波特率为2400bit/s的通信系统,其每位的传输时间应为:

$$T_d = 1/2400 \approx 0.417 \text{ ms}$$

2)同步通信

异步通信由于要在每个数据前后附加起始位、停止位,每发送一个字符约有20%的附加数据,占用了传输时间,降低了传输效率。同步通信则去掉每个数据的起始位和停止位,把要传输的数据按顺序连接成一个数据块,数据块之间的数据没有间隔。在数据块的开始附加1~2个同步字符,在数据块的末尾加差错校验字符(CRC)。同步通信的数据格式如图9.4所示。

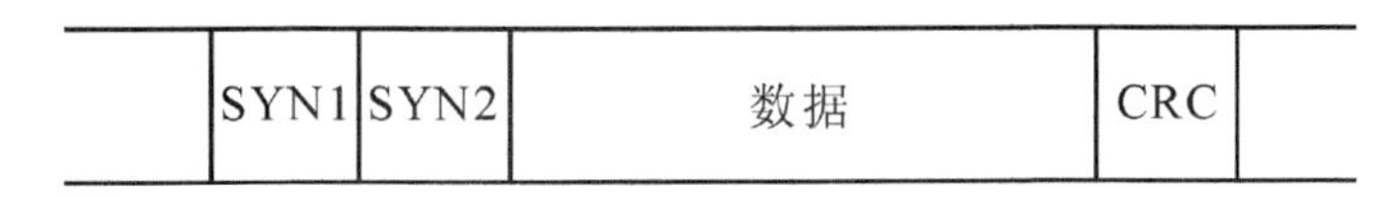

图9.4　同步方式的数据格式

同步通信时,先发送同步字符(SYN),数据发送紧随其后。接收方检测到同步字符后,即开始接收数据字符,按约定的长度拼成一个个数据块,直到整个数据字符接收完毕,经校验无传送错误则结束一帧信息的传送。若发送的数据块之间有间隔,则发送同步字符填充。

同步通信进行数据传输时,发送和接收双方要保持完全的同步,因此要求发送和接收设备必须使用同一时钟。在近距离通信时可以采用在传输线中增加一根时钟信号线来解决;远距离通信时,可以通过解调器从数据流中提取同步信号,用锁相技术使接收方得到和发送方时钟频率完全相同的时钟信号。

同步通信传输速率高,适用于高速率、大容量的数据通信,但硬件复杂;异步通信技术较为简单,应用范围广。

9.2　8051单片机的串行口

1.串行口的内部结构

8051单片机内部含有一个可编程全双工串行口,它能同时发送和接收数据。串行口的接收和发送都是通过访问特殊功能寄存器SBUF来实现,SBUF即可作为发送缓冲器,也可作为接收缓冲器。实际上,在物理构造上,MCS-51单片机的发送缓冲器和接收缓冲器是2个独立的寄存器,它们共享一个地址(99H),把数据写入SBUF,即装载数据到发送缓冲器,从SBUF中读取数据,就是从接收缓冲器中提取接收到的数据。发送缓冲器只能写入不能读出,接收缓冲器只能读出不能写入。

MCS-51单片机串行口有两个控制寄存器:串行口控制寄存器SCON用来选择串行口的工作方式,控制数据的接收和发送,并表示串行口的工作状态等。电源控制寄存器PCON用来控制串行通信的波特率,PCON中有一位是波特率的倍增位。

8051单片机串行口内部结构如图9.5所示。MCS-51单片机串行口可以工作在移位寄存器方式和异步通信方式。在移位寄存器方式时,由RXD(P3.0)引脚接收或发送数据,TXD(P3.1)引脚输出移位脉冲,作为外接系统的同步信号。在异步通信方式时,数据由TXD(P3.1)引脚发送,而RXD(P3.0)用于接收数据;异步通信时的波特率由波特率发生器产生,波特率发送器通常由定时/计数器T1实现。串行通信时,接收中断和发送中断共享8051单片机的一个中断即串行口中断,不论是接收到数据,还是发送完数据,都会触发串行口中断请求。因此,CPU响应串行口中断时,不会自动清除中断请求标志TI和RI,需要程序判断是接收还是发送中断请求后,用软件清除中断请求标志TI和RI。

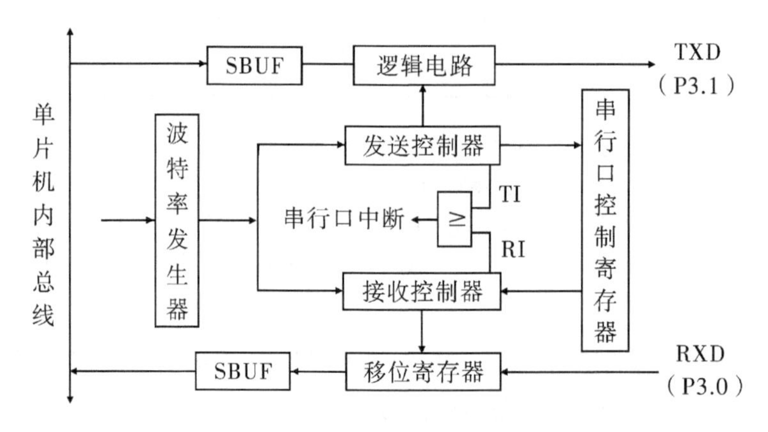

图9.5 8051单片机串行口内部结构

2. 串行口的控制

1)串行控制寄存器SCON

串行控制寄存器SCON是一个二进制8位、可位寻址的寄存器,它的字节地址为98H,它用于设定串行口的工作方式、接收/发送控制及设置状态标志,其格式为:

D7	D6	D5	D4	D3	D2	D1	D0
SM0	SM1	SM2	REN	TB8	RB8	TI	RI
9FH	9EH	9DH	9CH	9BH	9AH	99H	98H

SCON各位定义如下:

SM0、SM1:串行口工作方式选择位,可选择4种工作方式如表9.1所示。

表9.1　串行口工作方式

SM0　SM1	工作方式	功能说明	波特率
0　0	方式0	同步移位寄存器	$f_{osc}/12$
0　1	方式1	10位异步收发	可变(由定时器控制)
1　0	方式2	11位异步收发	$f_{osc}/64$ 或 $f_{osc}/32$
1　1	方式3	11位异步收发	可变(由定时器控制)

SM2:多机通信控制位,主要在方式2和方式3下使用。在方式0时,SM2不用,应设置为0。在方式1下,若SM2=1,则只有接收到有效的停止位时才置位RI,否则RI为0。在方式2或方式3下,若SM2=1,则只有在接收到的第9位数据(RB8)为1时,才将接收到的前8位数据送入SBUF,并将RI置1,否则,当接收到的第9位数据(RB8)为0时,则将接收到的前8位数据丢弃,不产生中断请求。若SM2=0,不论第9位接收到的是0还是1,都将接收到前8位数据送入SBUF,并将RI置1,产生中断请求。

REN:允许接收控制位。REN=0,则禁止串行口接收;若REN=1,则允许串行口接收。

TB8:在方式2和方式3中,TB8为发送数据的第9位,由软件置位或清零。它可作为奇偶校验位(单机通信),也可在多机通信中作为发送地址帧或数据帧的标志位。发送地址帧时,设置TB8=1;发送数据帧时,设置TB8=0。在方式0或方式1中,该位末用。

RB8:在方式2或方式3中,RB8为接收数据的第9位,它可能是奇偶校验位或地址/数据标志位,可根据RB8被置位的情况对接收数据进行某种判断。例如多机通信时,若RB8=1,说明收到的数据为地址帧;RB8=0,收到的数据为数据帧。在方式1时,若SM2=0(即不是多机通信情况),则RB8是已接收到的停止位。方式0中该位末用。

TI:发送中断标志,在一帧数据发送结束时由硬件置位。在方式0中,串行发送完8位数据时,或其他方式串行发送到停止位的开始时由硬件置位。TI=1表示一帧数据发送完毕,并且向CPU请求中断,通知CPU可以发送下一帧数据。TI位可用于查询,也可作为中断标志位,TI不会自动复位,必须由软件清零。

RI:接收中断标志,在接收到一帧有效数据后由硬件置位。在方式0中,接收完8位数据后,或其他方式中接收到停止位时由硬件置位。RI=1表示一帧数据接收完毕,并且向CPU请求中断,通知CPU可取走数据。该位可用于查询,也可作为中断标志位,同样RI不会自动复位,必须由软件清零,以准备接收下一帧数据。

2)电源控制寄存器PCON

电源控制寄存器PCON是一个二进制8位、不可位寻址的寄存器,其中只有一位SMOD与串行口工作有关,它的字节地址为87H,其格式为:

D7	D6	D5	D4	D3	D2	D1	D0
SMOD	—	—	—	GF1	GF0	PD	IDL

PCON 各位定义如下：

SMOD：波特率的倍增选择位。串行口工作在方式 1、方式 3 时，串行通信波特率和 2^{SMOD} 成正比。即当 SMOD = 1 时，波特率提高一倍。SMOD = 0 时，波特率不变。

3. 串行口的工作方式

MCS - 51 单片机有方式 0、方式 1、方式 2 和方式 3 共 4 种工作方式，由 SCON 中的 SM0、SM1 两位进行定义。

1）方式 0

在方式 0 条件下，串行口的 SBUF 作为同步移位寄存器使用，主要用于扩展并行输入输出口，其波特率为单片机时钟频率的 12 分频（$f_{OSC}/12$）。在串行口发送时，SBUF（发送）相当于一个并入串出的移位寄存器，由 MCS - 51 内部总线并行接收 8 位数据，并从 TXD 线串行输出；在接收操作时，SBUF（接收）相当于一个串入并出的移位寄存器，从 RXD 线接收一帧串行数据，并把它并行地送入内部总线。在方式 0 下，SM2、RB8 和 TB8 不起作用，通常设置为 0。

发送操作在 TI = 0 下进行，CPU 通过指令 MOV SBUF，A 给 SBUF（发送）送出发送字符后，RXD 线上即可发出 8 位数据，TXD 线上发送同步脉冲。8 位数据发送完后，TI 自动置 1。CPU 查询到 TI = 1 或响应中断后先用软件使 TI 清零，然后再给 SBUF（发送）送下一个要发送的字符。

接收过程在 RI = 0 和 REN = 1 条件下进行。串行数据由 RXD 线输入，TXD 线输出同步脉冲。接收电路接收到 8 位数据后，RI 自动置 1。CPU 查询到 RI = 1 或响应中断后便可通过指令 MOV　A，SBUF 把 SBUF（接收）中的数据送入累加器 A，RI 也由软件清零。

2）方式 1

在方式 1 条件下，串行口设定为 10 位异步通信方式。字符帧中除 8 位数据位外，还可有 1 位起始位和 1 位停止位。发送操作也在 TI = 0 时、执行指令 MOV SBUF，A 后开始，然后发送电路自动在 8 位发送字符前后分别添加 1 位起始位和停止位，并在移位脉冲作用下在 TXD 线上依次发送一帧信息，发送完毕后自动维持 TXD 线为高电平。TI 也由硬件在发送停止位时置 1，并由软件将它复位。

接收操作在 RI = 0 和 REN = 1 条件下进行，这点与方式 0 时相同。平常，接收电路对高电平的 RXD 线采样，在无信号时，RXD 端的状态为 1，当采样到 1 至 0 的跳变时，确认是起始位 0，就开始接收一帧数据，并自动复位内部的 16 分频计数器，以实现同步。计数器的 16 个状态把 1 位接收时间等分成 16 个间隔，并在第 7、8、9 个计数状态时采样 RXD 引脚的电平，因此，每位连续采样 3 次。当接收到的 3 个数据位状态中至少有 2 位相同时，则该相同的数据位状态才被确认接收。在接收到第 9 数据位（即停止位）时，接收电路必须同时满足以下两个条件：①RI = 0；②SM2 = 0 或接收到的停止位为 1。

当上述条件满足时才能把接收到的8位数据存入SBUF(接收)中,把停止位送入RB8中,使RI=1,若上述条件不满足,则这次收到的数据就被舍去,不装入SBUF(接收)中,这是不能允许的,因为这意味着丢失了一组接收数据。

3)方式2

在方式2下,串行口设定为11位异步通信方式。TXD为数据发送端,RXD为数据接收端。一帧数据由11位组成:1位起始位(状态为0)、8位数据位、1位可编程位、1位停止位(状态为1)。方式2的波特率是固定不变的,由MCS-51时钟频率fosc经32或64分频后提供。

方式2的发送包括9位有效数据,在启动发送之前,要把发送的第9位数值装入SCON中的TB8位,第9位数据完全由用户规定,可以是奇偶校验位,也可以是地址/数据标志位,用户需根据通信协议用软件设置TB8(SETB TB8或CLR TB8)。准备好TB8的值以后,在TI=0的条件下,就可以执行一条写发送缓冲器SBUF的指令来启动发送。串行口能自动把TB8取出,并装入第9位数据的位置,逐一发送出去。发送完毕后使TI置1。这些过程与方式1基本相同。

方式2的接收与方式1基本相似。不同之处是要接收9位有效数据。在方式1时,是把停止位当作第9位数据来处理,而在方式2(或方式3)中存在着真正的第9位数据。因此接收数据真正有效的条件为:

①RI=0

②SM2=0或收到的第9位数据为1

第一个条件是提供接收缓冲器已空的信息,即CPU已把SBUF中上次接收到的数据读走,允许再次写入;第二个条件则提供了根据SM2的状态和所接收到的第9位状态来决定接收数据是否有效。若第9位是一般的奇偶校验位(单机通信时),应令SM2=0,以保证可靠的接收;若第9位作为地址/数据标志位(多机通信时),应令SM2=1,则当第9位为1时,接收的信息为地址帧,串行口将接收该组信息。

若上述两个条件成立,接收的前8位数据进入SBUF以准备让CPU读取,接收的第9位数据进入RB8,同时置位RI。若以上条件不成立,则这次接收无效,放弃接收结果,即8位数据不装入SBUF,也不置位RI。

4)方式3

在方式3条件下,数据格式为11位异步通信方式。其一帧数据格式,接收、发送过程与方式2完全相同,所不同的仅在于波特率。方式3的波特率由定时器T1的溢出率及SMOD决定,这一点与方式1相同。

9.3　RS232与TTL电平的转换

在单片机应用系统中,数据通信主要采用异步串行通信。在设计通信接口时,必须根据需要选择标准接口,并考虑传输介质、电平转换等问题。采用标准接口后,能够方便地把单片机和外设、测量仪器等有机地连接起来,从而构成一个测控系统。例如当需要单片机和 PC 机通信时,通常采用 RS－232 接口进行电平转换。

异步串行通信接口主要有三类:RS－232 接口;RS－449、RS－422 和 RS－485 接口以及 20mA 电流环。下面主要介绍 RS－232 接口。

RS－232C 是使用最早、应用最多的一种异步串行通信总线标准。它是美国电子工业协会(EIA)1962 年公布、1969 年最后修订而成的。其中 RS 表示 Recommended Standard,232 是该标准的标识号,C 表示最后一次修订。

RS－232C 主要用来定义计算机系统的一些数据终端设备(DTE)和数据电路终接设备(DCE)之间的电气性能。例如 CRT、打印机与 CPU 的通信大都采用 RS－232C 接口,80C51 单片机与 PC 机的通信也采用该种类型的接口。由于 80C51 系列单片机本身有一个全双工的串行接口,因此该系列单片机用 RS－232C 串行接口总线非常方便。

RS－232C 串行接口总线适用于:设备之间的通信距离不大于 15 米,传输速率最大为 20kB/s。

1. RS－232C 信息格式标准

RS－232C 采用串行格式,如图 9.6 所示。该标准规定:信息的开始为起始位,信息的结束为停止位;信息本身可以是 5、6、7、8 位再加一位奇偶位。

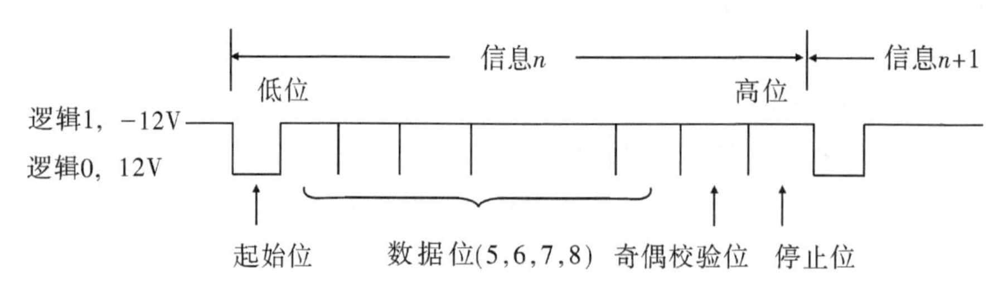

图 9.6 RS－232C 信息格式

2. RS－232C 电平转换器

RS－232C 规定了自己的电气标准,由于它是在 TTL 电路之前研制的,所以它的电平不是 +5 V 和地,而是采用负逻辑,即:

逻辑“0”: +5 ~ +15 V

逻辑“1”:-5 ~ -15 V

因此,RS－232C 不能和 TTL 电平直接相连,使用时必须进行电平转换,否则将会使 TTL 电路损坏,实际应用时必须注意!常用的电平转换集成电路是传输线驱动器 MC1488 和传输线接收器 MC1489。

MC1488 内部有 3 个与非门和一个反相器,供电电压为±12V,输入为 TTL 电平,输出为 RS－232C 电平,MC1489 内部有 4 个反相器,供电电压为±5V,输入为 RS－232C 电平,输出为 TTL 电平。

另一种常用的电平转换电路是 MAX232。图 9.7 为 MAX232 的引脚图。

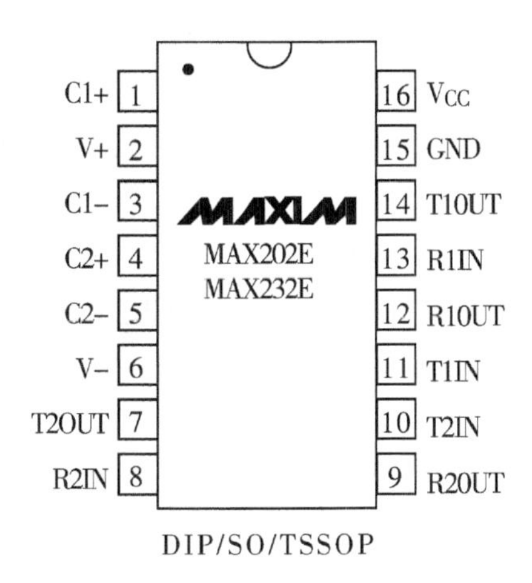

图 9.7　MAX232 引脚图

在计算机进行串行通信时，选择接口标准，必须注意以下两点：

1）通信速度和通信距离

通常的标准串行接口，都满足两个指标：可靠传输时的最大通信速度和传送距离。但这两个指标具有相关性，适当降低传输速度，可以提高通信距离，反之亦然。例如，采用RS－232C标准进行单向数据传输时，最大的传输速度为 20 kbit/s，最大的传输距离为 15 m。

2）抗干扰能力

通常选择的标准接口，在保证不超过其使用范围条件下，具有一定的抗干扰能力，以保证可靠的信号传输。但在一些工业测控系统，通信环境十分恶劣，因此在通信介质选择、接口标准选择时，要充分考虑抗干扰能力，并采取必要的抗干扰措施。例如在长距离传输时，使用 RS－422 标准，能有效地抑制共模信号干扰；使用 20mA 电流环技术，能大大降低对噪声的敏感程度。

在高噪声污染的环境中，通过使用光纤介质可减少噪声的干扰，通过光电隔离可以提高通信系统的安全性。

9.4　波特率的设置

在串行通信中，收发双方对传送数据的速率即波特率要有一定的约定。通过上一小节的论述，我们已经知道，8051 单片机的串行口通过编程可以有 4 种工作方式。其中方式 0 和方式 2 的波特率是固定的，方式 1 和方式 3 的波特率可变，由定时器 T1 的溢出率决定，下面加以分析。

在方式 0 条件下，波特率为时钟频率的 1/12，即 $f_{OSC}/12$，固定不变。

在方式 1 和方式 3 条件下，其波特率是可变的。在 MCS－51 单片机中，由定时/计数器 T1 作为串行通信方式 1 的波特率发生器。其计算公式为

$$\text{波特率} = \frac{2^{SMOD}}{32} \times \text{定时器 T1 的溢出率} \tag{9.1}$$

定时器 T1 的溢出率定义为定时时间的倒数,定时器 T1 的溢出率为

$$定时器\ T1\ 的溢出率 = \frac{f_{OSC}}{12} \times \frac{1}{(2^K - 初值)} \tag{9.2}$$

则波特率计算公式为

$$波特率 = \frac{2^{SMOD}}{32} \times \frac{f_{OSC}}{12} \times \frac{1}{(2^K - 初值)} \tag{9.3}$$

式中,SMOD 为波特率倍增选择位,K 为定时器 T1 的位数,它和定时器 T1 的设定方式有关。一般情况下,T1 设定为方式 2。

在方式 2 中,波特率取决于 PCON 中的 SMOD 值,当 SMOD = 0 时,波特率为 $f_{OSC}/64$;当 SMOD = 1 时,波特率为 $f_{OSC}/32$。

常用波特率与定时器 T1 初值关系如表 9.2 所示。

其中 T1 的溢出率取决于单片机定时器 T1 的计数速率和定时器的预置值。计数速率与 TMOD 寄存器中的 $C/\overline{T}$ 位有关,当 $C/\overline{T} = 0$ 时,计数速率为 $f_{OSC}/12$,当 $C/\overline{T} = 1$ 时,计数速率为外部输入时钟频率。

实际上,当定时器 T1 做波特率发生器使用时,通常工作在模式 2,即自动重装载的 8 位定时器,此时 TL1 作计数用,自动重装载的值在 TH1 内。设计数的预置值(初始值)为 X,那么每过 256 - X 个机器周期,定时器溢出一次。为了避免溢出而产生不必要的中断,此时应禁止 T1 中断。

$$溢出周期 = \frac{12}{f_{OSC}} \times (2^K - 初值) \tag{9.4}$$

溢出率为溢出周期的倒数,所以

$$波特率 = \frac{2^{SMOD}}{32} \times \frac{f_{OSC}}{12} \times \frac{1}{(2^K - 初值)},其中\ K = 8。 \tag{9.5}$$

表 9.2 列出了各种常用的波特率及获得办法。

下面我们来分析一段小程序的波特率:

```
MOV TMOD,#20H
MOV TL1,   #0F4H
MOV TH1,   #0F4H
SETB TR1
```

若采用 11.059 MHz 的晶振,分析 TMOD 的设置,对照表 9.2,可知串行通信的波特率应为 2400。

表 9.2　常用波特率与定时器 T1 初值关系

波特率	时钟频率	SMOD	TH1
62.5k	12 MHz	1	FFH
19.2k	11.0592 MHz	1	FDH

续表

波特率	时钟频率	SMOD	TH1
9600	11.0592 MHz	0	FDH
4800	11.0592 MHz	0	FAH
2400	11.0592 MHz	0	F4H
1200	11.0592 MHz	0	E8H
137.5	11.0592 MHz	0	2EH

9.5　串行口电路应用

9.5.1　串行口的简单应用

1. 并行 I/O 口的扩展

串行口的方式 0 不属于通信，它的功能相当于一个移位寄存器，常用于实现串行→并行、并行→串行数据之间的转换，因此，可以与具有并行输入串行输出、串行输入并行输出功能的芯片结合扩展并行 I/O 口。

1）并行输出口扩展

图 9.8 为具有串行输入并行输出功能的 8 位移位寄存器芯片 74LS164 的引脚图。

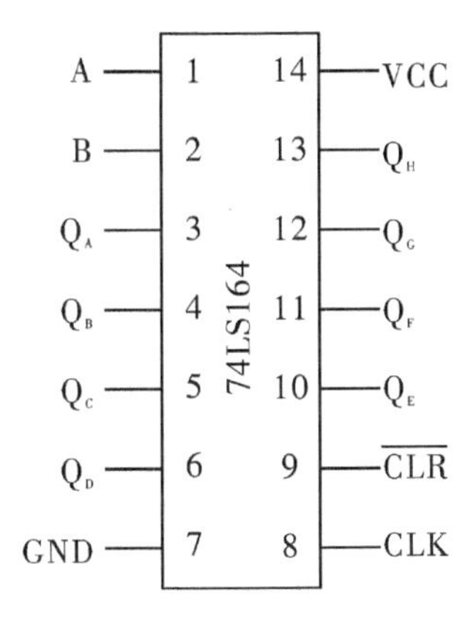

图 9.8　74LS164 引脚图

A、B：串行输入引脚，两只引脚完全一样，可以将这两只引脚连接在一起，再接到串行数据源。也可将其中一脚连接到 VCC，另一只引脚连接串行数据源。

$Q_A \sim Q_H$：数据输出引脚。

$\overline{CLR}$：清除引脚，$\overline{CLR}=0$ 时，输出引脚 $Q_A \sim Q_H$ 清 0。

CLK：时钟脉冲输入引脚，此电路为正边沿触发型，即输出引脚的状态变化是发生在时钟脉冲由低电平变为高电平的时候。

[例9.1]已知串行口扩展并行I/O口电路如图9.9所示,编写实现单个LED灯左移的程序。

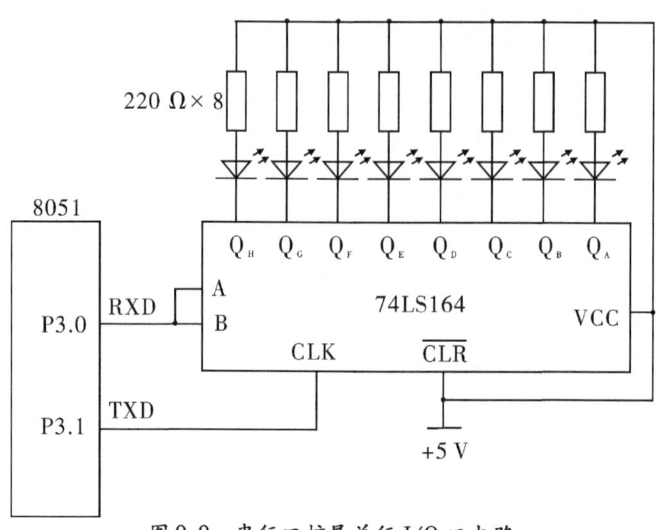

图9.9 串行口扩展并行I/O口电路

解 串行口设置为方式0,串行数据由RXD(P3.0)引脚输出,时钟脉冲由TXD(P3.1)引脚输出。初始数据为11111110B,最右面LED灯开始亮。

程序如下:

```
            ORG    0100H
START:      MOV    SCON, #00H        ;SCON←00H,设串行口方式0
            MOV    A, #0FEH          ;A←11111110B
LOOP:       MOV    SBUF, A           ;SBUF←A,发送数据
            JNB    TI, $             ;等待TI中断
            CLR    TI                ;清除TI中断标志
            ACALL  DELAY             ;调用延时
            RL     A                 ;A的内容左移1位
            SJMP   LOOP              ;继续输出串行数据
DELAY:      MOV    R5, #200          ;R5←200
DEL2:       MOV    R6, #250          ;R6←250
DEL1:       DJNZ   R6, DEL1          ;若R6-1≠0,则跳转到DEL1处
            DJNZ   R5, DEL2          ;若R5-1≠0,则跳转到DEL2处
            RET                      ;子程序返回
            END
```

2)并行输入口扩展

图9.10为具有并行输入串行输出功能的8位移位寄存器芯片74LS165的引脚图。

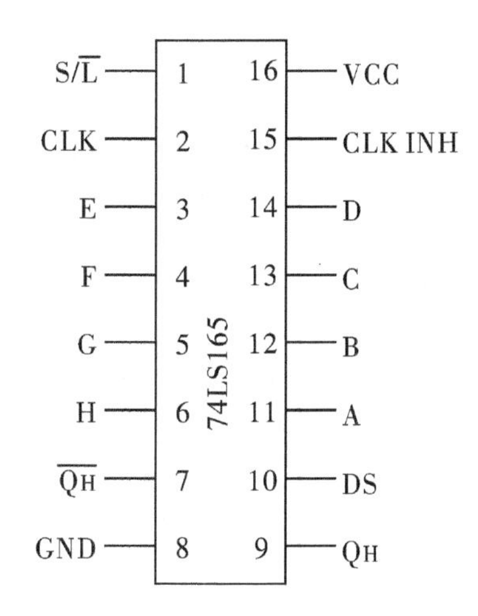

图 9.10　74LS165 引脚图

S/$\overline{L}$:数据加载与移位控制引脚,当 S/$\overline{L}$ =0 时,并行输入引脚 A ~ H 的状态将全部被加载。当 S/$\overline{L}$ =1 时,在移位时钟脉冲作用下,数据将由 Q_H端输出。

CLK INH:时钟脉冲禁止引脚,CLK INH =1 时,输出引脚将不随时钟脉冲而变化。CLK INH =0 时,输出引脚将随时钟脉冲进行移位式串行输出。

CLK:时钟脉冲输入引脚。此电路触发方式与 74LS164 相同。

DS:串行数据输入引脚。

A ~ H:并行数据输入引脚。

Q_H:串行数据输出引脚。

$\overline{Q_H}$:串行数据反相输出引脚。

[**例**9.2]已知电路如图9.11,编写根据开关 K0 ~ K7 的状态控制 L0 ~ L7 点亮熄灭的程序。

解　开关状态由 74LS165 并行输入,转换为串行数据由 RXD 输入给单片机,从而控制 LED 灯的亮灭。

程序如下:

```
            ORG   0100H
START:      MOV   SCON, #10H      ;SCON←10H,设串行口方式 0,接收
LOOP:       CLR   P3.2            ;输出负脉冲,S/L =0,加载并行数据
            NOP                   ;延长负脉冲宽度
            SETB  P3.2            ;S/L =1,允许寄存器移位
            JNB   RI, $           ;等待 RI 中断
            CLR   RI              ;清除 RI 中断标志
            MOV   A, SBUF         ;读开关状态送 A
            MOV   P1, A           ;开关状态输出到 P1
            SJMP  LOOP            ;继续读取开关状态
```

END

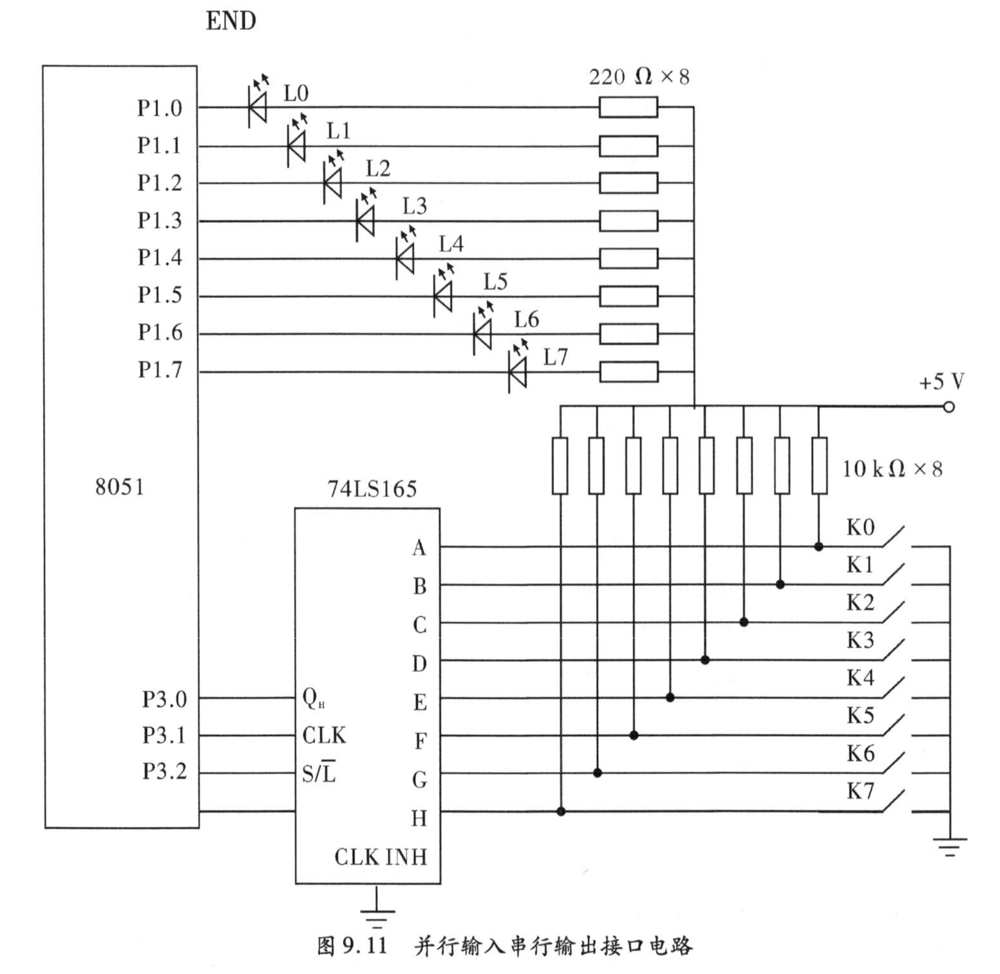

图 9.11　并行输入串行输出接口电路

2. 串行口异步通信

在方式 1、方式 2 和方式 3 条件下，串行口均用于异步通信。利用单片机的串行口，可以实现与单片机、计算机和其他具有串行口的智能设备之间的串行通信。

如果通信双方都采用 TTL 电平传输数据，双方的串行口可以直接连接，但其传输距离一般不超过 1.5 m；当通信双方采用不同的电平形式传输数据时，需要通过接口转换电路，把它们转换为相互兼容的电平形式，比如 MAX232 就属于这类芯片。

这里以 A、B 两台 8051 单片机进行单工串行通信为例，简单说明串行口的异步通信应用。

[**例** 9.3] A、B 两台 8051 单片机进行单工串行通信，A 机工作在发送状态，B 机为接收状态，如图 9.12 所示。现将 A 机片内 RAM 从 30H 开始的 10 个单元数据发送到 B 机，并存放在片内 RAM 40H 开始的单元内。A、B 单片机的晶振频率均为 11.0592 MHz，采用的通信波特率为 9600 bit/s。

解　采用定时器 T1 工作在方式 2 产生波特率。

程序如下：

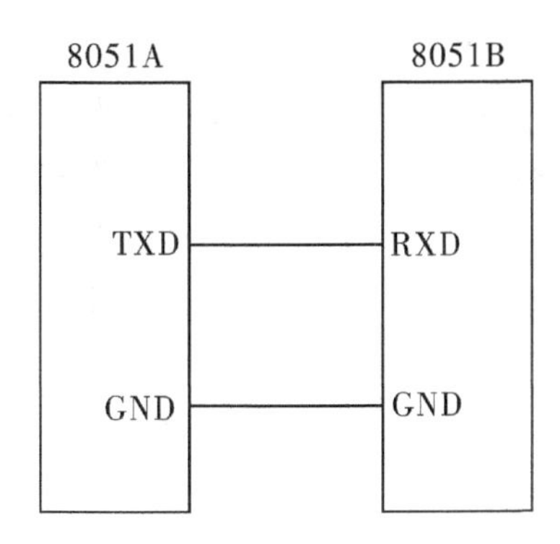

图 9.12　8051 单片机单工串行通信

A 机发送程序：

```
TRANS:   MOV   TMOD,#20H      ;定时器 T1 工作在方式 2
         MOV   TH1,#0FDH      ;定时初值
         MOV   TL1,#0FDH      ;定时初值
         MOV   SCON, #40H     ;SCON←40H,设串行口方式 1,发送
         MOV   PCON, #00H     ;SMOD =0
         SETB  TR1            ;启动定时器 T1
         MOV   R0,#30H        ;设发送数据地址指针
         MOV   R2,#10         ;设发送数据块长
LOOP:    MOV   A, @R0         ;取发送数据送 A
         MOV   SBUF,A         ;SBUF←A,发送数据
         JNB   TI, $          ;等待 TI 中断
         CLR   TI             ;清除 TI 中断标志
         INC   R0             ;指针加 1
         DJNZ  R2,LOOP        ;若 R2 -1≠0,则继续发送数据
         RET
```

B 机接收程序：

```
RECVE:   MOV   TMOD,#20H      ;定时器 T1 工作在方式 2
         MOV   TH1,#0FDH      ;定时初值
         MOV   TL1,#0FDH      ;定时初值
         MOV   SCON, #50H     ;SCON←50H,设串行口方式 1,接收
         MOV   PCON, #00H     ;SMOD =0
         SETB  TR1            ;启动定时器 T1
         MOV   R0,#40H        ;设接收数据地址指针
         MOV   R2,#10         ;设接收数据块长
LOOP:    JNB   RI, $          ;等待 RI 中断
```

```
        CLR   RI                    ;清除 RI 中断标志
        MOV   A, SBUF               ;接收数据送 A
        MOV   @R0, A                ;存放接收数据
        INC   R0                    ;指针加 1
        DJNZ  R2,LOOP               ;若 R2 -1≠0,则继续接收数据
        RET
```

8051 单片机之间的串行通信主要可分为双机通信和多机通信,这里,我们再介绍几个双机通信的应用。

9.5.2 双机通信应用

如果两个 51 单片机系统距离较近,就可以将它们的串行口直接相连,实现双机通信。其接口电路如图 9.13 所示。

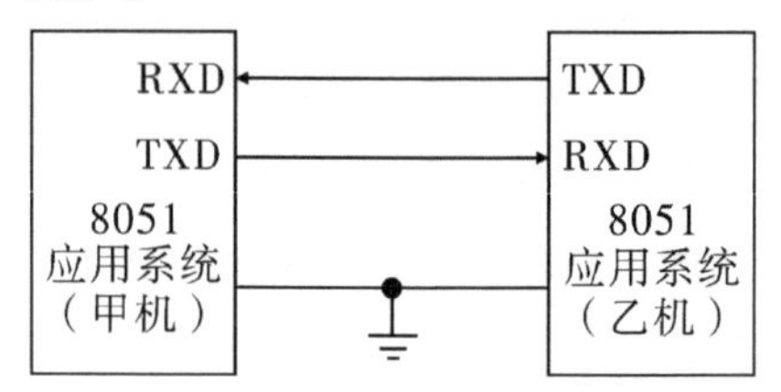

图 9.13　双机异步通信接口电路

为了增加通信距离,减少通道和电源的干扰,可以在通信线路上采用光电隔离的方法,利用 RS-422 标准进行双机通信,实用的接口电路如图 9.14 所示。

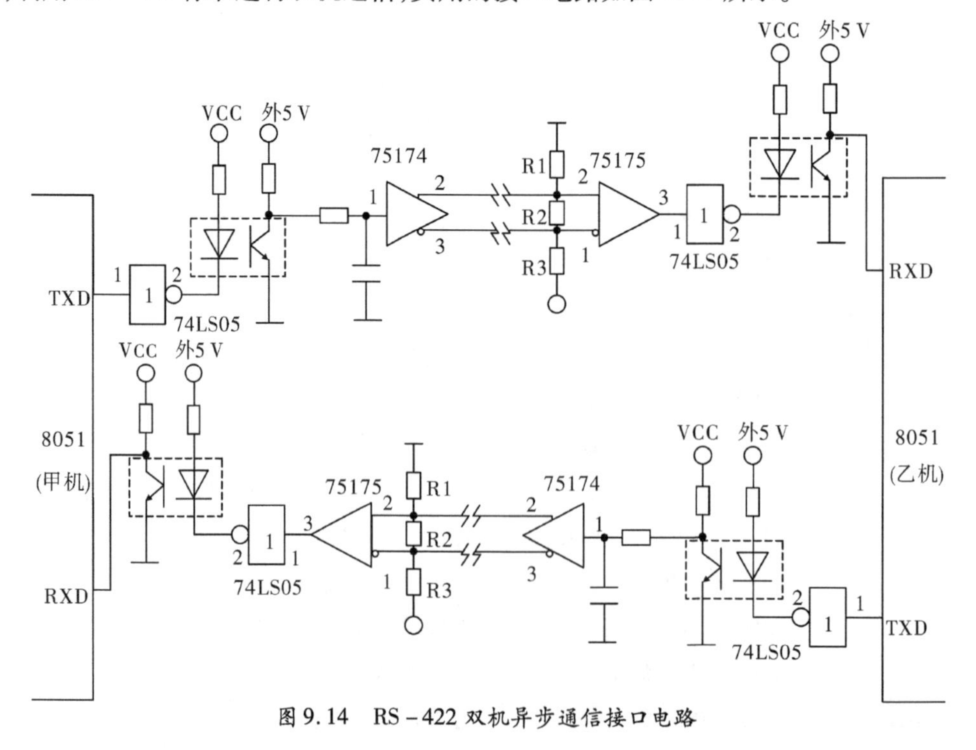

图 9.14　RS-422 双机异步通信接口电路

发送端的数据由串行口TXD端输出,通过74LS05反向驱动,经光电耦合器送到驱动芯片75174的输入端,75174将输入的TTL信号转换为符合RS-422标准的差动信号输出,经传输线(双铰线)将信号传送到接收端,接收芯片75175将差动信号转换为TTL信号,通过74LS05反向后,经光电耦合器到达接收机串行口的接收端。

每个通道的接收端都有3个电阻R1,R2,R3。其中,R1为传输线的匹配电阻,取值为100 Ω~1 kΩ,其他两个电阻是为了解决第一个数据的误码而设置的匹配电阻。值得注意的是,光电耦合器必须使用两组独立的电源,只有这样才能起到隔离、抗干扰的作用。

9.5.3　PC机和单片机之间的通信应用

在数据处理和过程控制应用领域,通常需要一台PC机,由它来管理一台或若干台以单片机为核心的智能测量控制仪表。这时就需要实现PC机和单片机之间的通信。本节介绍PC机和单片机的通信接口设计和软件编程。

1. 通信接口设计

PC机与单片机之间可以由RS-232C或RS-422等接口相连,关于这些标准接口的特征我们已经在前面的篇幅中介绍过。

在PC机系统内都配置异步通信适配器,利用它可以实现异步串行通信。该适配器的核心元件是可编程的Intel 8250芯片,它使PC机有能力与其他具有标准的RS-232C接口的计算机或设备进行通信。而80C51单片机本身具有一个全双工的串行口,因此只要配以电平转换的驱动电路、隔离电路就可组成一个简单可行的通信接口。同样,PC机和单片机之间的通信也分为双机通信和多机通信。

PC机和单片机最简单的连接是零调制三线经济型。这是进行全双工通信所必需的最少线路。因为80C51单片机输入、输出电平为TTL电平,而PC机配置的是RS-232C标准接口,二者的电气规范不同,所以要加电平转换电路。常用的有MC1488、MC1489和MAX232,图9.15给出了采用MAX232芯片的PC机和单片机串行通信接口电路,与PC机相连采用9芯标准插座。

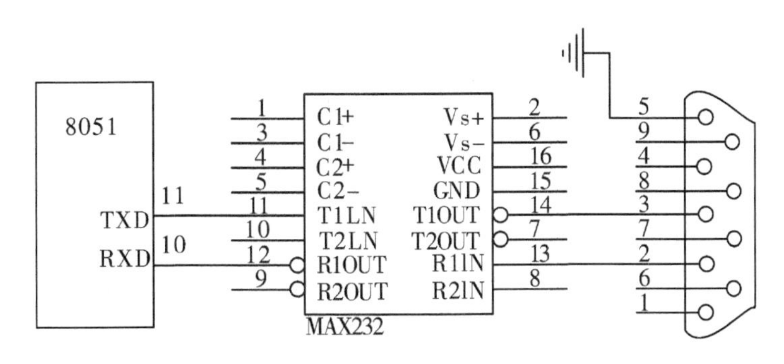

图9.15　PC机和单片机串行通信接口

2. 软件编程

[例 9.4]编写一个实用的通信测试软件,其功能如下:

PC 机向单片机发送一个字符“S”,表示通信开始。然后,再发送若干个字符(不含字符“S”)。单片机正确接收到字符后,再把这些字符发送给 PC 机,PC 机将接收到的字符在屏幕上显示出来。

只要屏幕上显示的字符与所键入的字符相同,说明二者之间的通信正常。

通信协议:波特率为 2400;信息格式为 8 个数据位,1 个停止位,无奇偶校验位。

1)单片机通信程序

8051 单片机通过中断方式接收 PC 机发送的数据,并回送。单片机串行口工作在方式 1,晶振为 6 MHz,波特率 2400,定时器 T1 按方式 2 工作,经计算定时器的预置初值为 0F3H,SMOD =1。程序如下:

```
        ORG     0000H
        LJMP    CSH                 ;转初始化程序
        ORG     0023H
        LJMP    INTS                ;转串行口中断程序
        ORG     0050H
CSH:    MOV     TMOD,#20H           ;设置定时器 1 为方式 2
        MOV     TL1,#0F3H           ;设置预置值
        MOV     TH1,#0F3H
        SETB    TR1                 ;启动定时器 1
        MOV     SCON #50H           ;串行口初始化
        MOV     PCON #80H
        SETB    EA                  ;允许串行口中断
        SETB    ES
        LJMP    MAIN                ;转主程序(主程序略)
        ……
INTS:   CLR     EA                  ;关中断
        CLR     RI                  ;清串行口中断标志
        PUSH    DPL                 ;保护现场
        PUSH    DPH
        PUSH    A
        MOV     A,SBUF              ;接收 PC 机发送的数据
        CJNE    A,#53H,Feedback     ;接收字符是否为“S”,非“S”则转至回
                                    送;字符“S”的 ASCII 码为 53H。
        SETB    F0                  ;是“S”,置开始通信标志
```

```
          SJMP      Succeed          ;退出中断服务程序
Feedback: MOV       SBUF,A           ;将数据回送给PC机
WAIT:     JNB       TI,WAIT          ;等待发送
          CLR       TI
Succeed:  POP       A                ;发送完,恢复现场
          POP       DPH
          POP       DPL
          SETB      EA               ;开中断
          RETI      ;返回
```

2)PC机通信程序

PC机方面的通信程序可以用汇编语言编写,也可以用其他高级语言例如VC、VB来编写。这里只介绍用高级语言VB6.0编写的程序。在进行编程的时候,要用到MSComm控件。

VB6.0的MSComm通信控件提供了一系列标准通信命令的接口,它允许建立串口连接,可以连接到其他通信设备(如,Modem),还可以发送命令、进行数据交换以及监视和响应在通信过程中可能发生的各种错误和事件,从而可以用它创建全双工 、事件驱动的、高效实用的通信程序。但在实际通信软件设计过程中,MSComm控件并非像想像中那样完美和容易控制。

程序的思路:PC机向单片机发送一个“S”,表示通信开始。然后,再发送若干个字符。单片机正确接收到字符后,再把这些字符发送给PC机,PC机将接收到的字符在屏幕上显示出来。程序如下:

```
//-------------------------------------初始化串口设计----------------------------
Private Sub Form_Load()
Comm1.Setting = "2400,n,8,1,"     '设置波特率和发送字符格式
Comm1.CommPort = 1                '设置串行通信
Comm1.InputLen = 0                '设置一次从接收缓冲区中读取字节数,
                                  '0 表示一次读取所有数据
Comm1.InBuffersize = 512
Comm1.InBufferCount = 0
Comm1.OutBufferCount = 0
Comm1.Rthreshold = 1
Comm1.PortOpen = True             '打开串口

EndSub
//----------------------------------------给单片机发送'S',开始通信-------------------------
```

```
Private Sub Command1_C1ick( )
Timer1. Enabled = True
End Sub
Private Sub Command2_C1ick( )
Varbuffet = “S”                     ’向单片机发送数据(字符“S”)
Comm1. Ouput = varbuffe
Timer2. Enabled = True
End Sub
Private Sub Form_Unload(Cancel As Integer)
Comm1. PortOpen = False
End Sub
//--------------------------------------向单片机发送数据-----------------------------
Private Sub Timer2_ Timer( )
Outputsignal = Str(Text2. text)      ’向单片机发送数据(字符)
Temp(1) = Cbyte(outputsignal)
Varbuffer = temp
Comml. Output = varbuffer
Timer2. Enabled = False
End Sub
//--------------------------------------接收单片机发送的数据,并显示-------------------------
Private Sub Comm1_OnComm( )
Select Case Comm1. CommEvent         ’设置 oncomm 事件,读取接收到底字符
Case comEvReceive
Inputsignal = comm1. Input
Text1. Text = Asc(Inputsignal)       ’接收到底字符用 textbox 显示出来
Case Else
End select
End Sub
```

习题与思考题

9.1 串行通信有几种数据传输方式?特点是什么?

9.2 并行通信和串行通信各有什么特点?它们分别适用于什么场合?

9.3 波特率是什么?某异步通信,串行口每秒传送 250 个字符,每个字符由 11 位组成,其波特率应为多少?

9.4 单片机串行口有几种工作方式?各有什么特点?

9.5　已知定时器 T1 用做串行口波特率发生器,若已知系统晶振频率和通信选用的波特率,如何计算其初值?

9.6　若将 A 机片外 RAM 从 3000H 开始的 10 个单元数据发送到 B 机,并存放在片外 RAM 4000H 开始的单元内,怎样编写程序?

第 10 章　Proteus ISIS 仿真软件

10.1　软件简介

Proteus 是英国 Lab Center Electronics 公司开发的嵌入式系统仿真软件,它运行于 Windows 操作系统上,可以仿真、分析各种模拟和数字电路,并且对 PC 机的硬件配置要求不高。

Proteus 具有和其他 EDA(Electronic Design Automation)工具一样的原理图编辑、印刷电路板(Printed Circuit Board,PCB)设计及电路仿真功能,最大的特色是其电路仿真的交互化和可视化,如图 10.1 所示。通过 Proteus 软件的虚拟仿真模式(Virtual Simulation Mode,VSM),用户可以对模拟电路、数字电路、模数混合电路、单片机及外围元器件等电子线路进行系统仿真。

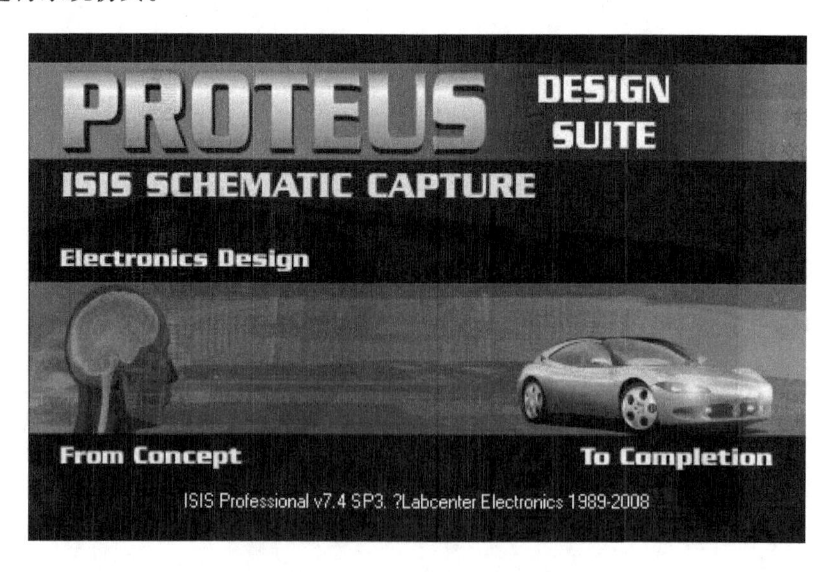

图 10.1　交互可视化的电子线路仿真

Proteus 软件由 ISIS 和 ARES 两部分构成,其中 ISIS(Intelligent Schematic Input System)是一款便捷的电子系统原理设计和仿真平台软件,ARES(Advanced Routing and Editing Software)是一款高级的 PCB 布线编辑软件。

Proteus ISIS 是一种操作简便而又功能强大的原理图编辑工具，它运行于 Windows 操作系统上，可以仿真、分析各种模拟器件和集成电路，该软件的特点有：

- 实现了单片机仿真和 SPICE(Simulation program with integrated circuit emphasis)电路仿真的结合。具有模拟电路仿真、数字电路仿真、单片机及其外围电路组成的系统仿真、RS232 动态仿真、I^2C(Inter - Integrated Circuit)调试器、SPI(Serial Peripheral Interface)调试器、键盘和 LCD 系统仿真等功能；有各种虚拟仪器，如示波器、逻辑分析仪、信号发生器等。
- 支持主流单片机系统的仿真。目前支持的单片机类型有 68000 系列、8051 系列、AVR 系列、PIC12 系列、PIC16 系列、PIC18 系列、Z80 系列、HC11 系列以及各种外围芯片。
- 提供软件调试功能。在硬件仿真系统中具有全速、单步、设置断点等调试功能，同时可以观察各个变量、寄存器等的当前状态，因此在该软件仿真系统中，也必须具有这些功能；同时支持第三方的软件编译和调试环境，如 Keil uVision2，C51 等软件。
- 具有强大的原理图绘制功能。

总之，该软件是一款集单片机和 SPICE 分析于一身的电路设计和仿真软件，功能强大。下面就简要介绍一下 Proteus ISIS 编辑环境：

Proteus ISIS 运行于 Windows 7/8/10 环境，对 PC 的配置要求不高，一般的配置就能满足要求。运行 Proteus ISIS 的执行程序后，即进入如图 10.2 所示的 Proteus ISIS 编辑环境。

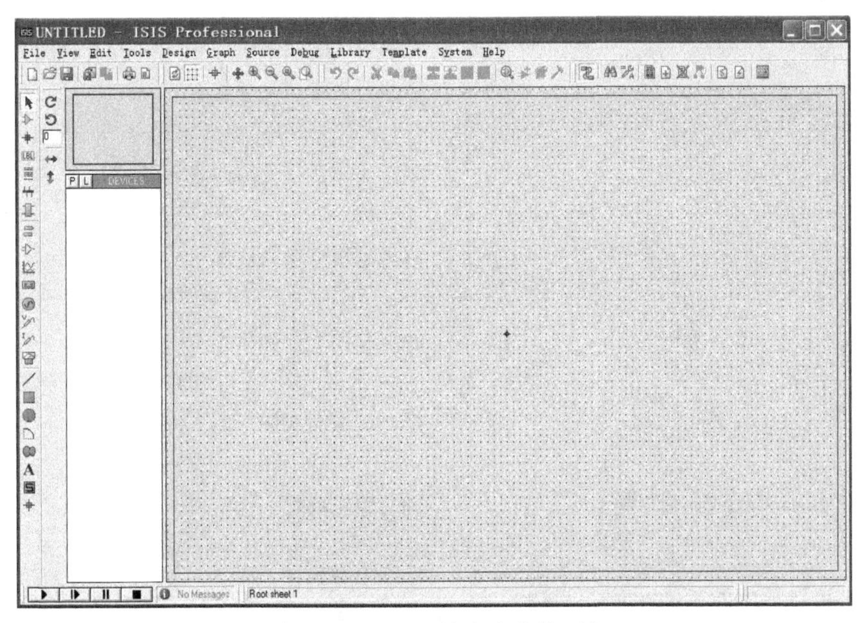

图 10.2 Proteus ISIS 的编辑环境

1. Proteus ISIS 各窗口

点状的栅格区域为编辑窗口，左上方为预览窗口，左下方为元器件列表区，即对象选择器。

编辑窗口用于放置元器件，进行连线，绘制原理图。预览窗口可以显示全部原理图。在预览窗口中，有两个框，蓝框表示当前页的边界，绿框表示当前编辑窗口显示的区域。当从对象选择器中选中一个新的对象时，预览窗口可以预览选中的对象。在预览窗口上单击，Proteus ISIS 将会以单击位置为中心刷新编辑窗口。其他情况下，预览窗口显示将要放置的对象。

这种放置预览特性在下列情况下被激活：

- 当使用旋转或镜像按钮时；
- 当一个对象在对象选择器中被选中时；
- 当为一个可以设定方向的对象选择类型图标时（如 Component 图标、Device Pin 图标等）。

当放置对象或执行其他非上述操作时，放置预览会自动消除。

2. 工具箱

选择相应的工具箱图标按钮，系统将提供不同的操作工具。对象选择器根据选择不同的工具箱图标按钮决定当前状态显示的内容。显示对象的类型包括元器件、终端、引脚、图形符号、标注和图表等。工具箱中各图标按钮对应的操作如表 10.1 所示。

表 10.1　工具箱各图标按钮功能

名　称	功　能
Component 	选择元器件
Junction dot	在原理图中添加连接点
Wire label 	给导线添加标注或网络名
Text script 	在电路图中输入文本
Bus 	在电路图中绘制总线
Sub - circuit 	绘制子电路图块
Instant edit mode 	即时编辑模式
Inter - sheet Terminal(Terminals) 	图纸内部的连接端子（终端），在对象选择器中列出各种终端（输入、输出、电源和地等）
Device Pin 	元器件引脚，在对象选择器中列出各种引脚（如普通引脚、时钟引脚、反电压引脚和短接引脚等）

续表

名 称	功 能
Simulation Graph	仿真分析图表,在对象选择器中列出各种仿真分析所需的图表(如模拟图表、数字图表、混合图表和噪声图表等)
Tape recorder	当对设计电路分割仿真时采用此模式
Generator	发生器(或激励源),在对象选择器中列出各种激励源(如正弦激励源、脉冲激励源、指数激励源和FILE激励源等)
Voltage prob	电压探针,可在原理图中添加电压探针,电路进行仿真时可显示各探针处的电压值
Current prob	电流探针,可在原理图中添加电流探针,电路进行仿真时可显示各探针处的电流值
Virtual Instruments	虚拟仪器,在对象选择器中列出各种虚拟仪器(如示波器、逻辑分析仪、定时/计数器和模式发生器等)
2D graphics line	2D制图画线
2D graphics box	2D制图画方框
2D graphics circle	2D制图画圆
2D graphics arc	2D制图画弧
2D graphics path	2D制图画任意闭合轨迹图形
2D graphics text	(输入)2D图形文字
2D graphics symbol	(选择)2D图形符号
2D graphics markers mode	(选择)2D图形标记模式
Rotate Clockwise	顺时针方向旋转按钮,以90°偏置改变元器件的放置方向
Rotate Anti - clockwise	逆时针方向旋转按钮,以90°偏置改变元器件的放置方向

续表

名　称	功　能
X - mirror	水平镜像旋转按钮,以 Y 轴为对称轴,按 180°偏置旋转元器件
Y - mirror	垂直镜像旋转按钮,以 X 轴为对称轴,按 180°偏置旋转元器件

在对象选择器中,系统根据选择不同的工具箱图标按钮决定当前状态显示的内容。

另外,在某些状态下,对象选择器有一个"Pick"切换按钮,单击该按钮可以弹出 Pick Devices、Pick Port、Pick Terminals、Pick Pins 或 Pick Symbols 窗体。通过不同窗体,可以分别添加元器件端口、终端、引脚等到对象选择器中,以便在今后的绘图中使用。

3. 主菜单

Proteus ISIS 的主菜单栏包括 File(文件)、View(视图)、Edit(编辑)、Library(库)、Tools(工具)、Design(设计)、Graph(图形)、Source(源)、Debug(调试)、Template(模板)、System(系统)和 Help(帮助),如图 10.3 所示,单击任一菜单后都将弹出其子菜单项。

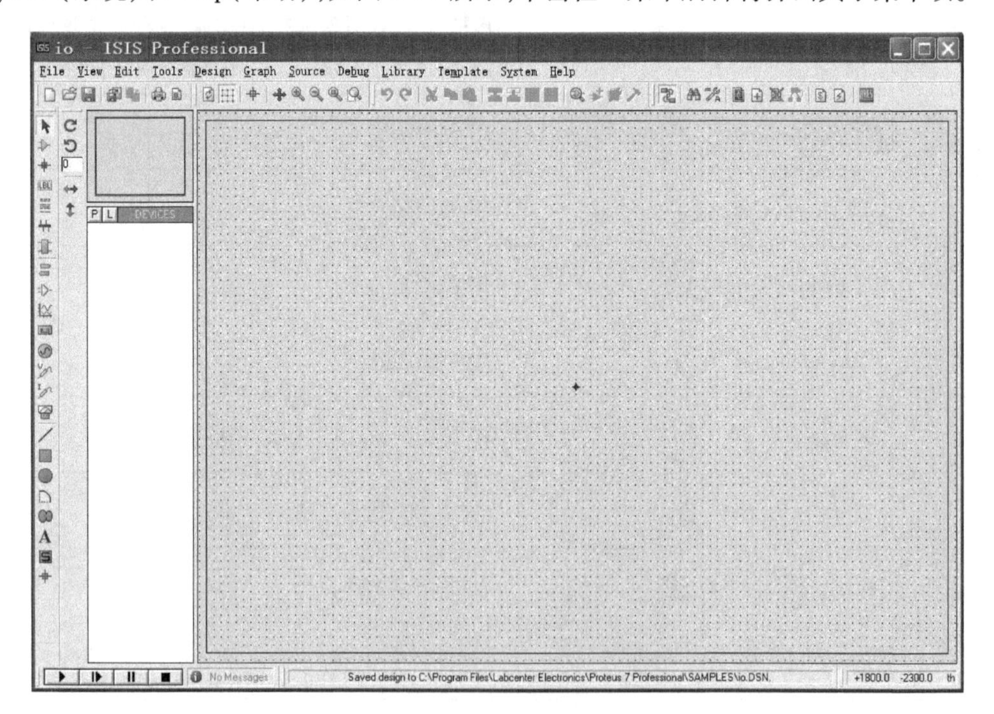

图 10.3　Proteus ISIS 的主菜单和主工具栏

● File 菜单:它包括常用的文件功能,如新建设计、打开设计、保存设计、导入/导出文件,也可打印、显示设计文档,以及退出 Proteus ISIS 系统等,见表 10.2。

表 10.2 File 菜单及功能

按 钮	对应菜单功能
File→New Design	新建设计
File→Open Design	打开设计
File→Save Design	保存设计
File→Import Section	导入部分文件
File→Export Section	导出部分文件
File→Print	打印
File→Set Area	设置区域

• View 菜单:它包括是否显示网格、设置格点间距、缩放电路图及显示与隐藏各种工具栏等,见表 10.3。

表 10.3 View 菜单及功能

View→Redraw	刷 新
View→Grid	栅格开关
View→Origin	原点
View→Pan	选择显示中心
View→Zoom In	放大
View→Zoom Out	缩小
View→Zoom All	显示全部
View→Zoom to Area	缩放一个区域

• Edit 菜单:它包括撤销/恢复操作、查找与编辑元器件、剪切、复制、粘贴对象,以及设置多个对象的层叠关系等,见表 10.4。

表 10.4 Edit 菜单及功能

Edit→Undo	撤 销
Edit→Redo	恢复
Edit→Cut to clipboard	剪切
Edit→Copy to clipboard	复制
Edit→Paste from clipboard	粘贴

• Library 菜单:库操作菜单。它具有选择元器件及符号、制作元器件及符号、设置封装工具、分解元件、编译库、自动放置库、校验封装和调用库管理器等功能,见表 10.5。

表 10.5　Library 菜单及功能

Library→Pick Device/Symbol	拾取元器件或符号
Library→Make Device	制作元件
Library→Packaging Tool	封装工具
Library→Decompose	分解元器件

• Tools 菜单:工具菜单。它包括实时注解、自动布线、查找并标记、属性分配工具、全局注解、导入文本数据、元器件清单、电气规则检查、编译网络标号、编译模型、将网络标号导入 PCB 以及从 PCB 返回原理设计等工具栏,见表 10.6。

表 10.6　Tools 菜单及功能

Tools→Wire Auto Router	自动布线器
Tools→Search and Tag	查找并标记
Tools→Property Assignment Tool	属性分配工具
Tools→Electrical Rule Check	生成电气规则检查报告
Tools→Netlist to ARES	创建网络表

• Design 菜单:工程设计菜单。它具有编辑设计属性,编辑原理图属性,编辑设计说明,配置电源,新建,删除原理图,在层次原理图中总图与子图以及各子图之间互相跳转和设计目录管理等功能,见表 10.7。

表 10.7　Design 菜单及功能

Design→Design Explorer	设计资源管理器
Design→New Sheet	新建图纸
Design→Remove Sheet	移去图纸

• Graph 菜单:图形菜单。它具有编辑仿真图形,添加仿真曲线、仿真图形,查看日志,导出数据,清除数据和一致性分析等功能。

• Source 菜单:源文件菜单。它具有添加/删除源文件,定义代码生成工具,设置外部文本编辑器和编译等功能。

• Debug 菜单:调试菜单。它包括启动调试、执行仿真、单步运行、断点设置和重新排布弹出窗口等功能。

• Template 菜单:模板菜单。它包括设置图形格式、文本格式、设计颜色以及连接点和图形等。

• System 菜单:系统设置菜单。它包括设置系统环境、路径、图纸尺寸、标注字体、热键以及仿真参数和模式等。

• Help 菜单:帮助菜单。它包括版权信息、Proteus ISIS 学习教程和示例等。

4. 主工具栏

Proteus ISIS 的主工具栏位于主菜单下面两行,以图标形式给出,包括 File 工具栏、View 工具栏、Edit 工具栏和 Design 工具栏 4 个部分。

10.2 Proteus 电路设计方法

10.2.1 文件操作

1. 开始一个新的设计(Starting a New Design)

启动 ISIS 或在 ISIS 中执行命令"新建 - New Design"将出现一张空的 A4 纸。新设计的缺省名字为 UNTITLED. DSN(设计文件扩展名为"DSN")。

2. 加载一个现有的设计(Load Design)

在 ISIS 中执行命令"加载 - Load Design"将出现对话框,选择设计文件所在的路径后双击设计文件即可加载该设计到编辑窗口。Proteus 在其安装目录下的 Samples 文件夹下提供了大量设计范例,供我们学习参考。

3. 保存设计(Saving the Design)

用"保存 - Save Design" 菜单命令保存文件,在保存对话框中选择保存路径和文件名(建议保存在指定文件夹中,并按设计内容取名保存以便以后查阅,如,D:\MCU\AT89C51. DSN)。

若原先已保存过,原先的旧文件就会在名字前加了前缀"Backup of"。也可以用"另存为 - Save as"菜单命令把设计保存到另一个文件中。

10.2.2 在原理图中放置和编辑对象(Object Placement & Edit)

绘制原理图要在原理图编辑窗口中的蓝色方框内完成。操作方法和步骤是:

1. 根据对象类别在绘图模型选择工具栏选择相应的图标

需要说明的是:

①某些对象(如 2D 图形等)可以在选择工具后直接在编辑区左击放置。

②而对于元件等对象,则需要先从器件库将其添加到对象选择器中(左击对象选择按钮 P,从器件库中按名称或分类筛选出对象后双击使其置入对象选择器),然后从对象选择器中选定,并在编辑区左击鼠标,即可放入该器件。常用元器件名称中英文对照见表 10.8。

③有些对象(如晶体管)由于品种繁多,还需要进一步选择子类别后才能显示出来供选择。

表 10.8　元器件目录及常用元器件名称中英文对照

元器件目录名称		常用元器件名称	
Analog ICs	模拟集成电路芯片	AMEMETER	电流表
Capacitors	电容	Voltmeter	电压表
CMOS 4000 series	CMOS4000 系列	Battery	电池/电池组
Connectors	连接器	Capacitor	电容器
Data Converters	数据转换器	Clock	时钟
Debugging Tools	调试工具	Crystal	晶振
Diodes	二极管	D – Flip – Flop	D 触发器
ECL 10000 series	ECL10000 系列	Fuse	保险丝
Electromechanical	机电的(电机类)	Ground	地
Inductors	电感器(变压器)	Lamp	灯
Laplace Primitives	常用拉普拉斯变换	LED	发光二极管
Memory ICs	存储芯片	LCD	液晶显示屏
Microprocessor ICs	微处理器芯片	Motor	电机
Miscellaneous	杂项	Stepper Motor	步进电机
Modelling Primitives	仿真原型	POWER	电源
Operational Amplifires	运算放大器	Resistor	电阻器
optoelectronics	光电类	Inductor	电感
PLDs & FPGAs	PLDs 和 FPGAs 类	Switch	开关
Resistors	电阻类	Virtual Terminal	虚拟终端
Simulator Primitives	仿真器原型	PROBE	探针
Speakers & Sounders	声音类	Sensor	传感器
Switches & Relays	开关与继电器	Decoder	解(译)码器
Switching Devices	开关器件	Encoder	编码器
Thermionic Valves	真空管	Filter	滤波器
Transistors	晶体管	Optocoupler	光耦合器
TTL 74 series	TTL 74 系列	Serial port	串行口
TTL 74 ALS series	TTL 74ALS 系列	Parallel port	并行口
TTL 74 LS series	TTL 74LS 系列	Alphanumeric LCDs	字母数字的 LCD
TTL 74 HC series	TTL 74HC 系列	7 – Segment Displays	7 段数码显示器

下面以添加单片机 AT89C51 为例来说明如何将所需的元器件添加到编辑窗口：

方法 1：

如果知道器件的名称或名称中的一部分，可以在左上角的关键字搜索栏 Keywords 中输入，例如输入 AT89C51 或 89C51，即可在 Results 栏中筛选出该名称或包含该名称的器件，双击 Results 栏中的名称“AT89C51”即可将其添加到对象选择器。

方法 2：

如果不知道器件的名称，可逐步分类检索。在“Category（器件种类）”下面，找到该器件所在的类别，如对于单片机，我们应左击鼠标选择“Microprocessor IC”类别，在对话框的右侧 Results 栏中，我们会发现这里有大量常见的各种型号的单片机。

如果器件太多，可进一步在下方子类 Sub category 找到该单片机所在的子系列（如 8051 Family），然后在 Results 栏中双击所需要的器件将其添加到对象选择器，如“AT89C51”，（注：右边的预览窗口可显示其电路符号和封装），如图 10.4 所示。

2. 将元件从对象选择器放入原理图编辑区

在对象选择器中就有了 AT89C51 这个元件后，左击一下这个元件，然后把鼠标指针移到右边的原理图编辑区的适当位置，点击鼠标的左键，就把 AT89C51 放到了原理图编辑区。

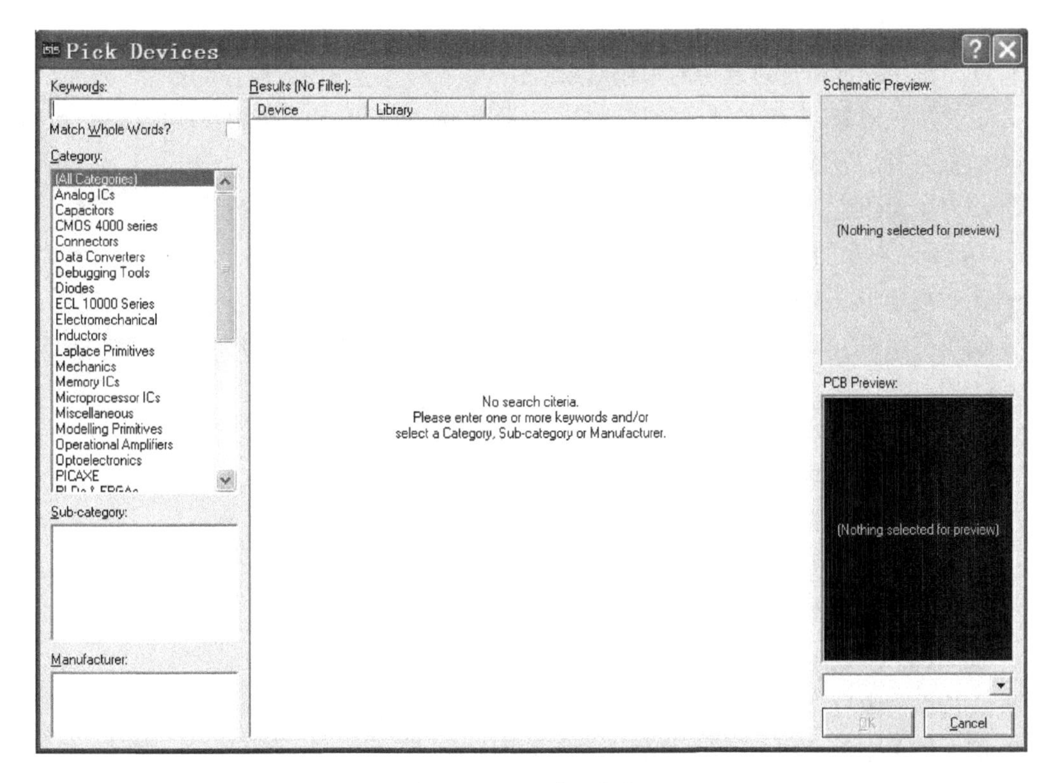

图 10.4　元器件添加窗口

说明：

①在对象选择器中选定对象后,其放置方向将会在预览窗口显示出来,你可以通过方向工具栏中的方向按钮进行方向调整。

②如果需要连续放置相同的对象,可在编辑区中连续左击。

3. 编辑对象

(1)选中对象(Tagging an Object)。

①对编辑区中的对象进行各种操作均需要先选中该对象;

②右键单击可以选中单一对象;

③依次右击每个对象或通过右键拖出一个选择框将所需要的对象框选进来可以选中一组对象。对象被选中后改变颜色。在空白处点击鼠标右键可以取消所有对象的选择。

(2)删除对象。

①右键单击单一对象或框选块以选定对象或对象组;

②对单一对象,再次右击可以删除被选中的对象,同时删除该对象的所有连线;

③对于对象组,单击编辑工具栏中的“块删除”按钮或按下删除键可删除所有被选中的对象。

(3)拖动对象。

①右键单击或框选以选定对象或对象组;

②对单一对象,可用左键拖动该对象(如果 Wire Auto Router 功能被使能的话,被拖动对象上所有的连线将会重新排布);

③对于对象组,单击编辑工具栏中的“块移动”按钮,再移动鼠标可移动一组对象。

(4)旋转对象的方向。

①右键单击或框选以选定对象或对象组;

②单击编辑工具栏中的“快旋转”按钮,输入旋转角度。也可用方向工具栏中的工具改变方向。

(5)复制对象。

①右键单击或框选以选定对象或对象组;

②单击编辑工具栏中的块复制按钮;

③把拷贝的轮廓拖到需要的位置,点击鼠标左键放置拷贝拷贝;

④在编辑区空白处点击鼠标右键结束。

(6)设置对象的属性。

①选中对象;

②左键单击对象,打开属性编辑对话框如图 10.5 所示;

③在其中输入必要的属性。

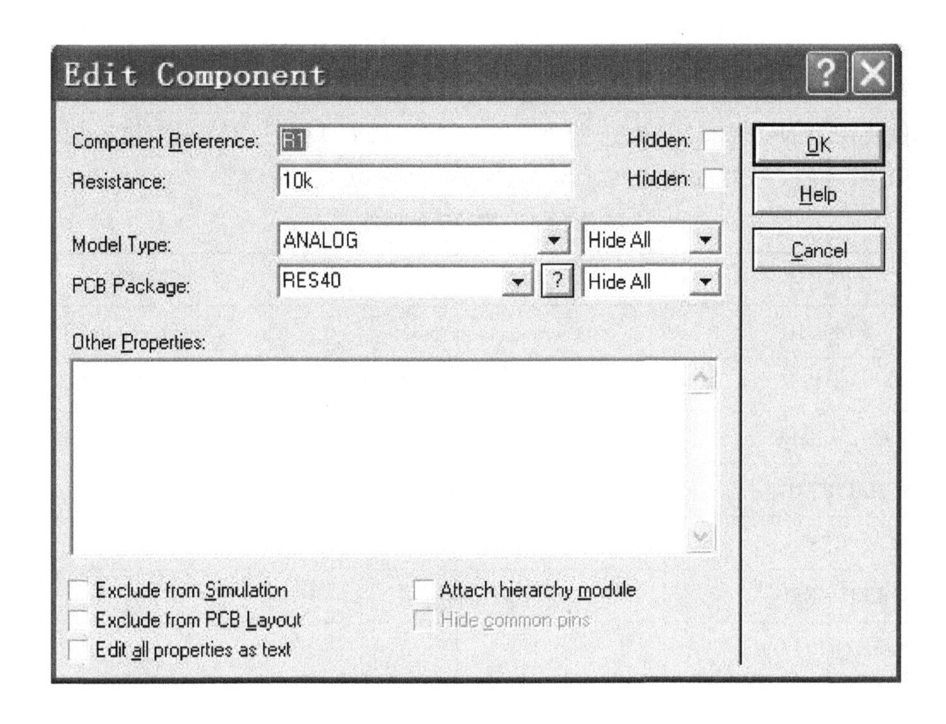

图 10.5　属性编辑对话框

10.2.3　连线(WIRING UP)

在两个对象(器件引脚或导线)间连线(To connect a wire between two objects)。

说明:连接电路不需要选择工具,直接用鼠标左击第一个对象连接点,然后再左击另一个连接点,则自动连线。

(1)如果你想自己决定走线路径,只需在想要拐点处点击鼠标左键;

(2)为了避免导线太长影响图纸布线的美观,对于较长的导线,可以分别在需要连接的引脚开始绘制一条短导线,在短导线末端双击鼠标以放置一个节点,然后在导线上放置一个标签(Label),凡是标签相同的点都相当于之间建立了电气连接而不必在图上绘出连线;

(3)在连线过程的任何一个阶段,你都可以按 ESC 来放弃连线;

(4)连线与 2D 图形工具中的绘制直线不同,前者具有导线性质,后者不具备导线性质。

10.3　Proteus 单片机仿真实例

10.3.1　单片机仿真

本例用 AT89C51 单片机控制交通灯(采用 LED 发光二极管模拟交通灯),操作步骤如下：

1. 添加元件到元件列表

本例要用到的器件有：单片机 AT89C51、发光二极管 LED - RED、电阻 Resistor、地线 GROUND、示波器 OSCILLOSCOPE。按表 10.9 所列清单添加元件。

表 10.9　添加元件列表

元件名称	所属类	所属子类
AT89C51	Microprocessor ICs	8051 Family
CAP	Capacitors	Generic
CAP - ELEC	Capacitors	Generic
CRYSTAL	Miscellaneous	-
RES	Resistors	Generic
LED - RED	Optoelectronics	
LED - YELLOW		
LED - GREEN		
LED - BLUE		
GROUND		
OSCILLOSCOPE		

在模型选择工具栏中选“元件”（默认），单击“P”按钮，出现挑选元件窗口，如图 10.6 所示，通过上面介绍的两种方法之一（关键字 Key words 筛选或分类筛选），筛选出所需的单片机芯片，双击将其放入元件列表；同样的方法放入交通指示灯 Traffic Light、从类别 Resistor（电阻）中利用关键字“430R”找出并放入 430 Ω 0.6 W 的电阻，从 Optoelectronics（光电器件）中挑选出不同颜色的发光二极管：LED - RED、LED - YELLOW、LED - GREEN、LED - BLUE。

2. 将元件放入原理图编辑窗口

在元件列表中左键选取 AT89C51，在原理图编辑窗口中单击左键，这样 AT89C51 就被放到原理图编辑窗口中了。同样放置其他各元件。如果元件的方向不对，可以在放置以前用方向工具转动或翻转后再放入；如果已放入图纸，可以选定后，再用方向工具或块旋转工具转动。

左键选择模型选择工具栏中的终端接口图标：从模型中挑选出地线 GROUND 和电源 POWER，并在原理图编辑窗口中左击放置到原理图编辑窗口中。

本例的器件放置到原理图编辑窗口，如图 10.7 所示。

添加示波器：左键选择模型选择工具栏中的虚拟仪器图标，左键选择 OSCILLOSCOPE，并在原理图编辑窗口中左击，这样示波器就被放置到原理图编辑窗口中了。

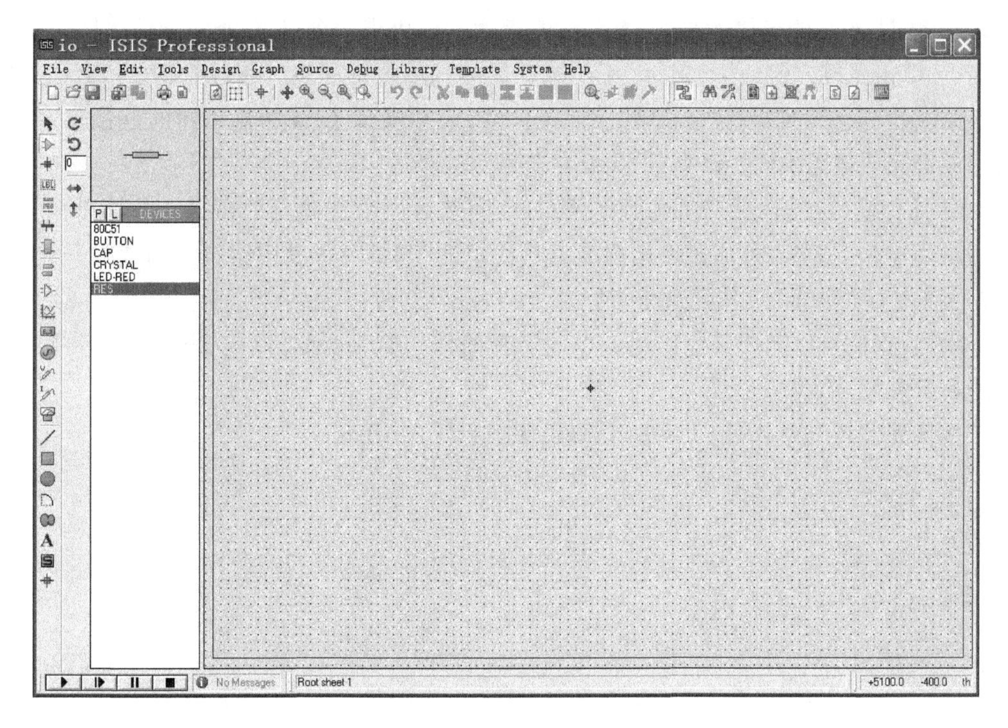

图 10.6　挑选元件窗口

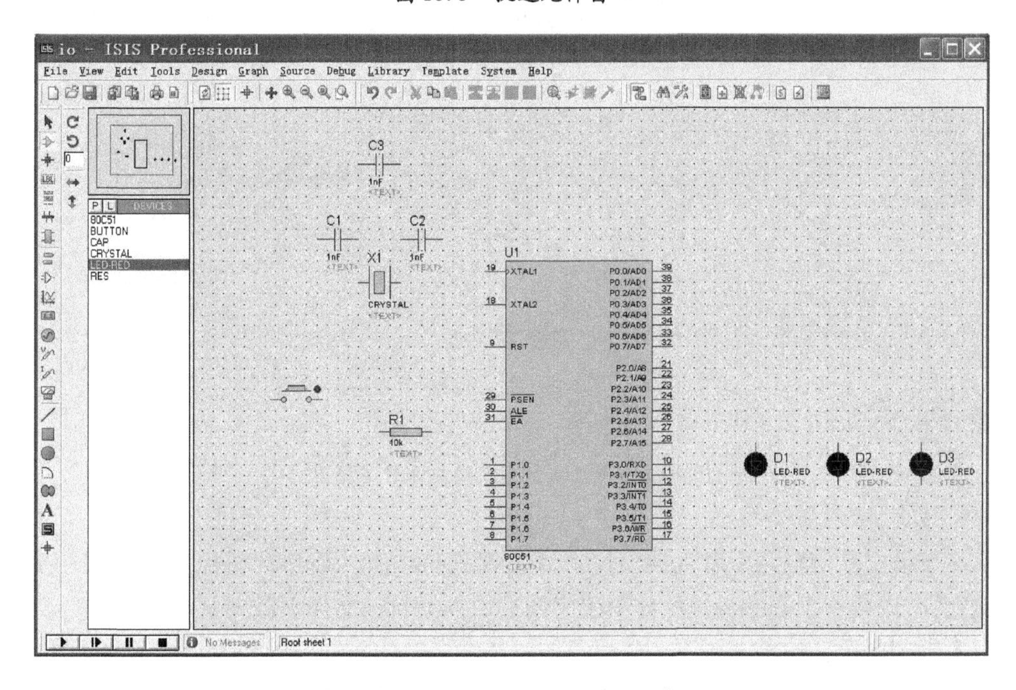

图 10.7　器件放置到原理图编辑窗口

3. 连线

按原理图绘制电路连线。Proteus 的智能化可以在你想要画线的时候进行自动检测。下面，我们来操作将电阻 R1 的右端连接到 CPU 的 P1.0 引脚，如图 10.7 所示。当鼠标的指针靠近 R1 右端的连接点时,跟着鼠标的指针就会出现一个"□"号,表明找到了 R1 的连接点,单击鼠标左键,移动鼠标(不用拖动鼠标),将鼠标的指针靠近 CPU 的 P1.0 的连接点时,跟着鼠标的指针就会出现一个"□"号,表明找到了 LED 显示器的连接点,单击鼠标左键完成电阻 R1 和 CPU 的 P1.0 的连线。

Proteus 具有线路自动路径功能(简称 WAR),当选中两个连接点后,WAR 将选择一个合适的路径连线。WAR 可通过使用标准工具栏里的"WAR"命令按钮来关闭或打开,也可以在菜单栏的"Tools"下找到这个图标。

同理,我们可以完成其他连线。在此过程的任何时刻,都可以按 ESC 键或者单击鼠标的右键来放弃画线。

将各元器件与单片机 CPU 进行连线,完成后见图 10.8。

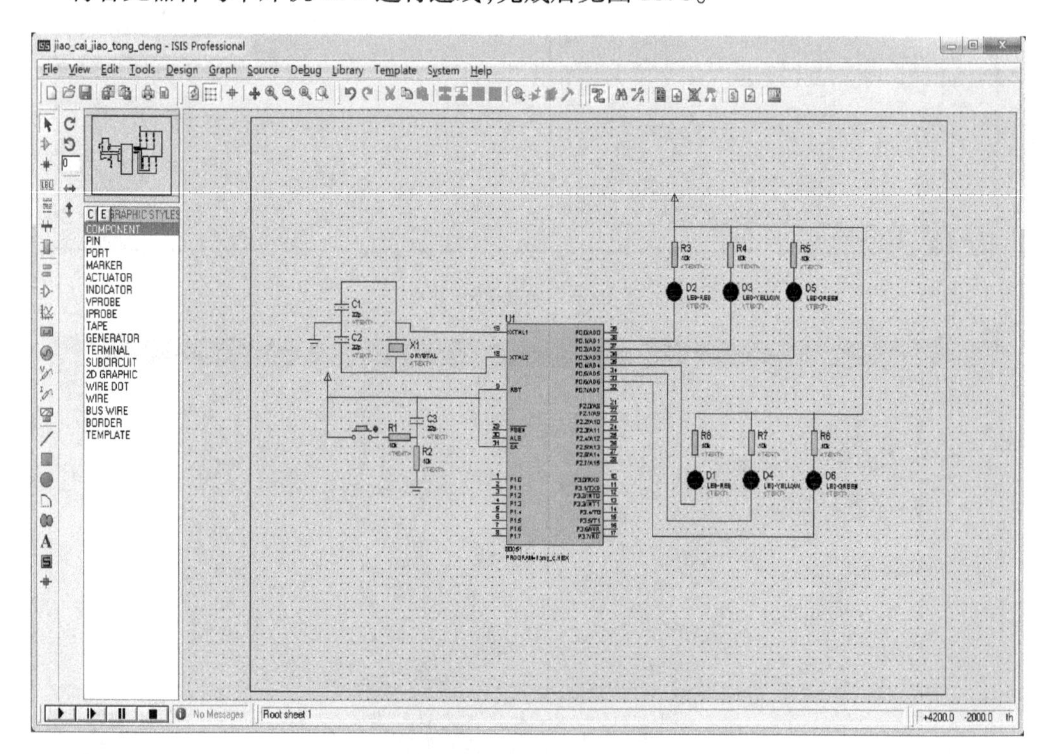

图 10.8　单片机控制交通灯系统原理图

4. 仿真

对于模拟数字电路可以直接通过仿真按钮进行仿真。而单片机需要下载程序后才能运行,所以要将事先准备好的仿真程序调试文件或目标文件下载到单片机系统。

本例用的是:LED1. hex。

先右击 AT89C51 再左击,出现 Edit Component 对话框,在 Program File 中单击出现文件浏览对话框,找到 LED1. hex 文件,单击"确定"即将仿真程序装入单片机,单击 OK 退出。然后单击开始仿真,仿真操作控制面板如图 10.9 所示。

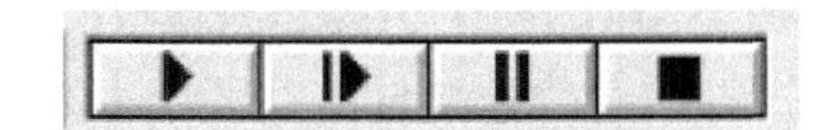

图 10.9　仿真操作控制面板

从左至右依次为运行、单步运行、暂停、停止按钮。

此时可以看到程序的运行结果。单击分别可以暂停/终止仿真的运行。该电路如果装入其他的程序,就可以实现其他的功能。这样,我们就可以编写不同的程序来实现不同的功能。

说明:仿真时,元件引脚上的红色代表高电平,蓝色代表低电平,灰色代表悬空(floating)。

10.3.2　Proteus 与 Keil C 的联合仿真

目前,单片机仿真软件很多,Proteus ISIS 与其他单片机仿真软件不同的是,它不仅能仿真单片机 CPU 的工作情况,也能仿真单片机外围电路或没有单片机参与的其他电路的工作情况。因此在仿真和程序调试时,关心的不再是某些语句执行时单片机寄存器和存储器内容的改变,而是从工程的角度直接看程序运行和电路工作的过程和结果。同时,当原理图调试成功后,利用 Proteus ARES 软件,很容易获得其 PCB 图,为今后的制造提供了方便。

1. Proteus 与 Keil C 的接口

实现 Proteus 与 Keil C 的接口步骤如下:

①安装 Proteus 与 Keil C 并同时安装 vdmagdi. exe 程序。

②进入 Proteus ISIS,选择 Debug→Use Remote Debug Monitor 菜单选项。

③进入 Keil C μVision3 集成开发环境,创建一个新项目(Project),并为该项目选定合适的单片机型号,加入 Keil C 源程序。

随后,选择 Project→Options for Target 菜单项,或者单击工具栏中的 Options for Target 按钮,在弹出的界面选择 Debug 选项卡,在 Use 的下拉列表框中选择 Proteus VSM Simulator,并且选中 Use 单选框,即在 Use 前面的小圆圈内出现小黑点。在单击 Settings 按钮,设置通信接口在 Host 文本框输入“127. 0. 0. 1”;如果使用的不是同一台电脑,则需要在这里输入另一台电脑的 IP 地址(另一台电脑安装 Proteus)。在 Port 文本框输入“8000”。设置好以后单击 OK 按钮即可。最后将工程编译,进入调试状态,并运行。

这样便可实现 Keil C 与 Proteus 连接调试。

2. Proteus 与 Keil C 的联合仿真实例

前面已经绘制出了 8051 驱动 LED 显示原理图,下面在此基础上,完整地展示一个 Proteus 与 Keil C 相结合的仿真过程。

(1)硬件设计。

图 10.10 的核心是单片机 AT89C51,单片机 P1 口的 8 个引脚接在 LED 显示器的段

选码引脚(a ~ g、dp)上,单片机 P2 口的 6 个引脚接在 LED 显示器的位选码的引脚(1 ~ 6)上,复位电路采用上电复位方式,总线连接使电路图变得简洁。

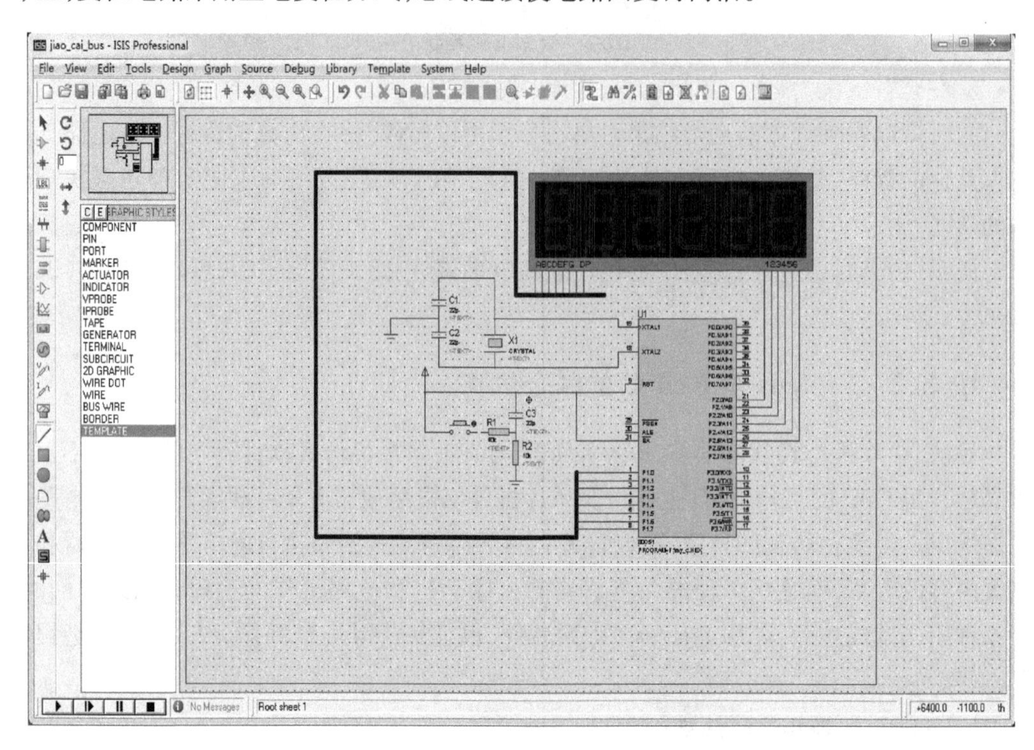

图 10.10　单片机 AT89C51 连接 LED 显示器

(2)程序设计。

程序实现在不同时段,分别选通 6 位 LED 显示器中的一位,并在相应位上显示数字。用 Keil C51 来编写源程序,源程序如下:

```
#define   LEDS 6
#include   <reg51.h>
unsigned   char code Select[ ] = { 0x01, 0x02, 0x04, 0x08, 0x10, 0x20 };
unsigned   char code LED_CODES[ ] =
{   0xc0, 0xf9, 0xa4, 0xb0, 0x99,          /* 0, 1, 2, 3, 4 的字形码 */
    0x92, 0x82, 0xf8, 0x80, 0x90,          /* 5, 6, 7, 8, 9 的字形码 */
    0x88, 0x83, 0xc6, 0xa1, 0x86,          /* A,B,C,D, E 的字形码 */
    0x8e, 0xff, 0x8c, 0x89, 0x7f, 0xbf };  /* F,空格,P,H,小数点, - 的字形码 */
void main( ){
     char i =0;                            // 定义变量 i
     long int j;                           // 定义变量 j
     while(1){
     P2 =0;                                //关闭 LED
```

```
        P1 = LED_CODES[i];                //字形码送 P1 口
    P2 = Select[i];                       //位选通信号送 P2 口
    for(j = 3000; j > 0; j--);            // 延时
        i++;                              // 指向下一位 LED
        if(i>5)i=0;                       //六位 LED 显示完从头开始
        }
        }
```

(3)仿真实现步骤。

按(1)所述,完成 Proteus 与 Keil C 的接口连接。

在 Proteus ISIS 中完成硬件电路的输入。

在 Keil C 中编写程序,并对程序进行编译、链接。如没有错误或警告,便可进入调试状态,并且运行该程序。

在 Proteus ISIS 中,可以看到仿真效果。

此外,还可以在将 Keil μVision 中生成的 .HEX 文件添加到 Proteus ISIS 中的单片机 ROM 存储器中,然后单独在 Proteus 中进行仿真。

附录 A　单片机应用系统实训题目

题目 1　交通灯控制器

1. 目的

(1)掌握用定时器进行延时的方法。

(2)掌握用软件延时进行定时控制的方法。

(3)掌握定时器中断处理方法。

2. 要求

设计一个模拟的十字路口交通灯控制系统，东西、南北两方向交通灯按附表 A.1 所示周期变化。

附表 A.1　交通灯周期变化

方向	第 n 周期		第 $n+1$ 周期
东西方向	红灯 30 秒	绿灯 27 秒，黄灯 3 秒	与上一周期相同
南北方向	绿灯 27 秒，黄灯 3 秒	红灯 30 秒	与上一周期相同

(1)每个方向各设一个紧急切换按钮。该钮按下时，该方向提前切换为绿灯。

(2)当有急救车到达时，两个方向上均亮起红灯，以便急救车通过，10 秒后，交通灯恢复中断前的状态。

3. 原理

1)延时的方法

交通灯的延时可用两种方法：软件延时和定时器延时。

软件延时可先编写一段延时 1 秒的子程序，然后在主程序中反复调用，以实现不同的延时。同时送出信号去控制相应的交通灯和调用相应的 LED 显示子程序。

定时器延时可以通过单片机内部定时器 T0 产生中断来实现。T0 可工作于方式 1，每 50 ms 产生一次中断，由中断服务程序实现规定的延时，同时送出信号去控制相应的交通灯和调用相应的 LED 显示子程序。

2)中断处理程序的应用

发生中断时两方向的红灯一起亮 10 秒,然后返回中断前的状态。

最主要是如何保护中断前的状态,使得中断程序执行完毕后能回到交通灯中断前的状态。要保护的寄存器,除了累加器 ACC、标志寄存器 PSW 外,还要注意:

①主程序中的延时程序和中断处理程序中的延时程序不能混用。

②主程序中每执行一步经 74LS273 的端口输出数据的操作时,应先将所输出的数据保存到一个单元中。因为进入中断程序后也要执行 74LS273 端口输出数据的操作,中断返回时如果没有恢复中断前 74LS273 端口锁存器的数据,则显示可能出错,不能返回中断前的状态。

还要注意一点,主程序中端口输出数据需要先保存再输出。

例如有如下操作:

```
MOV     A,  #0F0H    (0)
MOVX   @R1, A         (1)
MOV     SAVE,A        (2)
```

程序如果正好执行到(1)时发生中断,则转入中断程序,假设中断程序返回主程序前需要执行一句 MOV　A,SAVE 指令,由于主程序中没有执行(2),故 SAVE 中的内容实际上是前一次放入的而不是(0)语句中给出的 0F0H,显示出错,将(1)、(2)两句顺序颠倒一下则没有问题。

3)电路连接

①74LS273 的输出 O0 ~ O5 分别接发光二极管的 L1 ~ L6;

②P1.1 ~ P1.2 接开关 K1 ~ K2,分别表示南北、东西方向的紧急切换按键。

题目 2　汽车转弯信号灯模拟控制

1. 目的

(1)掌握用定时器或软件延时进行定时控制的方法。

(2)掌握外部中断技术的基本使用方法。

(3)掌握中断处理程序的编程方法。

2. 要求

(1)汽车在驾驶中当左、右转弯时相应的仪表板左、右指示灯和左右头灯、左右尾灯闪烁。

(2)闭合紧急开关时 6 个信号灯全部闪烁,闪烁频率 1 Hz。

(3)汽车刹车时,左、右刹车灯点亮。

(4)若正当转弯时刹车,则转弯时原闪烁的指示灯继续闪烁,同时左、右刹车灯点亮。

3. 原理

(1)部分汽车驾驶操作对应的信号灯状态见附表 A.2。

附 A.2 汽车信号灯状态表

动作	左转弯指示灯	右转弯指示灯	左头信号灯	右头信号灯	左尾信号灯	右尾信号灯	左、右刹车灯
左转弯	闪烁	灭	闪烁	灭	闪烁	灭	灭
右转弯	灭	闪烁	灭	闪烁	灭	闪烁	灭
闭合紧急开关	闪烁	闪烁	闪烁	闪烁	闪烁	闪烁	灭
刹车	灭	灭	灭	灭	灭	灭	亮
左转弯时刹车	闪烁	灭	闪烁	灭	闪烁	亮	亮
右转弯时刹车	灭	闪烁	灭	闪烁	亮	闪烁	亮
刹车时紧急开关	闪烁	闪烁	闪烁	闪烁	闪烁	闪烁	亮

(2)电路接线。

①74LS273 的输出 O0 ~ O5 分别接发光二极管的 L1 ~ L6;

②74LS273 的片选接 P2.0;

③ P1.1 ~ P1.4 接开关 K1 ~ K4,分别表示刹车、紧急、左转及右转 4 个开关。

4. 系统设计方案

系统整体框图如附图 A.1 所示。

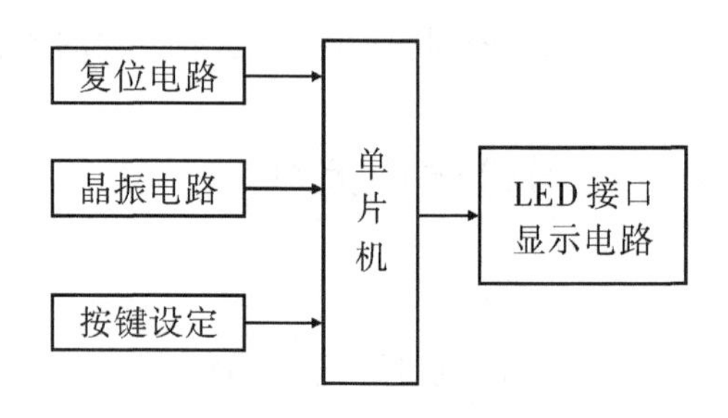

附图 A.1 系统整体框图

题目 3 循环彩灯

1. 目的

(1)掌握用定时器延时或软件延时进行定时控制的方法。

(2)掌握外部中断技术的基本使用方法。

(3)掌握中断处理程序的编程方法。

2. 要求

8051 单片机内部定时器 T1 按方式 1 工作，即 16 位定时计数方式，每 50 ms 中断一次。P1 口的 P1.0 ~ P1.7 分别接发光二极管的 L1 ~ L8。

编写程序模拟一循环彩灯。彩灯变换花样可自行设计。下面给出两个例子：

例 1：

①L1，L2，…，L8 依次点亮；

②L1，L2，…，L8 依次熄灭；

③ L1，L2，…，L8 全亮、全灭。

各时序间隔为 0.5 秒。让发光二极管按以上规律循环显示。

例 2：

如果开关 K1 断开，开关 K2 断开，8 个灯依次从左向右亮，并且每个灯亮的时间为 1 秒钟。

如果开关 K1 断开，开关 K2 闭合，前 4 个灯亮，后 4 个灯灭，延迟 4 秒钟后，前 4 个熄灭，后 4 个灯点亮，延迟 4 秒钟。

如果开关 K1 闭合，开关 K2 断开，则灯亮的顺序是从右向左，同样，每个灯亮的时间是 1 秒钟。

如果开关 K1 闭合，开关 K2 闭合，则全部灯亮，延迟 4 秒钟后，全部熄灭，延迟 4 秒钟。

各状态周期为 8 秒。让发光二极管按以上规律循环显示。

3. 原理

1）定时常数的确定

定时器/计数器的输入脉冲周期与机器周期一样，为振荡频率的 1/12。本实验中时钟频率为 6.0 MHz，现在采用中断方法来实现 0.5 秒延时，要在定时器 1 中设置一个时间常数，使其每隔 0.1 秒产生一次中断，CPU 响应中断后将 R0 中计数值减一，令 R0 = 5，即可实现 0.5 秒延时。

时间常数可按下述方法确定：

机器周期 = 12/晶振频率 = 12/(6×10^6) = 2 μs

设计数初值为 X，则

$$(2^{16}-X)\times2\times10^{-6}=0.1,$$

可求得 X = 15535，以十六进制表示，则 X = 3CAFH，故初始值为 TH1 = 3CH，TL1 = 0AFH。

2）初始化程序

包括定时器初始化和中断系统初始化，主要是对 IP、IE、TCON、TMOD 的相应位进行正确的设置，并将时间常数送入定时器中。由于只有定时器中断，IP 不必设置。

3)中断程序

中断服务程序除了要完成计数减1以外,还要将时间常数重新送入定时器中,为下一次中断做准备。主程序则用来控制发光二极管按要求顺序点亮熄灭。

4)电路连接

①P1.0~P1.7分别接发光二极管L1~L8。

②开关K1、K2接P2.6~P2.7。

题目4　键值识别

1.目的

(1)掌握LED数码管显示编程方法。

(2)了解键盘电路的工作原理。

(3)掌握键盘接口电路的编程方法。

2.要求

利用LED数码管和矩阵键盘,通过编程实现以下功能:在键盘上每当一个键(0~F)被按下时,数码管就将该键的键值显示出来。

3.原理

(1)识别键的闭合,通常采用行扫描法和行反转法。

行扫描法是使键盘上某一行线为低电平,而其余行接高电平,然后读取列值,如所读列值中某位为低电平,表明有键按下,否则扫描下一行,直到扫完所有行。

行反转法识别键闭合时,要将行线接一并行口,先让它工作于输出方式,将列线也接到一个并行口,先让它工作于输入方式,程序使CPU通过输出端口往各行线上全部送低电平,然后读入列线值,如此时有某键被按下,则必定会使某一列线值为0。然后,程序对两个并行端口的方式重新设置,使行线工作于输入方式,列线工作于输出方式,并将刚才读得的列线值从列线所接的并行端口输出,再读取行线上的输入值,那么,在闭合键所在的行线上的值必定为0。这样,当一个键被按下时,必定可以读得一对唯一的行线值和列线值。

(2)电路。

4×4矩阵键盘,如附图A.2所示。

(3)电路接线。

①P1口低四位接键盘行线,高四位接键盘列线。

②P2口接数码管的八段,数码管公共端接+5 V/地。

(4)编程要点。

①设计程序时,可将各键对应的键值(行线值、列线值)放在一个表中,将要显示的0~F字型码放在另一个表中,通过查表来确定按下的是哪一个键并正确显示出来。

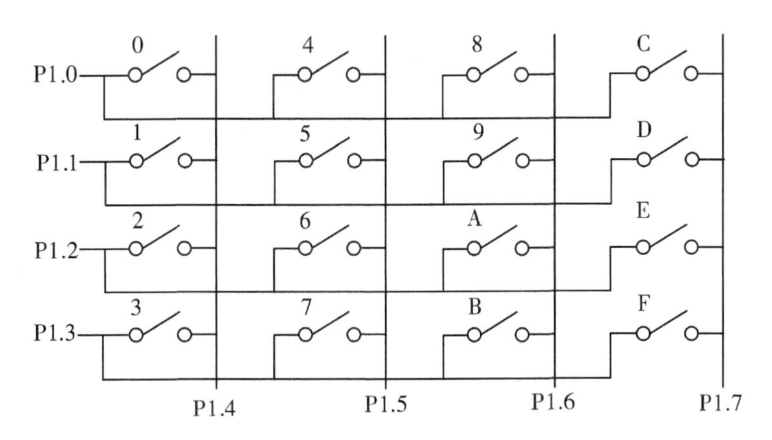

附图 A.2　键盘接线原理图

②用线路反转法判断按键。

题目 5　电子钟

1. 目的

(1)进一步掌握定时器的使用和编程方法。

(2)了解七段数码显示数字的原理。

(3)掌握用一个段锁存器,一个位锁存器同时显示多位数字的技术。

2. 要求

设计一个电子钟,利用六个数码管显示时、分、秒。

3. 原理

(1)动态显示就是逐位轮流点亮显示器的各个位(扫描)。将 8051CPU 的 P1 口当作一个位锁存器使用,74LS273 作为段锁存器。

(2)利用定时器 T1 定时中断,编程实现一个电子钟,利用 6 个数码管显示时、分、秒,显示格式为:× ×时 × ×分 × ×秒。

定时时间常数计算方法为:

定时器 T1 工作于方式 1,晶振频率为 6 MHz,故预置初值 X 为

$$(2^{16} - X) \times 2 \times 10^{-6} = 0.1 \text{ s}$$

$X = 15535D = 3CAFH$,故 TH1 = 3CH,TL1 = 0AFH。

(3)电路连接。

①将 P1 口的 P1.0 ~ P1.5 与数码管的输入 LED1 ~ LED6 相连。

②74LS273 的 O0 ~ O7 与 LED - A ~ LED - Dp 相连。

③74LS273 芯片的片选信号接 P2.0。

4. 系统设计方案

系统整体框图如附图 A.3 所示。

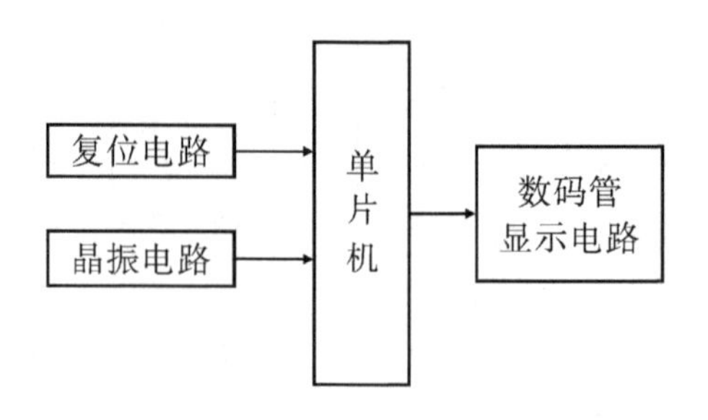

附图 A.3　系统整体框图

题目6　数据采集(冷却液温度测量)

1. 目的

(1)掌握 A/D 转换器与单片机的接口方法。

(2)了解 ADC0809 的转换性能及编程方法。

(3)通过设计掌握单片机如何进行数据采集。

2. 要求

将冷却液温度传感器输出的模拟电压信号作为 ADC0809 的输入,编制程序,将模拟量温度值转换成数字量,用数码管显示模数转换的结果。

3. 原理

1)ADC0809 读写原理

A/D 转换器大致有 3 类:

(1)双积分 A/D 转换器,优点是精度高,抗干扰性好,价格便宜,但速度慢;

(2)逐次逼近法 A/D 转换器,精度、速度、价格适中;

(3)并行 A/D 转换器,速度快,价格也昂贵。

ADC0809 属第(2)类,是 8 位 A/D 转换器。每采集一次需 100 μs。

ADC0809 START 端为 A/D 转换启动信号,ALE 端为通道选择地址的锁存信号。在设计电路中将两者相连,以便锁存通道地址同时开始 A/D 采样转换,故启动 A/D 转换只需如下两条指令:

```
MOV     DPTR,  #PORT
MOVX   @DPTR,  A
```

A 中为何内容并不重要,这是一次虚拟写。

在中断方式下,A/D 转换结束后会自动产生 EOC 信号,将其与 8051CPU 的 $\overline{\text{INT0}}$ 相连接。在中断处理程序中,使用如下指令即可读取 A/D 转换的结果:

```
MOV   DPTR,#PORT
MOVX   A,  @DPTR
```

2)电路连接

①将 ADC0809 的片选信号 CS 接 P2.0。

②传感器的输出信号接 ADC0809 的 IN0。

③ ADC0809 的 EOC 接 CPU 的 P3.2($\overline{INT0}$)。

题目 7　波形发生器

1. 目的

(1)了解 D/A 转换的基本原理。

(2)了解 DAC0832 的性能及编程方法。

(3)了解单片机系统中扩展 D/A 转换器的基本方法。

2. 要求

利用 DAC0832 进行数/模转换,根据输入,分别输出正弦波、三角波、锯齿波、方波,信号频率可以在一定范围内调节。

3. 原理

(1)DAC0832 读写原理。

D/A 转换是把数字量转换成模拟量的变换,从 D/A 输出的是模拟电压信号。产生锯齿波和三角波只需对递增、递减的数字量进行 D/A 转换;要产生正弦波,较简单的手段是设计正弦函数表。取值范围为一个周期,采样点越多,精度越高。

设计电路时,输入寄存器占偶地址端口,DAC 寄存器占较高的奇地址端口。两个寄存器均对数据独立进行锁存。因而要把一个数据通过 0832 输出,要经两次锁存。典型程序段如下:

```
MOV     DPTR, #PORT
MOV     A,    #DATA
MOVX   @DPTR,  A
INC     DPTR
MOVX   @DPTR,  A
```

其中第二次 I/O 写是一个虚拟写过程,其目的只是产生一个$\overline{WR}$信号。启动 D/A。

(2)正弦波的波形数据(十六进制)如附表 A.3 所示。

附表 A.3　正弦波的波形数据(十六进制形式)

80,	83,	86,	89,	8D,	90,	93,	96,	99,	9C,	9F,	A2,	A5,	A8,	AB,	AE,
B1,	B4,	B7,	BA,	BC,	BF,	C2,	C5,	C7,	CA,	CC,	CF,	D1,	D4,	D6,	D8,
DA,	DD,	DF,	E1,	E3,	E5,	E7,	E9,	EA,	EC,	EE,	EF,	F1,	F2,	F4,	F5,
F6,	F7,	F8,	F9,	FA,	FB,	FC,	FD,	FD,	FE,	FF,	FF,	FF,	FF,	FF,	FF,

续表

FF,	FF,	FF,	FF,	FF,	FF,	FE,	FD,	FD,	FC,	FB,	FA,	F9,	F8,	F7,	F6,
F5,	F4,	F2,	F1,	EF,	EE,	EC,	EA,	E9,	E7,	E5,	E3,	E1,	DE,	DD,	DA,
D8,	D6,	D4,	D1,	CF,	CC,	CA,	C7,	C5,	C2,	BF,	BC,	BA,	B7,	B4,	B1,
AE,	AB,	A8,	A5,	A2,	9F,	9C,	99,	96,	93,	90,	8D,	89,	86,	83,	80,
80,	7C,	79,	76,	72,	6F,	6C,	69,	66,	63,	60,	5D,	5A,	57,	55,	51,
4E,	4C,	48,	45,	43,	40,	3D,	3A,	38,	35,	33,	30,	2E,	2B,	29,	27,
25,	22,	20,	1E,	1C,	1A,	18,	16,	15,	13,	11,	10,	0E,	0D,	0B,	0A,
09,	08,	07,	06,	05,	04,	03,	02,	02,	01,	00,	00,	00,	00,	00,	00,
00,	00,	00,	00,	00,	00,	01,	02,	02,	03,	04,	05,	06,	07,	08,	09,
0A,	0B,	0D,	0E,	10,	11,	13,	15,	16,	18,	1A,	1C,	1E,	20,	22,	25,
27,	29,	2B,	2E,	30,	33,	35,	38,	3A,	3D,	40,	43,	45,	48,	4C,	4E,
51,	51,	55,	57,	5A,	5D,	60,	63,	69,	6C,	6F,	72,	76,	79,	7C,	80,

(3)电路连接。

①开关 K1、K2 、K3、K4 接 P2.1 ~ P2.4;

②将 DAC0832 的片选信号接 P2.0。

题目8　实用信号源

1. 目的

(1)了解 D/A 转换的基本原理。

(2)了解 DAC0832 的性能及编程方法。

(3)了解单片机系统中扩展多片 D/A 转换器的基本方法。

2. 要求

(1)单片机系统中扩展两片 D/A 转换器。

(2)其中一片产生正弦波。

(3)另外一片产生脉冲波。

(4)通过按钮能够改变两个信号的幅值。

3. 原理

(1)改变信号幅值的方法有以下两种:

①一个增益可调的有源低通滤波器,使 D/A 转换器输出信号经过低通滤波器,通过调节低通滤波器的增益,即可改变信号的幅值。该方法属于硬件方法。

②软件方法。在向 D/A 转换器写入数字量时,将该数字量先乘以一个设定数值(一

般是 0 ~ 1 的小数），也可以调节输出幅值。为了简化运算，可以是先乘以一个整数 M，再除以 N（N 为 128、256 等 2 的 n 次幂），M 取值范围为 0 ~ N，因为这种除法可通过移位进行，程序简单，且运算速度快。

（2）扩展两片 D/A 转换器的原理如附图 A.4 所示。

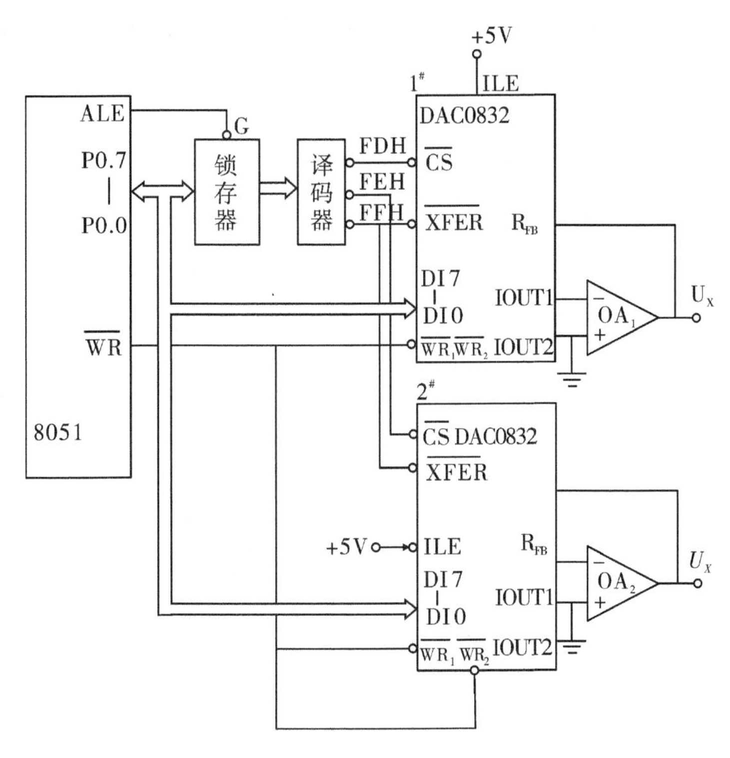

附图 A.4　两片 D/A 转换器接线图

题目 9　数字电压表设计

1. 目的

（1）掌握 A/D 转换与单片机的接口方法。

（2）了解 ADC0809 的转换性能及编程方法。

（3）通过设计了解单片机如何进行电压测量。

2. 要求

（1）以单片机为核心元件，设计一个数字电压表。

（2）通过 ADC0809 对输入电压值进行采样，得到相应的数字量，再根据数字量与模拟量的比例关系运算得出对应的模拟电压值，通过显示器显示出来。

（3）输入电压范围为 0 ~ 5 V，显示器选择 4 个 8 段数码管显示。

（4）编制程序，要求显示的电压值精确到小数点后 3 位。

3. 原理

1) ADC0809 简介

ADC0809 由美国国家半导体(National Semiconductor,NS)公司生产,是一种比较典型8位8通道的A/D转换器。当外部时钟输入频率 f_{OSC} = 640 kHz 时,转换时间在100 μs左右。它用+5 V单电源供电,此时量程为0~5 V,有28个引脚,其引脚如附图A.5所示。

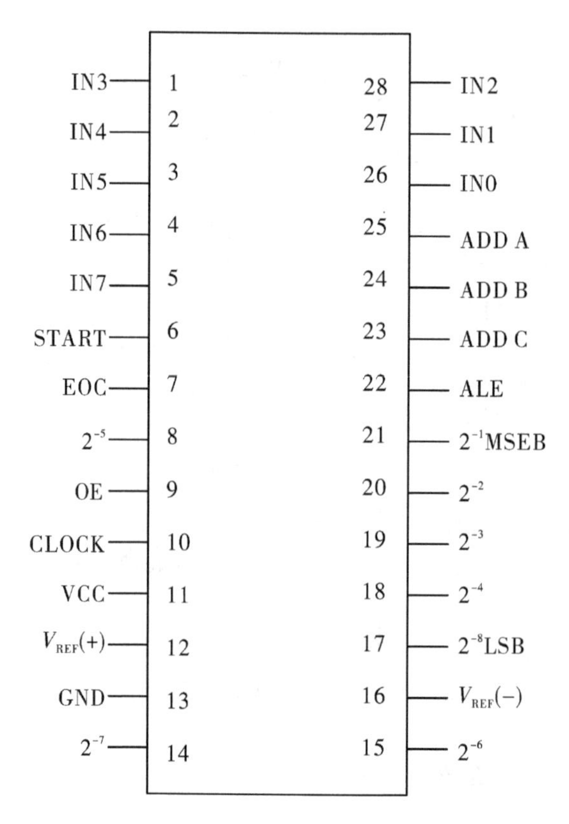

附图 A.5 ADC0809 的引脚

ADC0809 的引脚功能如附表 A.4 所示。

表 11.4 ADC0809 的引脚功能

引脚号	引脚名称	功 能
23~25	ADDA、ADDB、ADDC	转换通道地址,具体见表8.2
22	ALE	地址锁存允许信号,高电平有效 当ALE为高电平时,通道地址输入到地址锁存器中,下降沿将地址锁存并译码
1~5,26~28	IN0~IN7	8路模拟量输入端
8,14,15,17~21	D0~D7	8位数字量输出端口

续表

引脚号	引脚名称	功　能
6	START	A/D 转换启动信号输入端 在 START 上跳沿,所有内部寄存器清 0 在 START 下降沿,开始进行 A/D 转换 转换期间,START 应保持低电平
7	EOC	转换结束信号,高电平有效 在 START 下降沿后 10 μs 左右,转换结束信号 EOC 变为低电平,表示正在转换 EOC 变为高电平时, 表示转换结束
9	OE	输出允许控制信号,高电平有效 OE 控制三态数据输出锁存器输出数据 OE = 0, 输出数据端口线为高阻状态 OE = 1, 允许转换结果输出
10	CLK	时钟信号输入端 ADC0809 内部没有时钟电路,需外部提供时钟信号, CLK 为时钟信号输入端
12	VREF(+)	参考电源的正端
16	VREF(-)	参考电源的负端
11	VCC	电源正端
13	GND	地

2)电路接线

①ADC0809 的 D0 ~ D7 接 8051 的 P1.0 ~ P1.7。

②ADC0809 的 CLOCK、START、OE 接 8051 的 P2.4、P2.5、P2.6。

③ ADC0809 的 EOC 接 8051 的 P3.2(外部中断 0)。

④ 4 个数码管与 8051 单片机的接口(参考本书第 5 章)。

题目 10　单片机控制电机转速

1. 目的

(1)了解脉宽调制技术(PWM)的原理。

(2)学习 PWM 如何对直流电机调速。

(3)复习 ADC0809 的工作原理,掌握其编程方法。

(4)掌握用 PWM 技术控制电机速度的实现方法。

2. 要求

(1)通过 ADC0809 对电位器产生 0 ~5 V 电压值进行采样。

(2)根据采样值产生占空比不同的 PWM 信号,控制电机转速。

3. 原理及手段

(1)电机 PWM 调速原理图参考相关机电传动教材。

(2)运行程序,调节电位器,观察电机转速的变化。

(3)编程要点:

①由 P1.0 引脚产生 PWM 信号。

②用定时器 T1 产生高、低电平的基准时间(25 μs)。

③ 启动 ADC0809,延时读转换结果,高四位送 R4(忽略低四位),用 10H 减去高四位送 R5。

④ R4 存放 P1.0 为高电平的延时次数。

⑤ R5 存放 P1.0 为低电平的延时次数。

⑥ 用外部中断$\overline{\text{INT0}}$使电机停止转动(设转速级数为 0)。

⑦ 设 PWM 信号频率为 2500 Hz,则周期为 400 μs,对 12 MHz 的时钟频率,PWM 信号全周期计数值为 400,由 16 个基准时间组成。所以转速分为 16 级,转速级数与占空比的对应关系见附表 A.5。

附表 A.5　转速级数与占空比的对应关系

转速级数	1	2	3	4	5	6	7	8
占空比	1/16	2/16	3/16	4/16	5/16	6/16	7/16	8/16
R4 延时次数	1	2	3	4	5	6	7	8
R5 延时次数	15	14	13	12	11	10	9	8
转速级数	9	10	11	12	13	14	15	16
占空比	9/16	10/16	11/16	12/16	13/16	14/16	15/16	1
R4 延时次数	9	10	11	12	13	14	15	16
R5 延时次数	7	6	5	4	3	2	1	0

4. 系统设计方案

系统整体框图见附图 A.6。

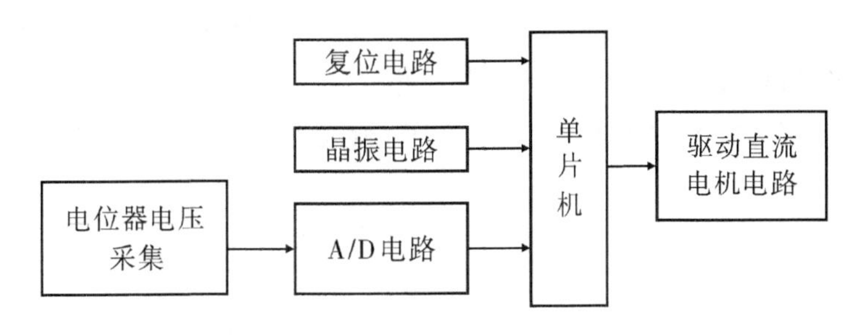

附图 A.6 系统整体框图

题目11 液晶屏显示

1. 目的

(1)掌握点阵字符液晶显示器模块 LCD1602 的引脚功能和操作时序。

(2)掌握读、写数据寄存器和指令寄存器的操作时序。

(3)根据 LCD1602 和 CPU 的硬件连接进行编程控制。

2. 要求

参考附图 A.7 所示的 LCD1602 引脚及和 MCS－51 系列 CPU 的连接,该液晶显示屏为 16 字符 ×2 行,编程实现:在 LCD 第一行左侧开始显示字符“welcome you”。

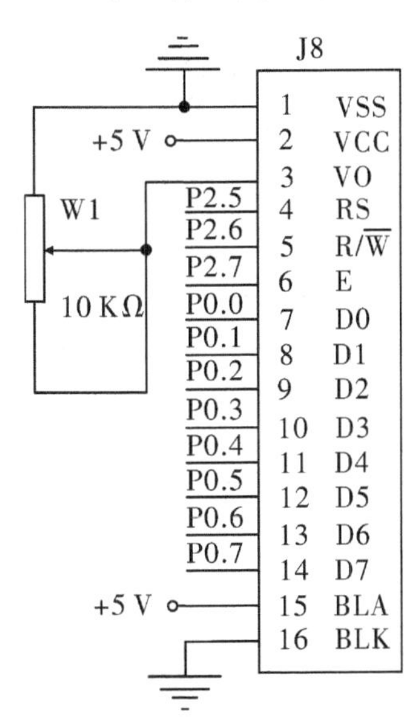

附图 A.7 系统原理图

3. 原理

LCD 显示屏是一种分层结构,位于最后面的一层是由荧光物质组成的可以发射光线的背光层,背光层发出的光线在穿过第一层偏振过滤层之后进入液晶层,液晶层中的水晶液滴都被包含在细小的单元格结构中,一个或多个单元格构成屏幕上的一个像素。当

LCD 中的电极产生电场时，液晶分子就会产生扭曲，从而将穿越其中的光线进行有规则的折射，然后经过第二层的过滤在屏幕上显示出来。

LCD1602 采用标准的 14 脚（无背光）或 16 脚（带背光）接口，各引脚接口说明如附表 A.6 所示。

附表 A.6　LCD1602 引脚功能

引脚编号	符号	功能说明
1	VSS	为地电源
2	VCC	接 5 V 正电源
3	V0	对比度调整端，接正电源时对比度最弱，接地时对比度最高 对比度过高时会产生“鬼影”，使用时可以通过一个 10 kΩ 的电位器调整对比度
4	RS	寄存器选择：高电平时选择数据寄存器、低电平时选择指令寄存器
5	$R/\overline{W}$	读写信号线，高电平时进行读操作，低电平时进行写操作。当 RS 和 $R/\overline{W}$ 共同为低电平时可以写入指令或者显示地址 当 RS 为低电平 $R/\overline{W}$ 为高电平时可以读忙信号 当 RS 为高电平 $R/\overline{W}$ 为低电平时可以写入数据
6	E	使能端，当 E 端由高电平变成低电平时，液晶模块执行命令
7 ~ 14	D0 ~ D7	8 位双向数据线
15	BLA	背光源正极
16	BLK	背光源负极

LCD1602 液晶模块内部的控制器共有 11 条控制指令，如附表 A.7 所示。LCD1602 液晶模块时序表如附表 A.8 所示。

附表 A.7　LCD1602 的控制指令

序号	指令	RS	$R/\overline{W}$	D7	D6	D5	D4	D3	D2	D1	D0
1	清显示	0	0	0	0	0	0	0	0	0	1
2	光标返回(归位)	0	0	0	0	0	0	0	0	1	*
3	置输入模式	0	0	0	0	0	0	0	1	I/D	S
4	显示开/关控制	0	0	0	0	0	0	1	D	C	B
5	光标或字符移位	0	0	0	0	0	1	S/C	R/L	*	*
6	功能设置	0	0	0	0	1	DL	N	F	*	*

续表

<table>
<tr><th>序号</th><th>指令</th><th>RS</th><th>R/$\overline{W}$</th><th>D7</th><th>D6</th><th>D5</th><th>D4</th><th>D3</th><th>D2</th><th>D1</th><th>D0</th></tr>
<tr><td>7</td><td>CGRAM 地址设置</td><td>0</td><td>0</td><td>0</td><td>1</td><td colspan="6">字符发生存储器地址</td></tr>
<tr><td>8</td><td>DDRAM 地址设置</td><td>0</td><td>0</td><td>1</td><td colspan="7">显示数据存储器地址</td></tr>
<tr><td>9</td><td>读忙标志 BF 或地址计数器</td><td>0</td><td>1</td><td>BF</td><td colspan="7">地址计数器(AC)内容</td></tr>
<tr><td>10</td><td>写数到 CGRAM 或 DDRAM</td><td>1</td><td>0</td><td colspan="8">要写的数据内容</td></tr>
<tr><td>11</td><td>从 CGRAM 或 DDRAM 读数</td><td>1</td><td>1</td><td colspan="8">读出的数据内容</td></tr>
</table>

附表 A.8　LCD1602 液晶模块时序表

RS	R/$\overline{W}$	E	功　能
0	0	下降沿	写指令代码
0	1	高电平	读忙时标志和 AC 值
1	0	下降沿	写数据
1	1	高电平	读数据

题目 12　三相步进电机控制

1. 目的

(1)了解步进电机的特点。

(2)掌握步进电机的工作原理、励磁方式和正、反转控制。

(3)理解步进电机的主要技术参数。

(4)掌握单片机控制步进电机的方法。

(5)复习读取键盘信息的方法。

2. 要求

(1)采用两个键表示电机的正、反转。

(2)用另外两个键修改电机转动步数(转动步数的初值自定)。

(3)采用一个数码管显示正、反转的状态。E 表示正转,F 表示反转。

(4)接收从键盘传来的步数及方向信息,驱动步进电机按相应的方向转动相应的步数。

3. 原理及手段

1)步进电机原理。

步进电动机的转速取决于控制脉冲频率,转动方向取决于电机绕组通电顺序。

2)驱动电路

三相绕阻的公共端接 +12 V,另三端控制信号先经 74HC04 反相后驱动 NPN 三极管

2N2222A，由三极管输出驱动步进电机。

在程序的编制中，要特别注意步进电机在换向时的处理。为使步进电机在换向时能平滑过渡，不至于产生错步，应在每一步中设置标志位。其中20H单元的各位为步进电机正转标志位；21H单元各位为反转标志位。在正转时，不仅给正转标志位赋值，也同时给反转标志位赋值；在反转时也如此。这样，当步进电机换向时，就以上一次的位置作为起点反向运动，避免了电机换向时产生错步。

驱动步进电机参考流程图如附图A.8所示。

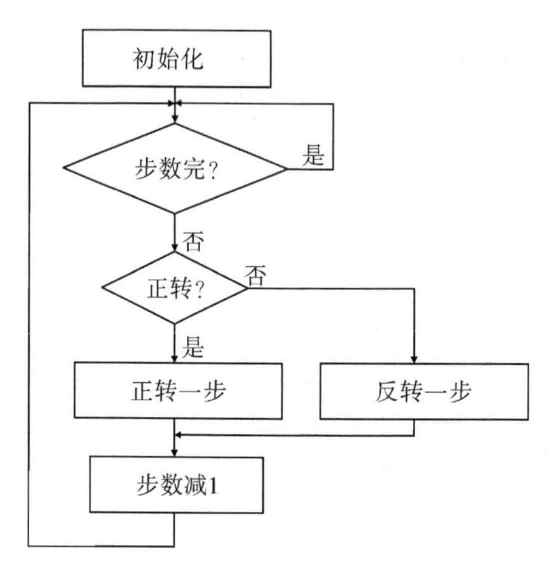

附图A.8 程序流程图

3）电路接线

①P2.0～P2.1接开关K1～K2，分别表示电机的正反转键。

②P2.2～P2.3接开关K3～K4，分别表示+、- 步数键。

③ P0口接一数码管的8段，数码管的公共端接+5 V/地。

④ P1.0～P1.2分别接3个74HC04输入端。

题目13 简单数字频率计

1. 目的

（1）了解测频法原理。

（2）掌握利用脉冲计数功能记录脉冲数的方法。

（3）学习闸门信号的产生方法。

2. 要求

（1）测量信号种类：方波、正弦波。

（2）测量信号幅度：0.5～5 V。

(3)测量信号频率:1 ~9999 Hz。

(4)最大读数:9999 Hz,用四个数码管显示。

(5)具有启、停控制,用于启动和停止频率的连续显示,停止时对计数器清零。

(6)闸门信号分为:1 s、0.1 s、0.01 s、0.001 s 四个档次。

3. 原理

频率计又称为频率计数器,是一种专门对被测信号频率进行测量的电子测量仪器。对频率进行测量的基本方法为测频法。

测频法的基本思想是:对频率为 f 的周期信号,在一个闸门宽度为 T_G 的标准闸门信号有效范围内对被测信号的重复周期数进行计数,当计数结果为 N 时,其信号频率为

$$f = N/T_G$$

其基本工作原理如附图 A.9 所示。标准闸门信号高电平有效,在闸门信号有效时间范围内对被测信号的周期计数,通过上式可以计算被测信号的频率。

测频法的测量误差与信号频率有关:信号频率越高,误差越小;而信号频率越低,则测量误差越大。因此,测频法适合于对高频信号的测量,频率越高,测量精度也越高。

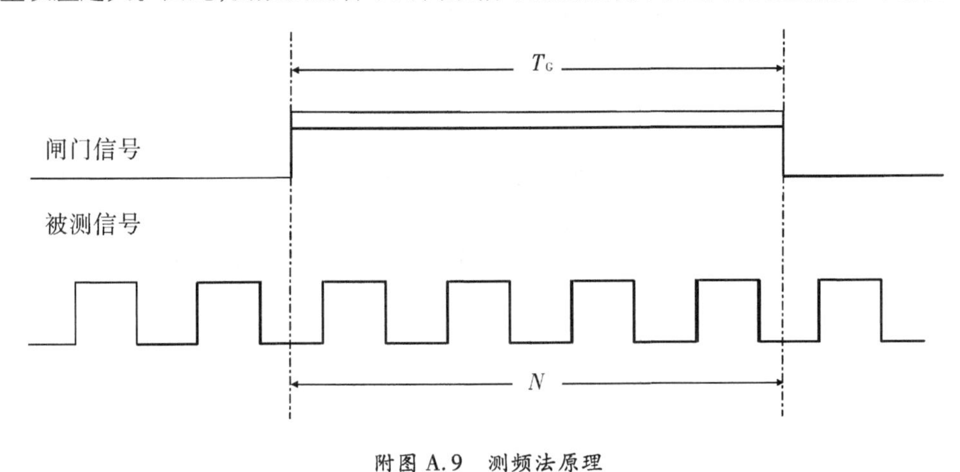

附图 A.9　测频法原理

题目 14　DS1302 时钟芯片控制日历和时钟

1. 目的

(1)了解三线串行总线时钟芯片 DS1302 的内部结构和操作时序。

(2)掌握从 DS1302 读一个字节数据和向 DS1302 写一个字节数据的标准函数。

(3)学习 DS1302 和 CPU 的硬件连接及编程控制。

2. 要求

1)理解硬件电路

系统接线图如附图 A.10 所示。DS1302 主要引脚功能参见附表 A.9。

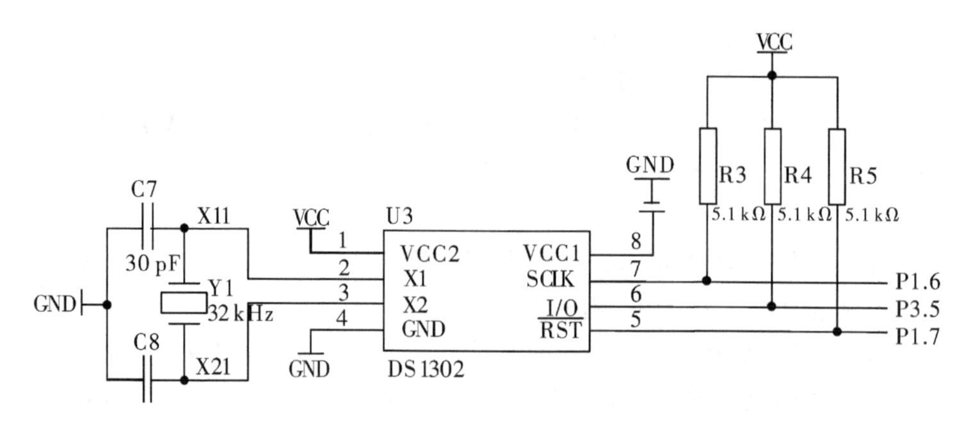

附图 A.10　系统接线图

附表 A.9　DS1302 引脚功能

序号	引脚名称	引 脚 功 能
1	VCC2	主电源
2,3	X1、X2	振荡源,外接 32.768 kHz 晶振
4	GND	电源地
5	RST	复位/片选线,置高电平启动数据传送,允许地址/命令序列送入移位寄存器,在传送过程中 RST 置低时终止数据传送,I/O 引脚变为高阻态 上电运行时,在 VCC≥2.5 V 之前,RST 必须保持低电平 只有在 SCLK 为低电平时,才能将 RST 置为高电平
6	I/O	串行数据输入输出端(双向)
7	SCLK	时钟信号输入端
8	VCC1	后备电源,在主电源关闭的情况下保持时钟的连续运行 主电源打开时 DS1302 由 VCC1 或 VCC2 两者中的较大者供电

2)编程要求

①编写程序,从 DS1302 读取日历和时间,在 LCD1602(2 行×16 字符)上显示。

②按键 P3.4(T0)控制 LCD 在第 2 行右方循环显示:YEAR、MONTH、DAY、WEEK、HOUR、MINUTE、SECOND、空。

③按键 P3.2($\overline{\text{INT0}}$)对所显示项目+1。

④按键 P3.3($\overline{\text{INT1}}$)对所显示项目-1。

⑤DS1302 芯片 RST　与 P1.7 连接。

⑥DS1302 芯片 SCLK 与 P1.6 连接。

⑦DS1302 芯片 I/O　与 P3.5 连接。

题目15 DS18B20数字温度传感器测温

1. 目的

(1)了解单总线(1 - wire)系统的连接方式、协议、主要ROM和RAM命令。

(2)了解DS18B20初始化时序、读时序、写时序。

(3)掌握DS18B20测温系统的硬件连接及编程控制。

2. 要求

1)理解硬件电路

附图A.11所示为DS18B20和CPU的连接电路。

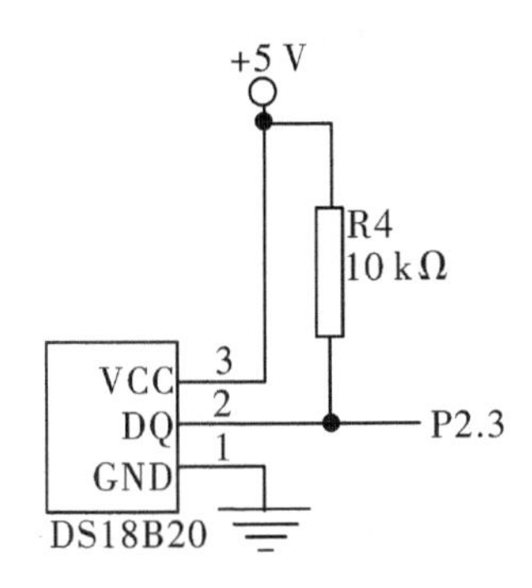

附图A.11 DS18B20和CPU的连接

DS18B20主要引脚功能如附表A.10所示。

附表A.10 DS18B20引脚功能

序号	引脚名称	引脚功能
1	GND	接地
2	DQ	数据I/O脚,漏极开路,常态下高电平
3	VCC	可选电源,电压范围3~5.5 V,工作于寄生电源时必须接地

2)编程要求

通过DS18B20测温,用8位数码管显示温度,格式为:[-]888.8888,温度为正时不显示符号。

3. 原理

DS18B20的RAM命令和ROM命令,如附表A.11和附表A.12所示。

附表A.11 RAM命令表

指令	约定代码	操作说明
温度转换	44H	启动DS18B20进行温度转换,12位转换时最长为750 ms(9位为93.75 ms)。结果存入内部9字节RAM中

续表

指令	约定代码	操 作 说 明
读暂存器	BEH	读内部 RAM 中 9 字节的内容
写暂存器	4EH	发出向内部 RAM 的 3、4 字节写上、下限温度数据命令，紧跟该命令之后，是传送两字节的数据
复制暂存器	48H	将 RAM 中第 3 、4 字节的内容复制到 EEPROM 中
重新调 E2PROM	B8H	将 EEPROM 中内容恢复到 RAM 中的第 2、3 字节
读电源供电方式	B4H	读 DS18B20 的供电模式。寄生供电时 DS18B20 发送“ 0 ”；外接电源供电 DS18B20 发送“ 1 ”

附表 A.12　ROM 命令表

指令	约定代码	操 作 说 明
读 ROM	33H	读 DS18B20 温度传感器 ROM 中的编码(即 64 位地址)
符合 ROM	55H	发出此命令后，接着发出 64 位 ROM 编码，访问单总线上与该编码相对应的 DS18B20 使之做出响应，为下一步对该 DS18B20 的读写作准备
搜索 ROM	F0H	用于确定挂接在同一总线上 DS18B20 的个数和识别 64 位 ROM 地址。为操作各器件做好准备
跳过 ROM	CCH	忽略 ROM 地址，直接向 DS18B20 发温度变换命令。适用于单片机工作
告警搜索命令	ECH	执行后只有温度超过设定值上限或下限的芯片才做出响应

题目 16　可调节分频器的设计

1. 目的

(1)了解 8253 定时/计数器的工作原理，掌握其编程方法。

(2)复习读取键盘信息的方法。

2. 要求

运用 8253 的三路定时/计数器，通过对同一输入信号计数，在三个输出端分别输出对输入信号进行 n 分频、$2n$ 分频、$4n$ 分频的信号，用示波器观察波形。

输入信号的频率初值自定,通过 + 键、-键改变分频数 n 的大小。

3. 原理及手段

(1)编写程序运行,用示波器分别观察三路定时/计数器的输出波形。改变分频数 n,观察输出信号的变化。

(2)编程要点。

①定时/计数器 8253 的初始化。

②读键盘子程序,确定分频数大小,并存储。

③ 根据输入分频值设定计数器 0,计数器 1,计数器 2 初值。

(3) 8253 方式选择控制字其定义如附表 A.13 所示。

附表 A.13　8253 方式选择控制字定义

D7	D6	D5	D4	D3	D2	D1	D0	
SC1	SC0	RL1	RL0	M2	M1	M0	BCD	功能说明
							0	二进制计数
							1	BCD 计数
				0	0	0		工作方式 0
				×	×	×		工作方式 1 ~4
				1	0	1		工作方式 5
		0	0					计数器锁存
		0	1					读写低 8 位
		1	0					读写高 8 位
		1	1					读写 16 位
0	0							通道 0
0	1							通道 1
1	0							通道 2

题目 17　I^2C 器件 AT24C02 的读写

1. 目的

(1)了解 I^2C 串行总线的操作时序。

(2)了解开始、读数据、写数据、应答、检查应答、非应答、停止等 7 个 I^2C 标准函数。

(3)掌握 I^2C 串行总线器件 AT24C02 和 CPU 的硬件连接及编址方式。

(4)掌握读写数据操作的编程控制。

2. 要求

1）理解硬件电路

附图 A.12 所示为 AT24C02 和 CPU 的连接。AT24C02 芯片地址的高 4 位固定为 1010，主要引脚功能如附表 A.14 所列。

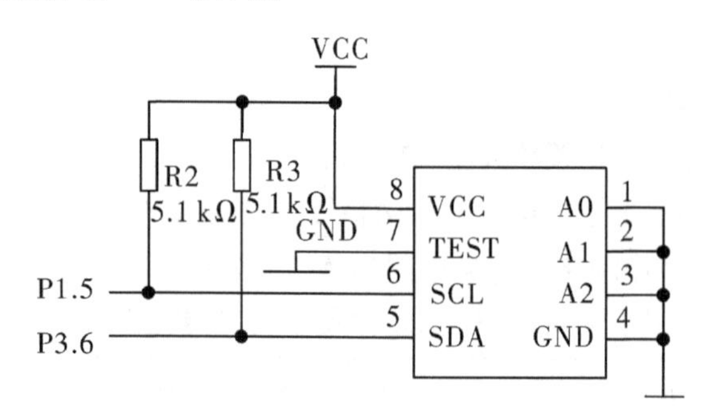

附图 A.12 器件接线图

附表 A.14 AT24C02 引脚功能

序号	引脚名称	引 脚 功 能
1	A2 ~ A0	地址选择。这 3 个引脚配置成不同的编码值，在同一串行总线上最多可扩充 8 片相同容量或不同容量的该系列串行 EEPROM 芯片
2	SDA	串行数据输入输出口，是一个双向的漏极开路结构的引脚，实际使用时该引脚必须接一个 5.1 kΩ 的上拉电阻
3	SCL	串行移位时钟控制端 写入时上升沿起作用，读出时下降沿起作用
4	TEST	硬件写保护控制引脚。当其为低电平时，正常写操作，高电平时，对 EEPROM 部分存储区域提供硬件写保护功能，即对被保护区域只能读不能写
5	GND	接地
6	Vcc	接 +5 V 电压

2）编程要求

（1）把 24 B 的数据写入 AT24C02 的前 3 页，写完后使 LED 全部点亮。

（2）从 AT24C02 的前 3 页中读出数据放入 RAM 中的缓冲区，然后从缓冲区中逐字节送 LED 显示。

附录 B　MCS－51 系列单片机指令表

附表 B.1　数据传送指令

序号	助记符	指令功能	机器码	字节数	机器周期数
1	MOV　A，Rn	A←Rn	E8H～EFH	1	1
2	MOV　A，direct	A←(direct)	E5H direct	2	1
3	MOV　A，@Ri	A←(Ri)	E6H～E7H	1	1
4	MOV　A，#data	A←data	74H data	2	1
5	MOV　Rn，A	Rn←A	F8H～FFH	1	1
6	MOV　Rn，direct	Rn←(direct)	A8H～AFH direct	2	1
7	MOV　Rn，#data	Rn←data	78H～7FH data	2	1
8	MOV　direct，A	direct←A	F5H direct	2	1
9	MOV　direct，Rn	direct←Rn	88H～8FH direct	2	1
10	MOV　direct1，direct2	direct1←(direct2)	85H direct2 direct1	3	2
11	MOV　direct，@Ri	direct←(Ri)	86H～87H direct	2	2
12	MOV　direct，#data	direct←data	75H direct data	3	2
13	MOV　@Ri，A	(Ri)←A	F6H～F7H	1	1
14	MOV　@Ri，direct	(Ri)←(direct)	A6H～A7H direct	2	2
15	MOV　@Ri，#data	(Ri)←data	76H～77H data	2	1
16	MOV　DPTR，#data16	DPTR←data16	90H data16	3	2
17	MOVX　A，@Ri	A←(Ri)	E2H～E3H	1	2
18	MOVX　A，@DPTR	A←(DPTR)	E0H	1	2
19	MOVX　@Ri，A	(Ri)←A	F2H～F3H	1	2
20	MOVX　@DPTR，A	(DPTR)←A	F0H	1	2

续表

序号	助记符	指令功能	机器码	字节数	机器周期数
21	MOVC A, @A + DPTR	A←(A + DPTR)	93H	1	2
22	MOVC A, @A + PC	PC←PC + 1, A←(A + PC)	83H	1	2
23	PUSH direct	SP←SP + 1, SP←(direct)	C0H direct	2	2
24	POP direct	direct←(SP), SP←SP - 1	D0H direct	2	2
25	XCH A, Rn	A↔Rn	C8H ~ CFH	1	1
26	XCH A, direct	A↔ (direct)	C5H direct	2	1
27	XCH A, @Ri	A↔ (Ri)	C6H ~ C7H	1	1
28	XCHD A, @Ri	A3 ~ 0 ↔ (Ri)3 ~ 0	D6H ~ D7H	1	1
29	SWAP A	A7 ~ 4 ↔ A3 ~ 0	C4H	1	1

附表 B.2 算数运算指令

序号	助记符	指令功能	机器码	字节数	机器周期数
1	ADD A, Rn	A←A + Rn	28H ~ 2FH	1	1
2	ADD A, direct	A←A + (direct)	25H direct	2	1
3	ADD A, @Ri	A←A + (Ri)	26H ~ 27H	1	1
4	ADD A, #data	A←A + data	24H data	2	1
5	ADDC A, Rn	A←A + Rn + Cy	38H ~ 3FH	1	1
6	ADDC A, direct	A←A + (direct) + Cy	35H direct	2	1
7	ADDC A, @Ri	A←A + (Ri) + Cy	36H ~ 37H	1	1
8	ADDC A, #data	A←A + data + Cy	34H data	2	1
9	DA A	对 A 进行 BCD 码调整	D4H	1	1
10	INC A	A←A + 1	04H	1	1
11	INC Rn	Rn←Rn + 1	08H ~ 0FH	1	1
12	INC direct	direct←(direct) + 1	05H direct	2	1
13	INC @Ri	(Ri)←(Ri) + 1	06H ~ 07H	1	1
14	INC DPTR	DPTR←DPTR + 1	A3H	1	2

续表

序号	助记符	指令功能	机器码	字节数	机器周期数
15	SUBB　A，Rn	A←A－Rn－Cy	98H～9FH	1	1
16	SUBB　A，direct	A←A－(direct)－Cy	95H　direct	2	1
17	SUBB　A，@Ri	A←A－(Ri)－Cy	96H～97H	1	1
18	SUBB　A，#data	A←A－data－Cy	94H　data	2	1
19	DEC　A	A←A－1	14H	1	1
20	DEC　Rn	Rn←Rn－1	18H～1FH	1	1
21	DEC　direct	direct←(direct)－1	15H　direct	2	1
22	DEC　@Ri	(Ri)←(Ri)－1	16H～17H	1	1
23	MUL　AB	B(高8位)A(低8位)←A×B	A4H	1	4
24	DIV　AB	A(商)、B(余数)←A÷B	84H	1	4

附表 B.3　逻辑传送指令

序号	助记符	指令功能	机器码	字节数	机器周期数
1	ANL　A，Rn	A←A∧Rn	58H～5FH	1	1
2	ANL　A，direct	A←A∧(direct)	55H　direct	2	1
3	ANL　A，@Ri	A←A∧(Ri)	56H～57H	1	1
4	ANL　A，#data	A←A∧data	54H　data	2	1
5	ANL　direct，A	direct←(direct)∧A	52H　direct	2	1
6	ANL　direct，#data	direct←(direct)∧data	53H　direct　data	3	2
7	ORL　A，Rn	A←A∨Rn	48H～4FH	1	1
8	ORL　A，direct	A←A∨(direct)	45H　direct	2	1
9	ORL　A，@Ri	A←A∨(Ri)	46H～47H	1	1
10	ORL　A，#data	A←A∨data	44H　data	2	1
11	ORL　direct，A	direct←(direct)∨A	42H　direct	2	1
12	ORL　direct，#data	direct←(direct)∨data	43H　direct　data	3	2
13	XRL　A，Rn	A←A⊕Rn	68H～6FH	1	1

续表

序号	助记符	指令功能	机器码	字节数	机器周期数
14	XRL A, direct	A←A⊕(direct)	65H direct	2	1
15	XRL A, @Ri	A←A⊕(Ri)	66H ~ 67H	1	1
16	XRL A, #data	A←A⊕data	64H data	2	1
17	XRL direct, A	direct ←(direct)⊕A	62H direct	2	1
18	XRL direct, #data	direct←(direct)⊕data	63H direct data	3	2
19	CLR A	A←0	E4H	1	1
20	CPL A	A←$\overline{A}$	F4H	1	1
21	RL A	A0←A7, A7 ~ 1←A6 ~ 0	23H	1	1
22	RLC A	Cy←A7, A7 ~ 1←A6 ~ 0, A0←Cy	33H	1	1
23	RR A	A7←A0, A6 ~ 0←A7 ~ 1	03H	1	1
24	RRC A	Cy←A0, A6 ~ 0←A7 ~ 1, A7←Cy	13H	1	1

附表 B.4 控制转移指令

序号	助记符	指令功能	机器码	字节数	机器周期数
1	SJMP rel	PC←PC + 2, PC←PC + rel	80H rel	2	2
2	AJMP addr11	PC←PC + 2, PC10 ~ 0←addr11	*1	2	2
3	LJMP addr16	PC←PC + 3, PC←addr16	02H addr16	3	2
4	JMP @A + DPTR	PC←PC + 1, PC←A + DPTR	73H	1	2
5	JZ rel	若 A = 0, 则 PC←PC + 2 + rel 若 A≠0, 则 PC←PC + 2	60H rel	2	2
6	JNZ rel	若 A≠0, 则 PC←PC + 2 + rel 若 A = 0, 则 PC←PC + 2	70H rel	2	2
7	CJNE A, direct, rel	若 A≠(direct), 则 PC←PC + 3 + rel 若 A = (direct), 则 PC←PC + 3 若 A≥(direct), 则 Cy = 0;否则, Cy = 1	B5H direct rel	3	2
8	CJNE A, #data, rel	若 A≠data, 则 PC←PC + 3 + rel 若 A = data, 则 PC←PC + 3 若 A≥data, 则 Cy = 0;否则, Cy = 1	B4H data rel	3	2

续表

序号	助记符	指令功能	机器码	字节数	机器周期数
9	CJNE Rn, #data, rel	若 Rn≠data, 则 PC←PC + 3 + rel 若 Rn = data, 则 PC←PC + 3 若 Rn≥data, 则 Cy = 0；否则, Cy = 1	B8H ~ BFH data rel	3	2
10	CJNE @Ri, #data, rel	若(Ri)≠data, 则 PC←PC + 3 + rel 若(Ri) = data, 则 PC←PC + 3 若(Ri)≥data, 则 Cy = 0；否则, Cy = 1	B6H ~ B7H data rel	3	2
11	DJNZ　Rn, rel	若 Rn − 1≠0, 则 PC←PC + 2 + rel 若 Rn − 1 = 0, 则 PC←PC + 2	D8H ~ DFH rel	2	2
12	DJNZ　direct, rel	若(direct) − 1≠0, 则 PC←PC + 3 + rel 若(direct) − 1 = 0, 则 PC←PC + 3	D5H direct rel	3	2
13	ACALL　addr11	PC←PC + 2, SP←SP + 1, (SP)←PC7 ~ 0, SP←SP + 1, (SP)←PC15 ~ 8, PC10 ~ 0←addr11	*2	2	2
14	LCALL　addr16	PC←PC + 3, SP←SP + 1, (SP)←PC7 ~ 0, SP←SP + 1, (SP)←PC15 ~ 8, PC←addr16	12H addr16	3	2
15	RET	PC15 ~ 8←(SP), SP←SP − 1 PC7 ~ 0←(SP), SP←SP − 1	22H	1	2
16	RETI	PC15 ~ 8←(SP), SP←SP − 1 PC7 ~ 0←(SP), SP←SP − 1	32H	1	2
17	NOP	PC←PC + 1	00H	1	1

附表 B.5　位操作指令

序号	助记符	指令功能	机器码	字节数	机器周期数
1	MOV　C, bit	Cy←(bit)	A2H bit	2	2
2	MOV　bit, C	bit←Cy	92 H bit	2	2
3	CLR　C	Cy←0	C3H	1	1
4	CLR　bit	bit←0	C2H bit	2	1

续表

序号	助记符	指令功能	机器码	字节数	机器周期数
5	SETB C	Cy←1	D3H	1	1
6	SETB bit	bit←1	D2H bit	2	1
7	ANL C, bit	Cy←Cy ∧ (bit)	82H bit	2	2
8	ANL C, /bit	Cy←Cy ∧ ($\overline{bit}$)	B0H bit	2	2
9	ORL C, bit	Cy←Cy ∨ (bit)	72H bit	2	2
10	ORL C, /bit	Cy← Cy ∨ ($\overline{bit}$)	A0H bit	2	2
11	CPL C	Cy ←$\overline{Cy}$	B3H	1	1
12	CPL bit	bit←($\overline{bit}$)	B2H bit	2	1
13	JC rel	若 Cy =1, 则 PC←PC + 2 + rel 若 Cy =0, 则 PC←PC + 2	40H rel	2	2
14	JNC rel	若 Cy =0, 则 PC←PC + 2 + rel 若 Cy =1, 则 PC←PC + 2	50H rel	2	2
15	JB bit, rel	若(bit) =1, 则 PC←PC + 3 + rel 若(bit) =0, 则 PC←PC + 3	20H bit rel	3	2
16	JNB bit, rel	若(bit) =0, 则 PC←PC + 3 + rel 若(bit) =1, 则 PC←PC + 3	30H bit rel	3	2
17	JBC bit, rel	若(bit) =1, 则 PC←PC + 3 + rel, 且 bit←0 若(bit) =0, 则 PC←PC + 3	10H bit rel	3	2

注: *1: a10a9a800001a7a6a5a4a3a2a1a0;

*2: a10a9a810001a7a6a5a4a3a2a1a0;

其中 addr10 ~0 为 addr11 中的各位。

参考文献

[1] 谢维成,杨家国. 单片机原理、接口及应用系统设计. 北京:电子工业出版社,2011.
[2] 胡汉才. 单片机原理及其接口技术. 北京:清华大学出版社,2004.
[3] 王守忠. 51 单片机开发入门与典型实例. 北京:人们邮电出版社,2007.
[4] 李晓林,等. 单片机原理与接口技术. 北京:电子工业出版社,2011.
[5] 黄勤. 单片机原理及应用. 北京:清华大学出版社,2010.
[6] 段晨东. 单片机原理及接口技术. 北京:清华大学出版社,2008.
[7] 郭天祥. 51 单片机 C 语言教程——入门、提高、开发、拓展全攻略. 北京:电子工业出版社,2009.
[8] 梅丽凤. 单片机原理及接口技术. 北京:清华大学出版社,2004.
[9] 张义和,陈敌北. 例说 8051. 北京:人们邮电出版社,2006.
[10] 吴亦锋,陈德为. 单片机原理与接口技术. 2 版. 北京:电子工业出版社,2010.
[11] 周润景,蔡雨恬. PROTEUS 入门实用教程. 2 版. 北京:机械工业出版社,2011.
[12] 何立民. 单片机高级教程——应用与设计. 北京航空航天大学出版社,2000.
[13] 高洪志. MCS51 单片机原理及应用技术教程. 北京:人民邮电出版社:2009.
[14] 何立民. 单片机应用技术选编. 北京航空航天大学出版社,2000.
[15] 李华. MCS-51 系列单片机实用接口技术. 北京航空航天大学出版社,2001.
[16] 桑胜举,杨德运. 单片机原理及应用. 北京:中国铁道出版社,2009.
[17] 刘建清. 从零开始学单片机技术. 北京:国防工业出版社,2006.
[18] 关丽荣,岳国盛,韩辉. 单片机原理、接口及应用. 北京:国防工业出版社,2015.
[19] 张义和,陈敌北. 例说 8051. 北京:人民邮电出版社,2010.